"十二五"职业教育国家规划教材

经全国职业教育教材审定委员会审定

全国高等职业教育工业生产自动化技术系列规划教材

集散控制系统原理及其应用（第2版）

张德泉　主　编

金　强　常慧玲　副主编

王　林　主　审

电子工业出版社

Publishing House of Electronics Industry

北京·BEIJING

内 容 简 介

本书以技术应用型人才知识能力素质培养为目标，介绍了计算机控制系统基本知识、集散型控制系统的基础知识和典型集散型控制系统（TDC-3000/TPS/PKS,CENTUM-CS,JX-300X,Delta V,I/A S,MACS 等）的基本结构、基本功能、操作使用方法、软件组态、系统维护方法和工程应用案例等知识，结合实验实训，介绍集散控制系统的应用技术。教材力求内容的实用性、先进性、通用性和典型性，突出高等职业教育注重实践技能训练和动手能力培养的特色。

本书可作为高等职业院校"工业生产自动化技术"及"计算机控制技术"专业的教材，亦可适用于化工、石油化工、炼油、冶金、电力、轻工、建材、食品等行业从事工业自动化仪表的技术工人技能培训和自学，也可作为从事本行业的工程技术人员和大中专院校师生的参考书。

图书在版编目（CIP）数据

集散控制系统原理及其应用/张德泉主编. —2 版. —北京：电子工业出版社，2015.1

全国高等职业教育工业生产自动化技术系列规划教材

ISBN 978-7-121-24619-7

Ⅰ. ①集…　Ⅱ. ①张…　Ⅲ. ①集散控制系统－高等职业教育－教材　Ⅳ. ①TP273

中国版本图书馆 CIP 数据核字（2014）第 245353 号

策划编辑：王昭松（wangzs@phei.com.cn）

责任编辑：王昭松

印　　刷：北京七彩京通数码快印有限公司

装　　订：北京七彩京通数码快印有限公司

出版发行：电子工业出版社

　　　　　北京市海淀区万寿路 173 信箱　邮编 100036

开　　本：787×1 092　1/16　印张：19.25　字数：492.8 千字

版　　次：2007 年 8 月第 1 版

　　　　　2015 年 1 月第 2 版

印　　次：2024 年 7 月第 10 次印刷

定　　价：59.00 元

凡所购买电子工业出版社图书有缺损问题，请向购买书店调换。若书店售缺，请与本社发行部联系，联系及邮购电话：（010）88254888，88258888。

质量投诉请发邮件至 zlts@phei.com.cn，盗版侵权举报请发邮件至 dbqq@phei.com.cn。

本书咨询联系方式：（010）88254015　wangzs@phei.com.cn　QQ：83169290。

第 2 版前言

集散控制系统是以微处理器为基础，综合运用了计算机技术、图形显示技术、信息处理技术、网络通信技术和自动控制技术，对生产过程进行集中监视、操作、管理和分散控制的一种计算机综合控制系统。随着科学技术的发展，集散控制系统正向着计算机集成制造系统（CIMS）、计算机集成过程系统（CIPS）和现场总线控制系统（FCS）方向飞速发展。怎样将这些新知识、新技术、新方法、新规范（标准）融合到教学实践中去，培养出既掌握一定的专业理论知识，又具有较强的专业实践技能的高素质应用型人才，已成为高等职业院校教学工作的新课题和新任务。

为了适应教学要求，2007 年作者与相关院校的一线老师，在充分调研和分析的基础上，一起编写了《集散控制系统原理及其应用》一书。由于本书内容实用，突出了高等职业教育注重实践技能训练和动手能力培养的特色，出版至今，深受读者的喜爱和欢迎。随着教学改革的不断深入，本书对应的"集散控制系统原理及应用"课程于 2008 年荣获省级精品课程，配备了相关课程网站http://jpkc.lzpcc.edu.cn/08/zym/index.htm，为学生在线学习和相关院校教师授课提供了很大方便。

2013 年，教育部启动"十二五职业教育规划教材"评审工作，本书有幸成为第一批获得立项并顺利通过审核的教材，这是对编者的肯定，更是一种鞭策，我们需要更加努力地做好这本书，来答谢每一位读者。

第 2 版教材更加注重内容的实用性、先进性、通用性和典型性。按照"以必需、够用为度"的原则，精选教学内容，精心设计实验实训内容。在讲述计算机控制系统基本知识的基础上，介绍当今世界应用较为广泛的新型集散控制系统的结构、原理及其在工业领域的应用实例。通过实际案例分析和实验实训操作，使学生学到真正有用的、实用的知识和技能。为了方便教学，在每一章的开头列出了知识目标和技能目标，结尾列出了内容小结，并编写了思考题与习题。

全书分为 9 章，理论和实验实训授课总计约 78 学时。授课教师可根据本校情况，对书本中的内容进行选择、补充、删减和处理，拟定授课计划，以满足教学需要。

本书由张德泉任主编，金强、常慧玲任副主编。绪论和第 2 章由张德泉编写，第 1 章、第 9 章第 2 节和附录 B 由李红萍编写，第 3 章和第 9 章第 3 节由金强编写，第 4 章由王世文编写，第 5 章、第 9 章第 1 节和附录 A 由常慧玲编写，第 6 章由王银锁编写，第 7 章和第 8 章由李征宏编写。全书由张德泉统稿，王林主审。

在本书编写过程中得到了中国石油兰州石化公司、兰州石化职业技术学院等单位的领导和朋友们的支持和帮助，并参考了大量的相关书籍和文献资料。编者向这些为本书的编写提供帮助的人们和文献资料的作者致以诚挚的谢意！

由于编者水平有限，书中难免存在错误和不妥之处，恳请读者批评指正。

编　者

2014 年 10 月

目　录

绪论 ……………………………… （1）

第1章　计算机控制系统概述 …… （6）

1.1　计算机控制系统的组成 …… （6）

　　1.1.1　基本概念 ………………（6）

　　1.1.2　系统 …………………（7）

　　1.1.3　软件系统 ………………（8）

1.2　计算机控制系统的应用类型 …（8）

　　1.2.1　数据采集系统 …………（8）

　　1.2.2　直接数字控制系统 ………（9）

　　1.2.3　监督计算机控制系统 ……（9）

　　1.2.4　分级控制系统 …………（10）

　　1.2.5　集散控制系统 …………（11）

　　1.2.6　现场总线控制系统 ………（11）

1.3　信号处理 …………………（12）

　　1.3.1　输入信号处理 …………（12）

　　1.3.2　输出信号处理 …………（17）

1.4　PID 控制算法 ……………（18）

　　1.4.1　理想 PID 控制算法 ……（18）

　　1.4.2　理想 PID 控制算法的

　　　　　改进 …………………（20）

本章小结 ………………………（21）

思考题与习题 …………………（22）

第2章　集散控制系统基础知识 …（23）

2.1　集散控制系统的体系结构 …（23）

2.2　集散控制系统的硬件结构 …（26）

　　2.2.1　现场控制站 ……………（26）

　　2.2.2　操作站 …………………（28）

　　2.2.3　冗余技术 ………………（29）

2.3　集散控制系统的软件体系 …（30）

　　2.3.1　集散控制系统的系统

　　　　　软件 …………………（30）

　　2.3.2　集散控制系统的组态

　　　　　软件 …………………（30）

2.4　集散控制系统的基本功能 …（31）

　　2.4.1　现场控制站的基本功能 …（31）

　　2.4.2　操作站的基本功能 ………（35）

　　2.4.3　自诊断功能 ……………（36）

2.5　数据通信技术 ………………（37）

　　2.5.1　数据通信原理 …………（37）

　　2.5.2　通信网络 ………………（40）

　　2.5.3　通信协议 ………………（45）

　　2.5.4　现场总线简介 …………（48）

本章小结 ………………………（52）

思考题与习题 …………………（52）

第3章　TDC-3000 和 TPS/PKS 集散

**　　　　控制系统** ………………（54）

3.1　TDC-3000 系统概述 ………（54）

　　3.1.1　TDC-3000 系统构成 ……（54）

　　3.1.2　TDC-3000 系统特点 ……（57）

3.2　TPS 系统概述 ……………（58）

　　3.2.1　TPS 系统构成 …………（58）

　　3.2.2　TPS 系统特点 …………（61）

3.3　PKS 系统简介 ……………（62）

　　3.3.1　PKS 系统构成 …………（63）

　　3.3.2　PKS 最新技术和基本系统

　　　　　组件 …………………（65）

3.4　TPS 系统的分散过程控制装置 …（66）

　　3.4.1　过程管理站 ……………（67）

　　3.4.2　先进过程管理站 ………（74）

　　3.4.3　高性能过程管理站 ………（76）

　　3.4.4　逻辑管理站 ……………（79）

　　3.4.5　故障安全控制器 ………（81）

3.5　TPS 系统的集中操作管理装置 …（82）

　　3.5.1　全局用户操作站 ………（82）

　　3.5.2　应用模件 ………………（95）

　　3.5.3　先进应用模件 …………（95）

　　3.5.4　应用处理平台 …………（96）

　　3.5.5　历史模件 ………………（96）

　　3.5.6　重建归档模件 …………（97）

3.6　应用组态 …………………（97）

　　3.6.1　常用操作命令 …………（97）

　　3.6.2　网络组态文件组态 ………（99）

3.6.3　NIM 组态 ················ （101）
3.6.4　控制功能组态 ·········· （103）
3.7　TPS 系统在工业生产装置上的
　　　应用 ···························· （106）
3.7.1　工艺简介 ·················· （106）
3.7.2　系统配置 ·················· （107）
3.7.3　主要控制方案 ·········· （108）
本章小结 ···························· （111）
思考题与习题 ···················· （114）
第4章　CENTUM-CS 集散控制系统 ···· （115）
4.1　系统概述 ···························· （115）
4.1.1　系统构成 ·················· （116）
4.1.2　系统特点 ·················· （117）
4.2　现场控制站 ························ （118）
4.2.1　硬件构成 ·················· （119）
4.2.2　卡件功能 ·················· （121）
4.3　操作监视站 ························ （124）
4.3.1　硬件构成 ·················· （124）
4.3.2　基本功能 ·················· （125）
4.4　通用操作 ···························· （125）
4.5　画面的监视和操作 ·············· （130）
4.6　工程师站 ···························· （131）
4.6.1　工程师站功能 ·········· （131）
4.6.2　CS 3000 系统软件安装 ···· （132）
4.6.3　系统项目生成 ·········· （133）
4.6.4　组态操作 ·················· （134）
4.6.5　系统测试 ·················· （138）
4.7　CENTUM-CS 在工业生产装置
　　　上的应用 ························ （138）
4.7.1　工艺简介 ·················· （138）
4.7.2　系统配置 ·················· （139）
4.7.3　主要控制方案 ·········· （139）
本章小结 ···························· （141）
思考题与习题 ···················· （141）
第5章　JX-300X 集散控制系统 ········ （142）
5.1　JX-300X 系统基础知识 ········ （142）
5.1.1　总体概述 ·················· （142）
5.1.2　通信网络 ·················· （144）
5.1.3　系统主要特点 ·········· （147）
5.2　系统组态 ···························· （149）

5.2.1　基本概念 ·················· （149）
5.2.2　组态软件 ·················· （150）
5.2.3　组态软件 SCKey ········ （151）
5.2.4　流程图绘制 ·············· （157）
5.3　系统实时监控 ···················· （159）
5.3.1　概述 ························ （159）
5.3.2　屏幕认识 ·················· （161）
5.3.3　实时监控操作画面 ···· （161）
5.4　系统调试与维护 ················· （162）
5.4.1　系统调试 ·················· （162）
5.4.2　系统维护 ·················· （163）
5.5　JX-300XP 系统在工业生产装置
　　　上的应用 ························ （165）
5.5.1　工艺简介 ·················· （165）
5.5.2　系统配置 ·················· （166）
5.5.3　主要控制方案 ·········· （167）
本章小结 ···························· （169）
思考题与习题 ···················· （169）
第6章　其他集散控制系统简介 ········ （170）
6.1　I/A S 系统 ·························· （170）
6.1.1　通信系统 ·················· （170）
6.1.2　I/A S 系统硬件 ········ （172）
6.1.3　I/A S 系统软件 ········ （175）
6.2　MACS 系统 ························ （176）
6.2.1　MACS 系统的组成 ···· （177）
6.2.2　现场控制站（FCS） ···· （178）
6.2.3　操作员站（OPS） ······ （180）
6.2.4　MACS 系统软件 ········ （182）
本章小结 ···························· （185）
思考题与习题 ···················· （186）
第7章　现场总线控制系统 ·············· （187）
7.1　现场总线概述 ···················· （187）
7.1.1　现场总线的基本概念 ······ （187）
7.1.2　现场总线技术发展概况 ···· （189）
7.1.3　几种典型的现场总线 ······ （191）
7.2　现场总线控制系统构成原理 ···· （195）
7.2.1　现场总线控制系统的
　　　　硬件 ···················· （196）
7.2.2　现场总线控制系统的
　　　　软件 ···················· （198）

7.3 Dleta V 现场总线控制系统简介⋯（200）
  7.3.1 系统概述⋯⋯⋯⋯⋯⋯（200）
  7.3.2 Delta V 系统的构成⋯⋯⋯（201）
  7.3.3 Delta V 系统在工业生产
    过程控制中的应用⋯⋯⋯（203）
 本章小结⋯⋯⋯⋯⋯⋯⋯⋯⋯（206）
 思考题与习题⋯⋯⋯⋯⋯⋯⋯（206）
第8章 紧急停车系统⋯⋯⋯⋯⋯⋯（207）
 8.1 紧急停车系统的基本概念⋯⋯（207）
  8.1.1 紧急停车系统的类型和
    特点⋯⋯⋯⋯⋯⋯⋯（207）
  8.1.2 安全等级及标准⋯⋯⋯（210）
  8.1.3 安全系统的常用指标⋯⋯（212）
  8.1.4 安全系统应用的场合⋯⋯（214）
 8.2 冗余控制器⋯⋯⋯⋯⋯⋯⋯（214）
  8.2.1 冗余控制器的构成⋯⋯⋯（214）
  8.2.2 冗余控制器的工作原理⋯（216）
  8.2.3 冗余控制器的特点⋯⋯⋯（216）
 8.3 ESD 在工业生产装置上的应用⋯（217）
  8.3.1 工艺简介⋯⋯⋯⋯⋯⋯（217）
  8.3.2 系统配置⋯⋯⋯⋯⋯⋯（217）
  8.3.3 主要控制方案及其组态⋯（222）
 本章小结⋯⋯⋯⋯⋯⋯⋯⋯⋯（225）
 思考题与习题⋯⋯⋯⋯⋯⋯⋯（225）
第9章 集散控制系统实践训练⋯⋯⋯（226）
 9.1 JX-300X DCS 实训⋯⋯⋯⋯⋯（227）
  9.1.1 实训装置认识⋯⋯⋯⋯（227）
  9.1.2 AdvanTrol 软件包的
    安装⋯⋯⋯⋯⋯⋯⋯（230）
  9.1.3 系统组态⋯⋯⋯⋯⋯⋯（233）

  9.1.4 流程图绘制⋯⋯⋯⋯⋯（250）
  9.1.5 系统实时监控⋯⋯⋯⋯（254）
 9.2 MACS 组态实训⋯⋯⋯⋯⋯（259）
  9.2.1 单容水箱液位定值控制
    系统⋯⋯⋯⋯⋯⋯⋯（259）
  9.2.2 水箱液位串级控制系统⋯（268）
 9.3 TPS GUS 作图实训⋯⋯⋯⋯（276）
  9.3.1 Display Builder 流程图
    绘制⋯⋯⋯⋯⋯⋯⋯（276）
  9.3.2 Picture Editor 流程图
    绘制⋯⋯⋯⋯⋯⋯⋯（280）
附录A JX-300X 集散控制系统实训装置⋯（285）
 A.1 JX-300X DCS 实训装置概述⋯（285）
  A.1.1 工艺设备⋯⋯⋯⋯⋯⋯（285）
  A.1.2 现场仪表⋯⋯⋯⋯⋯⋯（285）
  A.1.3 工艺流程图说明⋯⋯⋯（286）
 A.2 系统硬件⋯⋯⋯⋯⋯⋯⋯⋯（286）
  A.2.1 控制站设备⋯⋯⋯⋯⋯（286）
  A.2.2 操作站设备⋯⋯⋯⋯⋯（293）
附录B THSA-1 型生产过程自动化技术
  综合实训装置⋯⋯⋯⋯⋯⋯（294）
 B.1 概述⋯⋯⋯⋯⋯⋯⋯⋯⋯（294）
 B.2 模拟被控对象⋯⋯⋯⋯⋯⋯（294）
  B.2.1 工艺设备⋯⋯⋯⋯⋯⋯（295）
  B.2.2 检测装置⋯⋯⋯⋯⋯⋯（295）
  B.2.3 执行器⋯⋯⋯⋯⋯⋯⋯（295）
 B.3 综合实训平台⋯⋯⋯⋯⋯⋯（296）
  B.3.1 控制屏组件⋯⋯⋯⋯⋯（296）
  B.3.2 集散控制系统组件⋯⋯⋯（297）

绪　论

集散控制系统是 20 世纪 70 年代中期发展起来的以微处理器为基础，实行集中管理、分散控制的计算机控制系统。由于该系统在发展初期以实行分散控制为主，因此又称为分散型控制系统或分布式控制系统（Distributed Control System，DCS），简称为集散系统或 DCS。

集散控制系统是控制技术（Control）、计算机技术（Computer）、通信技术（Communication）、阴极射线管（CRT）图形显示技术和网络技术（Network）相结合的产物，是一种操作显示集中，控制功能分散，采用分级分层体系结构，局部网络通信的计算机综合控制系统，其目的在于控制或控制管理一个工业生产过程或工厂。集散控制系统自问世以来，发展异常迅速，几经更新换代，技术性能日臻完善，并以其技术先进，性能可靠，构成灵活，操作简便和价格合理等特点，赢得了广大用户，已被广泛应用于石油、化工、电力、冶金和轻工等工业领域。

1．集散控制系统产生的背景

自动控制装置是随着生产需求的变化和科学技术的发展而不断发展的。20 世纪 30 年代到 40 年代，采用基地式仪表就地实现单回路控制。这种系统按地理位置分散于现场，自成体系，是原始的分散型控制系统。20 世纪 40 年代到 50 年代，采用气动、电动模拟仪表组成过程控制系统，实现了一定程度的集中监视、操作和分散控制，较好地适应了工艺设备大型化和生产过程连续化发展的需要。但是，随着生产规模和复杂程度的不断提高，生产过程各部分之间的相互作用和相互影响愈加强烈，常规模拟仪表的局限性越来越明显。首先，一台仪表只有一种控制规律，功能单一，要实现对某些工艺过程的前馈、非线性、大纯滞后补偿、多变量解耦等复杂控制就比较困难。其次，监视和操作费时费力。现代化大型工厂控制系统越来越多，控制仪表数量也越来越多，控制室中模拟仪表盘越来越长，不便于进行集中监视和操作。第三，各分系统之间不便于实现通信联系，从而难以组成工厂、车间、装置的分级控制和综合管理系统。第四，对系统组成的变更比较麻烦，只有通过调换仪表和变更仪表连线才能实现。

20世纪60年代初，人们开始将电子计算机用于过程控制，试图利用计算机所具有的能执行复杂运算，处理速度快，集中显示操作，易于通信，易于实现多种控制算法，易于改变控制方案，控制精度高等特点，来克服常规模拟仪表的局限性。一台计算机控制着几十甚至几百个回路，整个生产过程的监视、操作、报警、控制和管理等功能都集中在这台计算机上。一旦计算机的公共部分发生故障，轻则造成装置或整个工厂停工，重则导致设备损坏，甚至发生火灾、爆炸等恶性事故，这就是所谓的"危险集中"。而采用一台计算机工作，另一台计算机备用的双机双工系统，或采用常规仪表备用方式，虽可提高控制系统的可靠性，但成本太高，如果工厂的生产规模不大，则经济性更差，用户难以接受。因此，有必要吸收常规模拟仪表和计算机控制系统的优点，并且克服它们的弱点，利用各种新技术和新理论，研制出新型的控制系统。

20世纪70年代初，大规模集成电路的问世及微处理器的诞生，为新型控制系统的研制创造了物质条件；同时，CRT图形显示技术和数字通信技术的发展，为新型控制系统的研制提供了技术条件；现代控制理论的发展为新型控制系统的研制和开发提供了理论依据和技术指导。根据"危险分散"的设计思想，过去由一台大型计算机完成的功能，现在可以由几十台甚至几百台微处理机来完成。各微处理机之间可以用通信网络连接起来，从而构成一个完整的系统。系统中的一台微处理机只需控制几个至几十个回路，即使某一微处理机发生故障，只影响它所控制的少数回路，而不会对整个系统造成严重影响，从而在很大程度上使危险分散。这种新型控制系统采用多台彩色图形显示器监视着过程和系统的运行，实现了操作和信息综合管理的集中，利用通信系统将各微机连接起来，按控制功能或区域将微处理机进行分散配置，实行分散控制，增强了全系统的安全可靠性。

1975年12月，美国霍尼威尔（Honeywell）公司正式向市场推出了世界上第一套集散控制系统——TDC-2000（Total Distributed Control 2000）系统，成为最早提出集散控制系统设计思想的开发商。

2. 集散控制系统的基本构成

纵观各种集散控制系统，尽管其品种规格繁多，设计风格各异，但大多数都包含有分散过程控制装置、集中操作管理装置和通信系统三大部分。分散过程控制装置是DCS与生产过程联系的接口，按其功能又可分为现场控制站（简称控制站）和数据采集站等。集中操作管理装置是人与DCS联系的接口，按其功能又可分为操作员工作站（简称操作站）、工程师工作站（简称工程师站）和监控计算机（又称上位机）等。通信系统（又称通信网络）是DCS的中枢，它将DCS的各部分连接起来构成一个整体。因此，操作站、工程师站、监控计算机、现场控制站、数据采集站和通信系统等是构成DCS的最基本部分，如图0.1所示。

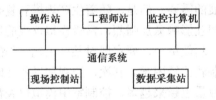

图 0.1 集散控制系统的基本构成

（1）操作站。操作站是操作人员对生产过程进行显示、监视、操作控制和管理的主要设备。操作站提供了良好的人机交互界面，用以实现集中监视、操作和信息管理等功能。在有的小DCS中，操作站兼有工程师站的功能，在操作站上也可以进行系统组态和维护的部分或全部工作。

（2）工程师站。工程师站用于对DCS进行离线的组态工作和在线的系统监督、控制与维护。工程师能够借助于组态软件对系统进行离线组态，并在DCS在线运行时，可以实时地监视通信网络上各工作站的运行情况。

（3）监控计算机。监控计算机通过网络收集系统中各单元的数据信息，根据数学模型和优化控制指标进行后台计算、优化控制等，它还用于全系统信息的综合管理。

（4）现场控制站。现场控制站通过现场仪表直接与生产过程相连接，采集过程变量信息，并进行转换和运算等处理，产生控制信号以驱动现场的执行机构，实现对生产过程的控制。现场控制站可控制多个回路，具有极强的运算和控制功能，能够自主地完成回路控制任务，实现反馈控制、逻辑控制、顺序控制和批量控制等功能。

（5）数据采集站。数据采集站通过现场仪表直接与生产过程相连接，对过程非控制变量进行数据采集和预处理，并对实时数据进一步加工。它为操作站提供数据，实现对过程的监视和信息存储；为控制回路的运算提供辅助数据和信息。

（6）通信系统。通信系统连接DCS的各操作站、工程师站、监控计算机、现场控制站、数据采集站等部分，传递各工作站之间的数据、指令及其他信息，使整个系统协调一致地工作，从而实现数据和信息资源的共享。

综上所述，操作站、工程师站和监控计算机构成了DCS的人机接口，用以完成集中监视、操作、组态和信息综合管理等任务；现场控制站和数据采集站构成DCS的过程接口，用以完成数据采集与处理和分散控制任务；通信系统是连接DCS各部分的纽带，是实现集中管理、分散控制目标的关键。

3. 集散控制系统的特点

集散控制系统与常规模拟仪表及集中型计算机控制系统相比，具有十分显著的特点。

（1）系统构成灵活。从总体结构上看，DCS可以分为通信网络和工作站两大部分，各工作站通过通信网络互连起来，构成一个完整的系统。工作站采用标准化和系列化设计，硬件采用积木搭接方式进行配置，软件采用模块化设计，系统采用组态方法构成各种控制回路，很容易对方案进行修改。用户可根据工程对象要求，灵活方便地扩大或缩小系统的规模。

（2）操作管理便捷。DCS的集中监控管理装置无论采用专用人机接口系统，还是通用PC系统，操作人员都能通过高分辨率彩色显示器（CRT or LCD）和操作键盘、鼠标等，方便地监视生产装置乃至整个工厂的运行情况，快捷地操控各种机电设备；技术人员可按预定的控制策略组态不同的控制回路，并调整回路的某些常数；存储装置可以保存大量的过程历史信息和系统信息，打印机能打印出各种报告和报表，适应现代化生产综合管理的要求。

（3）控制功能丰富。DCS可以进行连续的反馈控制、间断的批量控制和顺序逻辑控制，可以完成简单控制和复杂的多变量模型优化控制，可以执行 PID 运算和 Smith 预估补偿等多种控制运算，并具有多种信号报警、安全联锁保护和自动开停车等功能。

（4）信息资源共享。DCS采用局部区域网络（Local Area Network，LAN）把各工作站连接起来，实现数据、指令及其他信息的传输，使整个系统信息、资源共享。系统通信采用国际标准通信协议，便于系统间的互连，提高了系统的开放性。

（5）安装、调试简单。DCS的各单元都安装在标准机柜内，模件之间采用多芯电缆、标准化接插件相连；与过程连接时采用规格化端子板，到中控室操作站只需敷设同轴电缆进行数据传递，所以布线量大为减少，便于装配和更换。系统采用专用软件进行调试，并具有强大的自诊断功能，为故障判别提供准确的指导，维修迅速。

（6）安全可靠性高。DCS在设计、制造时，采用了多种可靠性技术。系统采用了多微处理机分散控制结构，某一单元失效时，不会影响其他单元的工作。即使在全局性通信或管理站失效的情况下，局部站仍能维持工作。

系统硬件采用冗余技术，操作站、控制站和通信线路采用双重化等配置方式。软件采用程序分段、模块化设计和容错技术。系统各单元具有强有力的自诊断、自检查、故障报警和隔离等功能。系统具有抗干扰能力，对测量信号和控制信号要经过隔离处理，信号电缆进行良好的屏蔽和接地。

系统采用不间断供电设备，用带屏蔽的专用电缆供电。考虑到交流电源停电事故，采取镍镉电池、铅钙电池及干电池的掉电保护措施。采用危险分散、连续监视、故障报警、横向联锁、分级操作、手动操作等措施，保证全系统安全可靠地运行。

（7）性能价格比高。DCS技术先进，功能齐全，可靠性高，适应能力强。它规模越大，平均每个回路的投资费用越省，数据、资源的共享本身就意味着系统成本的降低。

4．集散控制系统发展概况

集散控制系统的发展，大致经历了四个时期。

（1）1975—1980年为初创期。这个时期的DCS基本上由过程控制装置、数据采集装置、操作管理装置、监控计算机和数据传输通道等部分组成。这个时期DCS的技术重点是实现分散控制，从而克服集中型计算机控制系统危险高度集中的致命弱点，加强了可靠性设计。

初创期DCS的典型代表有：美国霍尼威尔（Honeywell）公司的TDC-2000，福克斯波罗（Foxboro）公司的SPECTRUM，日本横河（YOKOGAWA）公司的CENTUM及德国西门子（Siemens）公司的TELEPERMM等。

（2）1980—1985年为成熟期。这一时期的DCS由局部网络、多功能过程控制站、增强型操作站、主计算机、系统管理站和网间连接器等部分组成。DCS的技术重点是实现全系统信息的综合管理，为此，必然要引入先进的局部网络技术，以加强通信系统。DCS的代表产品有：Honeywell公司的TDC-3000，YOKOGAWA公司的CENTUM，Taylor公司的MOD-300等。

（3）1985—1990年为扩展期。扩展期DCS结构的主要变化是局部网络采用标准化开放型的通信协议。如采用以开放系统互连参考模型为基础的制造自动化协议（MAP），或与MAP兼容，或其本身就是实时MAP局部网络。其他单元无论硬件还是软件都有较大改进，但系统的基本组成变化不大。扩展期DCS的另一特点是系统的智能向现场延伸，系统中引入了智能变送器（Smart Transmitters）和现场总线（Field Bus）技术。智能变送器具有数字通信能力，通过现场总线与过程控制站或与局部网络节点相连接。在控制室或本节点工作站中便可对现场的智能变送器进行调零、调量程、组态、自动标定、自动诊断及自动排除故障等操作。

扩展期DCS的代表产品有：Honeywell公司的TDC-3000/PM，YOKOGAWA公司的CENTUM-XL，Foxboro公司的I/A S，Bailey Control公司的INFI-90等。

（4）1990年后为新的发展期。20世纪90年代以后，随着计算机技术、通信技术、控制技术特别是网络技术的快速发展，对控制和管理要求的不断提高，出现了以管控一体化为主要特点的新型集散控制系统。它采用了客户机/服务器的结构，在网络结构上增加了工厂管理信息网（Intranet），并可与 Internet连网，计算机集成过程系统（CIPS）也开始进行试点应用。DCS的典型产品有Honeywell公司的TPS系统、横河公司的CENTUM CS系统、Foxboro 公司的I/A S5051 系列控制系统等。

从DCS的发展历史中可以清楚地看到，正是计算机技术、屏幕显示技术、控制技术、网络和通信技术的不断发展，才推动了DCS不断更新换代。今后DCS的发展仍将继承集中监视管理和分散控制这一理念，向着更大范围的集中管理和更加彻底的分散控制两个方向发展，即向着计算机集成制造系统（Computer Integrated Manufacturing System，CIMS）、计算机集成过程系统（Computer Integrated Process System，CIPS）方向和现场总线控制系统（Fieldbus Control System，FCS）方向发展。FCS必将推动DCS的变革。新一代DCS都包含了各种形式的现场总线接口，可以支持多种标准的现场总线仪表和执行机构等。此外，DCS产品还改变了相对集中的控制站结构，取而代之的是进一步分散的导轨式或现场安装的I/O模块。DCS将吸收FCS的长处，不断发展和完善。新型DCS的典型代表有Honeywell公司推出的新一代过程知识系统Experion PKS、Emerson 公司推出的 Delta V系统、中控科技自动化有限公司推出的Web Field ECS-100系统等。

我国使用DCS是在20世纪70年代末、80年代初。当时国家为了满足国内新建项目和老厂技术改造的需要，从国外引进的DCS多达几百套，主要用于化工、石化、炼油、冶金、电力、轻工等工业过程控制，取得了良好的技术经济效益。同时，坚持自力更生、自主开发与引进技术相结合的方针，把引进国外先进技术与对其及时消化、吸收与创新，作为发展我国科学技术的重要途径。一方面，与外商合资合作，引进技术，组装国外DCS，并逐步国产化。另一方面，国家组织了精悍的队伍，联合攻关，研制适合中国国情的DCS。在DCS国产化产品开发方面，取得了突破性的进展，系统的可靠性大幅度上升，技术性能也有了极大提高，应用的领域不断扩大，过去主要应用于为数不多的小装置，现在逐步向中型及大型装置应用发展，形成了与国外产品竞争的局面。比较有代表性的产品是中控科技自动化有限公司的 Web Field ECS-100、北京和利时系统工程股份有限公司的 MACS、上海新华控制工程有限公司的 XDPS-400 和浙江威盛公司的FB-2000NS等。

5. 本书的主要内容、学习要求和方法

本书主要介绍DCS的基本知识和典型DCS的基本结构、基本功能，操作使用方法和软件组态、系统维护方法等方面的知识，并结合实际案例，介绍DCS的应用技术。

通过本课程的学习，掌握DCS的基本构成、功能特性和实际应用知识，了解DCS的设计思想、技术特点和发展趋势，并通过课后的实验实训，培养学习新知识、掌握新技能、解决工程实际问题的能力。

在学习本课程时，应当首先掌握必要的 DCS 基础知识，然后从一种较典型的 DCS 入手，了解其设计思想、结构特点，掌握其基本功能特性，通过实验实训，掌握其基本操作方法及系统组态方法等实践技能。在此基础上，了解并初步掌握其他类型的 DCS，并通过分析和比较，总结 DCS 共性知识，举一反三，逐步加深印象，充分理解其技术内涵，更全面地掌握其应用技术。

第1章

计算机控制系统概述

知识目标

- 掌握计算机控制系统的组成原理；
- 了解计算机控制系统的应用类型；
- 掌握集散控制系统的基本组成；
- 掌握计算机控制系统的信号处理原理；
- 掌握计算机控制系统的输入、输出通道的组成；
- 掌握理想 PID 控制算法。

技能目标

利用计算机控制系统实训装置，培养以下技能。

- 熟练掌握计算机控制系统的构成方法；
- 了解模拟信号、开关信号的处理方法；
- 理解和掌握理想 PID 控制算法。

计算机控制系统是以计算机为核心部件的自动控制系统。在工业控制系统中，计算机承担着数据采集与处理，顺序控制与数值控制，直接数字控制与监督控制，最优控制与自适应控制，生产管理与经营调度等任务。它已取代常规的模拟检测、控制、显示、记录等仪器设备和大部分操作管理的职能，并具有较高级的计算方法和处理方法，使生产过程按规定方式和技术要求运行，以完成各种过程控制、操作管理等任务。计算机控制系统广泛应用于生产现场，并深入各行业的许多领域。本章主要介绍计算机控制系统的软硬件组成，以及工业控制中的应用类型，讨论计算机控制系统的输入、输出信号处理方式及 PID 控制算法等。

1.1 计算机控制系统的组成

1.1.1 基本概念

计算机控制系统就是利用计算机（通常称为工业控制计算机）来实现工业过程自动控制的系统。在计算机控制系统中，由于工业控制机的输入和输出是数字信号，而现场采集到的信号或送到执行机构的信号大部分是模拟信号，因此，与常规的按偏差控制的闭环负反馈系统相比，计算机控制系统需要有模/数（A/D）转换器和数/模（D/A）转换器这两个环节。计算机闭环控制系统结构框图如图 1.1 所示。

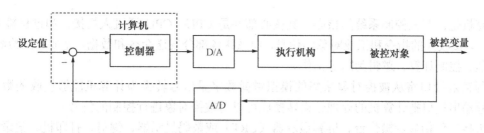

图 1.1　计算机闭环控制系统结构框图

计算机把通过测量元件、变送单元和 A/D 转换器送来的数字信号，直接反馈到输入端与设定值进行比较，然后根据要求按偏差进行运算，所得数字量输出信号经 D/A 转换器送到执行机构，对被控对象进行控制，使被控变量稳定在设定值上。这种系统称为闭环控制系统。

计算机控制系统的工作可归纳为以下三个步骤。

① 实时数据采集，对测量变送装置输出的信号经 A/D 转换后进行处理。

② 实时控制决策，对被控变量的测量值进行分析、运算和处理，并按预定的控制规律进行运算。

③ 实时控制输出，实时地输出运算后的控制信号，经 D/A 转换后驱动执行机构，完成控制任务。

上述过程不断重复，使被控变量稳定在设定值上。

在计算机控制系统中，生产过程和计算机直接连接，并受计算机控制的方式称为在线方式或连机方式；生产过程不和计算机相连，且不受计算机控制，而是靠人进行联系并做相应操作的方式称为离线方式或脱机方式。

所谓实时，是指信号的输入、计算和输出都在一定的时间范围内完成。也就是说，计算机对输入的信息，以足够快的速度进行控制，超出了这个时间，就失去了控制的时机，控制也就失去了意义。实时的概念不能脱离具体过程，一个在线的系统不一定是一个实时系统，但一个实时控制系统必定是在线系统。

1.1.2　系统

计算机控制系统由工业控制机和生产过程两大部分组成。工业控制机是指按生产过程控制的特点和要求而设计的计算机（一般是微机或单片机），它包括硬件和软件两部分。生产过程包括被控对象、测量变送、执行机构、电气开关等装置。计算机控制系统的组成框图如图 1.2 所示。

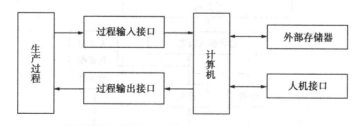

图 1.2　计算机控制系统的组成框图

工业控制机硬件指计算机本身及外围设备。硬件包括计算机、过程输入/输出接口、人机接口、外部存储器等。

计算机是计算机控制系统的核心，其核心部件是 CPU。CPU 通过人机接口和过程输入/输出接口，接收人的指令和工业对象的信息，向系统各部分发送命令和数据，完成巡回检测、数据处理、控制计算、逻辑判断等工作。

过程输入接口将从被控对象采集的模拟量或数字量信号转换为计算机能够接收的数字量，过程输出接口把计算机的处理结果转换成可以对被控对象进行控制的信号。

人机接口包括显示操作台、屏幕显示器（CRT）或数码显示器、键盘、打印机、记录仪等，它们是操作人员和计算机进行联系的工具。

外部存储器包括磁盘、光盘、磁带，主要用于存储大量的程序和数据。它是内存储容量的扩充，可根据要求决定外部存储器的选用。

1.1.3　软件系统

软件是指能完成各种功能的计算机程序的总和，通常包括系统软件和应用软件。

系统软件一般由计算机厂家提供，是专门用来使用和管理计算机的程序，包括操作系统、监控管理程序、语言处理程序和故障诊断程序等。

应用软件是用户根据要解决的实际问题而编写的各种程序。在计算机控制系统中，每个被控对象或控制任务都有相应的控制程序，以满足相应的控制要求。

1.2　计算机控制系统的应用类型

计算机控制系统种类繁多，命名方法也各有不同。根据应用特点、控制功能和系统结构，计算机控制系统主要可分为六种类型：数据采集系统、直接数字控制系统、监督计算机控制系统、分级控制系统、集散控制系统及现场总线控制系统。

1.2.1　数据采集系统

在数据采集系统中，计算机只承担数据的采集和处理工作，而不直接参与控制。数据采集系统对生产过程各种工艺变量进行巡回检测、处理、记录及变量的超限报警，同时对这些变量进行累计分析和实时分析，得出各种趋势分析，为操作人员提供参考，如图 1.3 所示。

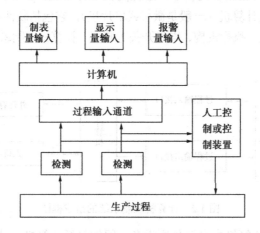

图 1.3　计算机数据采集系统

1.2.2 直接数字控制系统

直接数字控制（Direct Digital Control，DDC）系统的构成如图 1.4 所示。计算机通过过程输入通道对控制对象的变量作巡回检测，根据测得的变量，按照一定的控制规律进行运算，计算机运算的结果经过过程输出通道，作用到控制对象，使被控变量符合要求的性能指标。DDC 系统属于计算机闭环控制系统，是计算机在工业生产中最普遍的一种应用方式。

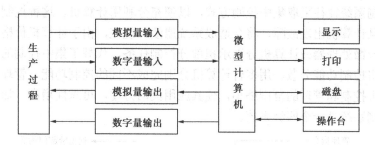

图 1.4　直接数字控制系统结构图

直接数字控制系统与模拟系统不同之处在于，在模拟系统中，信号的传送不需要数字化；而数字系统中由于采用了计算机，在信号传送到计算机之前，必须经模数转换将模拟信号转换为数字信号，这样才能被计算机接收，计算机的控制信号必须经数模转换后才能驱动执行机构。另外，由于用程序进行控制运算，其控制方式比常规控制系统灵活且又经济。采用计算机代替模拟仪表控制，只要改变程序就可以对控制对象进行控制，因此计算机可以控制几百个回路，并可以对上下限进行监视和报警。此外，因为计算机有较强的计算能力，所以控制方法的改变很方便，只要改变程序就可以实现。就一般的模拟控制而言，要改变控制方法，必须改变硬件，这不是轻而易举的事。

由于 DDC 系统中的计算机直接承担控制任务，所以要求实时性好、可靠性高和适应性强。为了充分发挥计算机的利用率，一台计算机通常要控制多个回路，那就要求合理地设计应用软件，使之不失时机地完成所有功能。工业生产现场环境恶劣，干扰频繁，直接威胁着计算机的可靠运行。因此，必须采取抗干扰措施。

1.2.3 监督计算机控制系统

监督计算机控制（Supervisory Computer Control，SCC）系统，简称 SCC 系统，其结构如图 1.5 所示。SCC 系统是一种两级微型计算机控制系统，其中 DDC 级计算机完成生产过程的直接数字控制；SCC 级计算机则根据生产过程的工况和已定的数学模型，进行优化分析计算，产生最优化设定值，送给 DDC 级计算机执行。SCC 级计算机承担着高级控制与管理任务，要求数据处理功能强，存储容量大等，一般采用较高档微机。

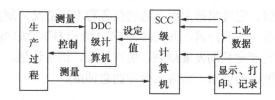

图 1.5　监督计算机控制系统结构图

把如图 1.5 所示监督计算机控制系统的 DDC 级计算机用数字控制仪器代替，再配以输入采样器、A/D 转换器和 D/A 转换器、输出扫描器，便是 SCC 加数字控制器的 SCC 系统。当 SCC 计算机出现故障时，由数字控制器独立完成控制任务，比较安全可靠。

1.2.4 分级控制系统

生产过程中既存在控制问题，也存在大量的管理问题。过去，由于计算机价格高，复杂的生产过程控制系统往往采取集中控制方式，以便充分利用计算机。这种控制方式由于任务过于集中，一旦计算机出现故障，将会造成系统崩溃。现在，由于计算机价格低廉而且功能完善，由若干台微处理器或计算机分别承担部分控制任务，代替了集中控制的计算机。这种系统的特点是将控制功能分散，用多台计算机分别完成不同的控制功能，管理则采用集中管理。由于计算机控制和管理的范围缩小，使其应用灵活方便，可靠性增高。如图 1.6 所示的分级计算机控制系统是一个四级系统。

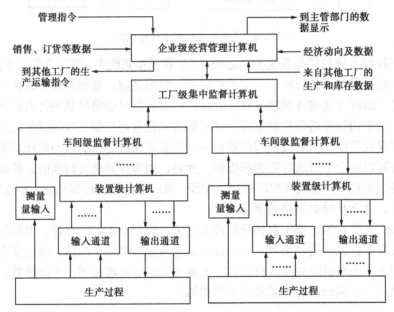

图 1.6 计算机分级控制系统

（1）装置控制级（DDC 级）。它对生产过程进行直接控制，如进行 PID 控制或前馈控制，使所控制的生产过程在最优工作状况下工作。

（2）车间监督级（SCC 级）。它根据厂级计算机下达的命令和通过装置控制级获得的生产过程数据，进行最优化控制。它还担负着车间内各工段间的协调控制和对 DDC 级计算机进行监督的任务。

（3）工厂集中控制级。它可根据上级下达的任务和本厂情况，制定生产计划，安排本厂工作，进行人员调配及各车间的协调，并及时将 SCC 级和 DDC 级的情况向上级报告。

（4）企业管理级。它制定长期发展规划、生产计划、销售计划，下达命令至各工厂，并接收各工厂、各部门发回来的信息，实现全企业的总调度。

1.2.5　集散控制系统

集散控制系统以计算机为核心，把过程控制装置、数据通信系统、显示操作装置、输入/输出通道、控制仪表等有机地结合起来，构成分布式结构系统。这种系统实现了地理上和功能上分散的控制，又通过通信系统把各个分散的信息集中起来，进行集中的监视和操作，并实现高级复杂规律的控制。其结构如图 1.7 所示。

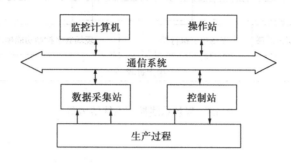

图 1.7　集散控制系统结构图

集散控制系统是一种典型的分级分布式控制结构。监控计算机通过协调各控制站的工作，达到过程的动态最优化。控制站则完成过程的现场控制任务。操作站是人机接口装置，完成操作、显示和监视任务。数据采集站用来采集非控制过程信息。集散控制系统既有计算机控制系统控制算法先进、精度高、响应速度快的优点，又有仪表控制系统安全可靠、维护方便的优点。集散控制系统容易实现复杂的控制规律，系统是积木式结构，结构灵活，可大可小，易于扩展。

1.2.6　现场总线控制系统

现场总线控制系统（Fieldbus Control System，FCS）是新一代分布式控制系统，结构如图 1.8 所示。该系统改进了 DCS 系统成本高，各厂商的产品通信标准不统一而造成的不能互连的弱点，采用工作站-现场总线智能仪表的二层结构模式，完成 DCS 中三层结构模式的功能，降低成本，提高可靠性。国际标准统一后，它可实现真正的开放式互连体系结构。

近年来，由于现场总线的发展，智能传感器和执行器也向数字化方向发展，用数字信号取代 4～20mA DC 模拟信号，为现场总线的应用奠定了基础。现场总线是连接工业现场仪表和控制装置之间的全数字化、双向、多站点的串行通信网络。现场总线被称为 21 世纪的工业控制网络标准。

由于计算机科学的飞速发展，计算机的存储能力、运算能力都得到更进一步的发展，能够解决一般模拟控制系统解决不了的难题，达到一般控制系统达不到的优异的性能指标。在计算机控制算法方面，最优控制、自适应、自学习和自组织系统、智能控制等先进的控制方法，为提高复杂控制系统的控制质量，有效地克服随机扰动，提供了有力的工具。

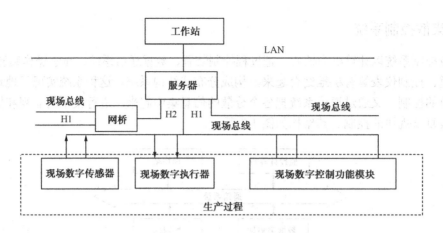

图 1.8　现场总线控制系统结构图

1.3　信号处理

由数字计算机构成的控制系统，在本质上是一个离散时间系统。在连续量控制系统中，控制信号、反馈信号和偏差信号都是连续型的时间信号；而在计算机控制系统中，计算机的输入、输出都是离散型的时间函数。在实际的控制系统中，被控变量大多是在时间上连续的信号，因此，需要对同一系统中的两种不同类型的信号进行采样和信号变换，如图 1.9 所示。在计算机控制系统中，首先要对现场的各种模拟信号 OUT 进行采集，然后通过 A/D 转换器将模拟信号转换为数字信号 DS1，以便送到计算机进行运算和处理。计算机将输入的测量信号 DS1 与预置的设定值 SV 进行比较、运算，将结果以数字信号 DS2 的形式输出，经 D/A 转换器后输出模拟信号 AS2 去控制执行器。

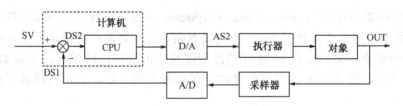

图 1.9　计算机控制系统的描述图

1.3.1　输入信号处理

为了实现计算机对生产过程的控制，需要将被控对象的各种测控变量按要求的方式送入计算机，以便运算和处理。被控对象所提供的信息是纷繁复杂的，其种类、性质及大小等各不相同，因此需要通过某种装置将生产过程中的各种被测变量转换成计算机能够接收的信号，这种在计算机与生产过程之间，起着信号转换并向计算机传送信息的装置称为输入通道。输入通道的信号处理包括数字量输入信号处理和模拟量输入信号处理。

1.　数字量输入信号处理

计算机不能直接接收生产现场的状态量（如开关、电平高低、脉冲量等），因此，必须通过输入通道将状态信号转变为数字量送入计算机。

典型的开关量输入通道通常由信号变换电路、整形电路、电平变换电路和接口电路等几部分组成。信号变换电路将过程的非电开关量转换为电压或电流的高低逻辑值。整形电路将混有干扰毛刺的输入高低逻辑信号或其信号前后沿不合要求的输入信号整形为接近理想状态的方波或矩形波，然后再根据系统要求变换为相应形状的脉冲。电平变换电路将输入的高低逻辑电平转换为与 CPU 兼容的逻辑电平。接口电路协调通道的同步工作，向 CPU 传递状态信息。

过程开关量（数字量）大致可分为三种形式：机械有触点开关量、电子无触点开关量和非电量开关量。不同的开关量要采用不同的变换方法。

2. 模拟量输入信号处理

模拟量输入信号的采集必须通过模拟量输入通道。模拟量输入通道一般由传感器、变送器、多路转换开关、放大电路、采样保持器、模数转换器及接口电路等组成。典型的模拟量输入通道的结构如图 1.10 所示。

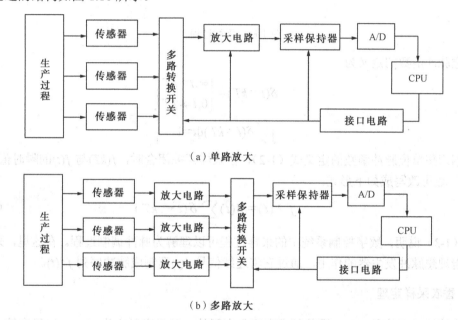

（a）单路放大

（b）多路放大

图 1.10 典型的模拟量输入通道结构

在模拟量输入通道中，传感器用来检测各种非电量过程变量，并将其转换为电信号。多路转换开关用来将多路模拟信号按要求分时输出。放大电路将传感器输出的微弱电信号放大到 A/D 转换器所需要的电平。采样保持器对模拟信号进行采样，在模/数转换期间对采样信号进行保持，一方面，保证 A/D 转换过程中被转换的模拟量保持不变，以提高转换精度；另一方面，可将多个相关的检测点在同一时刻的状态量保持下来，以供分时转换和处理，确保各检测值在时间上的一致性。A/D 转换器将模拟信号转换为二进制数字信号。接口电路提供模拟量输入通道与计算机之间的控制信号和数据传送通路。

3. 模拟量输入信号采样过程

计算机对某个随时间变化的模拟量进行采样，是利用定时器控制开关，每隔一定时间使开关闭合而完成一次采样的。开关重复闭合的时间间隔 T 称为采样周期，其倒数 $f_s = 1/T$ 称为采样频率。所谓采样过程，是指将一个连续的输入信号经开关采样后，转变为发生在采样开关闭合瞬时 $0,T,2T,\ldots,nT$ 的一连串脉冲输出信号 $f^*(t)$，如图 1.11 所示。

$$f^*(t)=\sum_{k=0}^{\infty} f(kT)\delta(t-kT) \tag{1-1}$$

式中　$f^*(t)$——输出脉冲序列；

　　　$f(kT)$——输出脉冲数值序列；

　　　$\delta(t-kT)$——发生在 $t=kT$ 时刻上的单位脉冲。

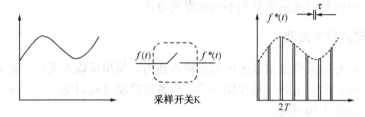

图 1.11　采样过程

单位脉冲函数的定义为

$$\delta(t-kT)=\begin{cases}\infty, t=kT \\ 0, t\neq kT\end{cases}$$
$$\int_{\infty}^{+\infty}\delta(t-kT)\mathrm{d}t=1 \tag{1-2}$$

根据理想单位脉冲函数的定义式（1-2），在采样开关闭合时，$f(kT)$ 与 $f(t)$ 的瞬时值相等，式（1-1）还可改写成如下形式：

$$f^*(t)=f(t)\sum_{t=0}^{\infty}\delta(t-kT) \tag{1-3}$$

式（1-3）说明，数字控制系统中的采样过程可以理解为脉冲调制过程。在这里，采样开关只起着理想脉冲发生器的作用，通过它将连续信号 $f(t)$ 调制成脉冲序列 $f^*(t)$。

4. 香农采样定理

一个连续时间信号 $f(t)$，设其频带宽度是有限的，其最高频率为 $f_{\max}$，如果在等间隔点上对该信号 $f(t)$ 进行连续采样，为了使采样后的离散信号 $f^*(t)$ 能包含原信号 $f(t)$ 的全部信息量，则采样频率只有满足下面的关系：

$$f_s\geq 2f_{\max} \tag{1-4}$$

采样后的离散信号 $f^*(t)$ 才能够无失真地复现 $f(t)$。

式中　f_s——采样频率；

　　　$f_{\max}$——$f(t)$ 最高频率。

香农采样定理表明，采样频率 f_s 的选择至少要比 $f_{\max}$ 高两倍。对于连续模拟信号 $f(t)$，我们并不需要有无限多个连续的时间点上的瞬时值来决定它的变化规律，而只需要有各个等间隔点上的离散抽样值就够了。另外，在实际工程中采样频率的选择还跟采样回路数和采样时间有关，一般根据具体情况选用。

$$f_s \geqslant (5 \sim 10) f_{max} \tag{1-5}$$

5. 数字滤波

计算机控制系统的过程输入信号中，常常包含着各种各样的干扰信号。为了准确地进行测量和控制，必须设法消除这些干扰。对高频干扰，可采用 RC 低通滤波网络进行模拟滤波；而对于中低频干扰（包括周期性、脉冲性和随机性的），采用数字滤波是一种有效方法。数字滤波是通过编制一定的计算或判断程序，减小干扰在有用信号中的比重，从而提高信号真实性的滤波方法。与模拟滤波方法相比，它具有以下优点。

➢ 数字滤波是用程序实现的，不需要硬件设备，所以可靠性高，稳定性好。

➢ 数字滤波可以滤除频率很低的干扰，这一点是模拟滤波难以实现的。

➢ 数字滤波可以根据不同的信号采用不同的滤波方法，使用灵活、方便。

常用的数字滤波方法有：程序判断滤波、中位值法滤波、递推平均滤波、加权递推平均滤波和一阶滞后滤波等。

（1）程序判断滤波。在控制系统中，由于在现场采样，幅度较大的随机干扰或由变送器故障所造成的失真，将引起输入信号的大幅度跳码，从而导致计算机控制系统误动作。为此，通常采用编制判断程序的方法来去伪存真，实现程序判断滤波。

程序判断滤波的具体方法是通过比较相邻的两个采样值，如果它们的差值过大，超出了变量可能的变化范围，则认为后一次采样值是虚假的，应予以废除，而将前一次采样值送入计算机。判断式为：

当 $|y(n)-y(n-1)| \leqslant b$ 时，则取 $y(n)$ 输入计算机；

当 $|y(n)-y(n-1)| > b$ 时，则取 $y(n-1)$ 输入计算机。

式中 $y(n)$——第 n 次采样值；

$\quad\quad y(n-1)$——第 $n-1$ 次采样值；

$\quad\quad b$——给定的常数值。

应用这种方法，关键在于 b 值的选择。而 b 值的选择主要取决于对象被测变量的变化速度，例如，一个加热炉温度的变化速度总比一般的压力或流量的变化速度要缓慢些，因此可以按照该变量在两次采样的时间间隔内可能的最大变化范围作为 b 值。

（2）中位值法滤波。中位值法滤波就是将某个被测变量在轮到它采样的时刻，连续采样 3 次（或 3 次以上），从中选择大小居中的那个值作为有效测量信号。

中位值法对消除脉冲干扰和机器不稳定造成的跳码现象相当有效，但对流量对象这种快速过程不宜采用。

（3）递推平均滤波。管道中的流量、压力或沸腾状液面的上下波动，会使其变送器输出信号出现频繁的振荡现象。若将此信号直接送入计算机，会导致控制算式输出紊乱，造成控制动作极其频繁，甚至执行器根本来不及响应，还会使控制阀因过分磨损而影响使用寿命，严重影响控制品质。

上下频繁波动的信号有一个特点，即它始终在平均值附近变化，如图 1.12 所示。

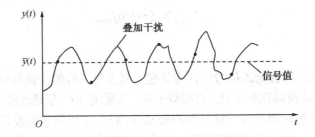

图 1.12　上下频繁波动的信号

图中的黑点表示各个采样值。对于这类信号，仅仅依靠一次采样值作为控制依据是不正确的，通常采用递推平均的方法，即第 n 次采样的 N 项递推平均值是 $n,(n-1),…,(n-N+1)$ 次采样值的算术平均。递推平均算式为：

$$\overline{y}(n)=\frac{1}{N}\sum_{i=0}^{N-1}y(n-i) \tag{1-6}$$

式中　$\overline{y}(n)$——第 n 次 N 项的递推平均值；

　　　$\overline{y}(n-i)$——往前递推第 i 项的测量值；

　　　N——递推平均的项数。

也就是说，第 n 次采样的 N 项递推平均值的计算，应该由 n 次采样往前递推 $N-1$ 项。

N 值的选择对采样平均值的平滑程度与反应灵敏度均有影响。在实际应用中，可通过观察不同 N 值下递推平均的输出响应来决定 N 值的大小。目前在工程上，流量常用 12 项平均，压力取 4 项平均，温度没有显著噪声时可以不加平均。

（4）加权递推平均滤波。递推平均滤波法的每一次采样值，在结果中的比重是均等的，这对时变信号会引入滞后。为增加当前采样值在结果中所占的比重，提高系统对本次采样的灵敏度，可采用加权递推平均滤波的方法。一个 N 项加权递推平均算式为：

$$\overline{y}(n)=\frac{1}{N}\sum_{i=0}^{N-1}C_iy(n-i) \tag{1-7}$$

式中　C_i——加权系数。

各项系数应满足下列关系：

$$0\leqslant C_i\leqslant1\ \text{且}\ \sum_{i=0}^{N-1}C_i=1$$

（5）一阶惯性滤波。一阶惯性滤波的动态方程式为：

$$T\frac{\mathrm{d}\overline{y}(t)}{\mathrm{d}(t)}+\overline{y}(t)=y(t) \tag{1-8}$$

式中　T——滤波时间常数；

　　　$\overline{y}(t)$——输出值；

　　　$y(t)$——输入值。

令 $\mathrm{d}\overline{y}(t)=\overline{y}(n)-\overline{y}(n-1)$，$\mathrm{d}(t)=T_s$（采样周期），$\overline{y}(t)=\overline{y}(n)$，$y(t)=y(n)$，有

$$\frac{T}{T_s}[\overline{y}(n)-\overline{y}(n-1)]+\overline{y}(n)=y(n)$$

$$\frac{T+T_s}{T_s}\overline{y}(n)=y(n)+\frac{T}{T_s}\overline{y}(n-1) \tag{1-9}$$

$$\bar{y}(n)=\frac{T_{\mathrm{s}}}{T+T_{\mathrm{s}}}y(n)+\frac{T}{T+T_{\mathrm{s}}}\bar{y}(n-1) \tag{1-10}$$

令 $a=\dfrac{T}{T+T_{\mathrm{s}}}$ ，则有

$$\bar{y}(n)=(1-a)y(n)+a\bar{y}(n-1) \tag{1-11}$$

式中　a——滤波常数，$0<a<1$；

　　　$y(n)$——第 n 次滤波输出值；

　　　$y(n-1)$——第 $n-1$ 次滤波输出值；

　　　$y(n)$——第 n 次滤波输入值。

一阶惯性滤波对周期性干扰具有良好的抑制作用，适用于波动频繁的变量滤波。

在实际应用上述几种数字滤波方法时，往往先对采样信号进行程序判断滤波，然后再用递推平均、加权递推平均或一阶惯性滤波等方法处理，以保持采样的真实性和平滑度。

1.3.2　输出信号处理

经过计算机运算处理后的各种数字控制信号也要变换成适合于对生产过程或装置进行控制的信号。因此，在计算机和执行器之间必须设置信息传递和变换的装置，这种装置就称为过程输出通道。

1. 数字输出信号的处理

数字信号的输出必须通过数字量输出通道。数字量输出通道的任务是根据计算机输出的数字信号去控制接点的通、断或数字式执行器的启、停等，简称 DO（Digital Output）通道。根据被控对象的不同，其输出的数字控制信号的形态及相应的配置也不相同。其中最为常用的数字控制信号是开关量和脉冲量信号，如图 1.13 所示为开关量输出通道的结构图。

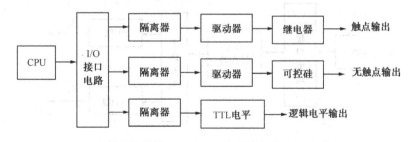

图 1.13　开关量输出通道的结构图

隔离器一般采用光电隔离器，如 TLP521 系列；驱动器将计算机输出的信号进行功率放大，以满足被控对象要求；继电器、可控硅（或大功率晶体管）、TTL 电平输出等为需要开关量控制信号的执行机构，通过这些开关器件的通、断去控制被控对象。

在应用中，有些执行器需要按一定的时间顺序来启动和关闭，这类元件需采用一系列电脉冲来控制。这种将计算机发出的控制指令转变成一系列按时间关系连续变化的开关动作的脉冲信号的电路称为输出通道。它一般具有可编程和定时中断等功能。

2．模拟输出信号的处理

模拟信号的输出必须通过模拟量输出通道来完成。模拟量输出通道是计算机控制系统实现控制的关键。它的任务是把计算机输出的数字量转换成模拟电压或电流信号，以便驱动相应的执行机构，达到控制的目的。模拟量输出通道一般由输出接口电路、D/A 转换器、V/I 变换等组成。

（1）一个通路设置一个数/模转换器。微处理器和通路之间通过独立的接口缓冲器传送信息，这是一种数字保持的方案，如图 1.14 所示。它的优点是转换速度快，工作可靠，即使某一路 D/A 转换器有故障也不会影响其他通路的工作。缺点是使用硬件较多，成本高。但随着大规模集成电路技术的发展，这个缺点正在逐步得到克服。这种方案较易实现。

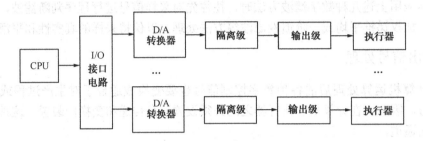

图 1.14　独立的多通道 D/A 转换结构图

（2）多个通路共用一个数/模转换器。如图 1.15 所示为多路信号共用一个数/模转换器的结构。它必须在微型机控制下分时工作，即依次把 D/A 转换器转换成的模拟电压（或电流），通过多路模拟开关传送到下一级电路。这种结构节省了数/模转换器，但因为是分时工作，只适用于通路数量多且速度要求不高的场合。因多路共用一个 D/A 转换器，所以可靠性较差。

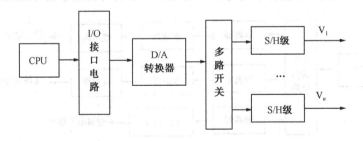

图 1.15　多路信号共用一个 D/A 转换器的结构

1.4　PID 控制算法

1.4.1　理想 PID 控制算法

按偏差的比例、积分和微分控制（以下简称 PID 控制），是控制系统中应用最广泛的一种控制规律。在系统中引入偏差的比例控制，以保证系统的快速性；引入偏差的积分控制，以提高控制精度；引入偏差的微分控制，用来消除系统惯性的影响。其控制结构如图 1.16 所示。

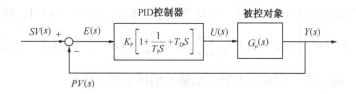

图 1.16　理想 PID 控制结构图

在 PID 控制系统中，控制器将根据偏差 $e=sv-pv$（设定值 sv 与测量值 pv 之差），给出控制信号 $u(t)$。在时间连续的情况下，理想 PID 常用以下形式表示：

$$u(t)=K_p[e(t)+\frac{1}{T_I}\int e(t)\mathrm{d}t+T_D\frac{\mathrm{d}e(t)}{\mathrm{d}t}]\qquad(1\text{-}12)$$

$$U(s)=K_p(1+\frac{1}{T_I s}+T_D s)E(s)\qquad(1\text{-}13)$$

式中　　K_p——控制器比例增益；

　　　　T_I——积分时间；

　　　　T_D——微分时间。

由于在计算机控制系统中，计算机每隔一定的时间（采样周期 T）才能完成一次检测、计算并输出控制，因此必须将原来的 PID 微分方程经过差分处理后变成相应的差分方程。

积分与求和的关系可用图 1.17 说明。事实上 $\int_0^t e(t)\mathrm{d}t$ 就是 $e(t)$ 曲线与横轴在 $0\sim t$ 之间所包围的曲边梯形的面积，将此面积以采样周期 T 为宽度分割成 n 段，当 T 很小时，每段面积近似为 $e(iT)\cdot T$。按这种方法近似处理，则积分项

$$\int e(t)\mathrm{d}t=\int_0^t e(t)\mathrm{d}t\approx e(T)\cdot T+e(2T)\cdot T+\cdots+e(nT)\cdot T=\sum_{i=1}^n e(iT)\cdot T\qquad(1\text{-}14)$$

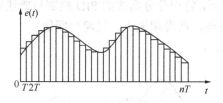

图 1.17　$e(t)$ 曲线分割图

设采样周期为 T，取 $t=nT,\mathrm{d}t\approx T,\mathrm{d}e(t)\approx e(nT)-e[(n-1)T]$，$\int e(t)\mathrm{d}t\approx\sum_{i=1}^n e(iT)\cdot T$，采用差分近似法分别代入式（1-12）得

$$u(nT)=K_p\left\{e(nT)+\frac{T}{T_I}\sum_{i=1}^n e(iT)+\frac{T_D}{T}[e(nT)-e(n-1)T]\right\}\qquad(1\text{-}15)$$

简写为

$$u(n)=K_p\left\{e(n)+\frac{T}{T_I}\sum_{i=1}^n e(i)+\frac{T_D}{T}[e(n)-e(n-1)]\right\}\qquad(1\text{-}16)$$

$\sum_{i=1}^n e(iT)\cdot T$ 虽属离散量，但随着时间的增长，累积结果会无限加大，给实际计算机

计算带来困难。所以常将式（1-16）进一步化简成递推形式，即令$n=n-1$，代入式（1-16），得

$$u(n-1)=K_p\left\{e(n-1)+\frac{T}{T_I}\sum_{i=1}^{n-1}e(i)+\frac{T_D}{T}[e(n-1)-e(n-2)]\right\} \qquad (1\text{-}17)$$

用式（1-17）减去式（1-16），得控制器输出的增量表达式为

$$\Delta u(n)=u(n)-u(n-1)$$
$$=K_p\left\{e(n)-e(n-1)+\frac{T}{T_I}e(n)+\frac{T_D}{T}[e(n)-2e(n-1)-e(n-2)]\right\} \qquad (1\text{-}18)$$

输出采用增量算式时，控制量可按下式计算：

$$u(n)=u(n-1)+\Delta u(n) \qquad (1\text{-}19)$$

1.4.2 理想 PID 控制算法的改进

1. 积分分离

在一般的 PID 控制中，当启动、停车或大幅度改变给定值时，由于在短时间内产生很大的偏差，往往会产生严重的积分饱和现象，以致造成很大的超调和长时间的振荡。为了克服这个缺点，可采用积分分离方法，即在被控变量开始跟踪时，取消积分作用；而当被控变量接近给定值时，才将积分作用加入以消除余差。

$$\Delta u(n)=\begin{cases}K_p\left\{e(n)-e(n-1)+\dfrac{T_D}{T}[e(n)-2e(n-1)+e(n-2)]\right\} & |e(n)|\geqslant B\\[2mm] K_p\left\{e(n)-e(n-1)+\dfrac{T}{T_I}e(n)+\dfrac{T_D}{T}[e(n)-2e(n-1)+e(n-2)]\right\} & |e(n)|<B\end{cases}$$
$$(1\text{-}20)$$

在单位阶跃信号的作用下，将积分分离式的 PID 控制与普通的 PID 控制响应结果进行比较，如图 1.18 所示。可以发现，前者超调小，过渡时间短。

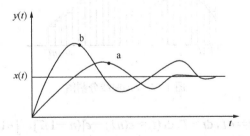

a—积分分离式的 PID 控制过程；b—普通的 PID 控制过程

图 1.18　两种控制效果比较

2. 微分先行

微分先行只对被控变量的测量值求导，而不对设定值求导。这样，在改变设定值时，输出不会突变，而被控变量的变化，通常总是比较和缓的。此时控制算法为

$$\Delta u_d(n)=-K_D[y(n)-2y(n-1)+y(n-2)] \qquad (1\text{-}21)$$

式中，$K_D = \dfrac{T_D}{T}$，为微分增益。

微分先行的控制算法明显改善了随动系统的动态特性，而静态特性不会产生影响，所以这种控制算法在模拟式控制器中也在采用。

与常规 PID 运算（如图 1.19 所示）相比较，微分先行 PID 运算（如图 1.20 所示）中，PV 值经微分运算，而 SV 值只经 PI 运算。

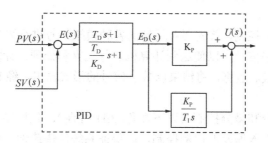

图 1.19　常规 PID 运算方框图

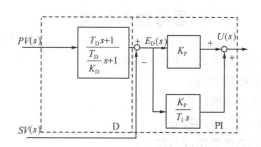

图 1.20　微分先行 PID 运算方框图

控制器输出 $U(s)$ 可用下式表示：

$$U(s) = K_P\left(1 + \frac{1}{T_I s}\right)E_D(s) \tag{1-22}$$

而 $E_D(s) = \left[\dfrac{T_D s + 1}{\dfrac{T_D}{K_D}s + 1}\right]PV(s) - SV(s)$，则

$$U(s) = K_P\left[\frac{T_D s + 1}{\dfrac{T_D}{K_D}s + 1}\right]\left(1 + \frac{1}{T_I s}\right)PV(s) - K_P\left(1 + \frac{1}{T_I s}\right)SV(s) \tag{1-23}$$

由上式可见，SV 项无微分作用，当人工改变 SV 值时不会给控制系统带来附加扰动。

本　章　小　结

计算机控制系统由工业控制机和生产过程两大部分组成。工业控制机是指按生产过程控制的特点和要求而设计的计算机，它包括硬件和软件两部分。生产过程包括被控对象、测量

变送、执行机构、电气开关等装置。

计算机控制系统按其应用特点、控制功能和系统结构可分为：数据采集系统、直接数字控制系统、监督计算机控制系统、分级控制系统、集散控制系统及现场总线控制系统。

在计算机控制系统中，生产过程与计算机之间是通过输入/输出通道连接起来的。输入通道将生产过程中的数字信号与模拟信号转换成计算机能够接收的数字信号，送到计算机去处理；输出通道将计算机的控制信号转换为现场设备能够接收的信号去控制生产过程的自动运行。

要实现对生产过程的控制，首先要对现场的各种模拟信号进行采集，然后通过 A/D 转换器将模拟信号转换为数字信号，以便送到计算机进行运算和处理。计算机将输入的测量信号与预置的设定值进行比较、运算，将结果以数字信号的形式输出，经 D/A 转换器后输出模拟信号去控制执行器。

按偏差的比例、积分和微分控制（以下简称 PID 控制），是控制系统中应用最广泛的一种控制规律。在系统中引入偏差的比例控制，以保证系统的快速性；引入偏差的积分控制，以提高控制精度；引入偏差的微分控制，用来消除系统惯性的影响。

思考题与习题

1. 简述计算机控制系统的组成，并画出系统框图。
2. 简述计算机控制系统的分类。
3. 简述直接数字控制系统的特点。
4. 简述集散控制系统的组成与特点。
5. 简述现场总线控制系统的组成与特点。
6. 计算机控制系统输入/输出通道各有什么作用？
7. 简述什么是常规 PID 算法。
8. 什么叫积分分离？什么叫微分先行？

第2章

集散控制系统基础知识

知识目标

- 掌握集散控制系统（DCS）的基本概念；
- 了解 DCS 的设计思想；
- 掌握 DCS 的体系结构及各层次的主要功能；
- 了解 DCS 现场控制站的主要组成部分，掌握其基本功能；
- 了解 DCS 操作站的基本构成及功能；
- 了解 DCS 软件系统的主要内容；
- 了解 DCS 的组态功能；
- 了解数据通信基本知识；
- 掌握通信网络基础知识。

技能目标

结合 DCS 实训，培养以下技能。

- 能够识别现有实训装置中 DCS 的各个组成部分；
- 能够利用现有资源，组成一个最小配置的 DCS；
- 能够熟练地指出 DCS 各组成部分的功能特性。

集散控制系统是一种操作显示集中，控制功能分散，采用分级分层体系结构，局部网络通信的计算机综合控制系统。从总体结构上看，DCS 是由工作站和通信网络两大部分组成的，系统利用通信网络将各工作站连接起来，实现集中监视、操作、信息管理和分散控制。

2.1 集散控制系统的体系结构

集散控制系统经过 30 多年的发展，其结构不断更新。随着 DCS 开放性的增强，其层次化的体系结构特征更加显著，充分体现了 DCS 集中管理、分散控制的设计思想。DCS 是纵向分层、横向分散的大型综合控制系统，它以多层局部网络为依托，将分布在整个企业范围内的各种控制设备和数据处理设备连接在一起，实现各部分的信息共享和协调工作，共同完成各种控制、管理及决策任务。

DCS 的典型体系结构如图 2.1 所示。按照 DCS 各组成部分的功能分布，所有设备分别处于四个不同的层次，自下而上分别是：现场控制级、过程控制级、过程管理级和经营管理级。与这四层结构相对应的四层局部网络分别是现场网络（Field Network，Fnet）、控制网络（Control Network，Cnet）、监控网络（Supervision Network，Snet）和管理网络（Management Network，Mnet）。

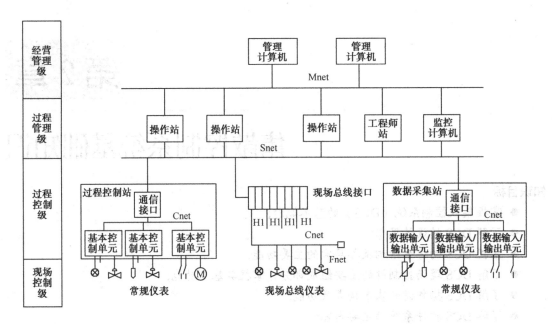

图 2.1　集散控制系统的体系结构

1. 现场控制级

现场控制级设备直接与生产过程相连，是 DCS 的基础。典型的现场控制级设备是各类传感器、变送器和执行器。它们将生产过程中的各种工艺变量转换为适宜于计算机接收的电信号（如常规变送器输出的 4～20mA DC 电流信号或现场总线变送器输出的数字信号），送往过程控制站或数据采集站；过程控制站又将输出的控制器信号（如 4～20mA DC 信号或现场总线数字信号）送到现场控制级设备，以驱动控制阀或变频调速装置等，实现对生产过程的控制。

归纳起来，现场控制级设备的任务主要有以下几个方面。一是完成过程数据采集与处理；二是直接输出操作命令，实现分散控制；三是完成与上级设备的数据通信，实现网络数据库共享；四是完成对现场控制级智能设备的监测、诊断和组态等。

现场网络与各类现场传感器、变送器和执行器相连，以实现对生产过程的监测与控制；同时与过程控制级的计算机相连，接收上层的管理信息，传递装置的实时数据。现场网络的信息传递有三种方式，第一种是传统的模拟信号（如 4～20mA DC 或者其他类型的模拟量信号）传输方式；第二种是全数字信号（现场总线信号）传输方式；第三种是混合信号（如在 4～20mA DC 模拟量信号上，叠加调制后的数字量信号）传输方式。现场信息以现场总线为基础的全数字传输是今后的发展方向。

2. 过程控制级

过程控制级主要由过程控制站、数据采集站和现场总线接口等组成。

过程控制站接收现场控制级设备送来的信号，按照预定的控制规律进行运算，并将运算结果作为控制信号，送回到现场的执行器中去。过程控制站可以同时实现反馈控制、逻辑控制和顺序控制等功能。

数据采集站与过程控制站类似，也接收由现场设备送来的信号，并对其进行必要的转换和处理，然后送到集散控制系统中的其他工作站（如过程管理级设备）。数据采集站接收大量的非控制过程信息，并通过过程管理级设备传递给运行人员，它不直接完成控制功能。

在 DCS 的监控网络上可以挂接现场总线服务器（Fieldbus Server，FS），实现 DCS 网络与现场总线的集成。现场总线服务器是一台安装了现场总线接口卡与 DCS 监控网络接口卡的完整的计算机。现场设备中的输入、输出、运算、控制等功能模块，可以在现场总线上独立构成控制回路，不必借用 DCS 控制站的功能。现场设备通过现场总线与 FS 上的接口卡进行通信。FS 通过它的 DCS 网络接口卡与 DCS 网络进行通信。FS 和 DCS 可以实现资源共享，FS 可以不配备操作站或工程师站，直接借用 DCS 的操作站或工程师站实现监控和管理。

过程控制级的主要功能表现在以下几个方面。一是采集过程数据，进行数据转换与处理；二是对生产过程进行监测和控制，输出控制信号，实现反馈控制、逻辑控制、顺序控制和批量控制功能；三是现场设备及 I/O 卡件的自诊断；四是与过程管理级进行数据通信。

3．过程管理级

过程管理级的主要设备有操作站、工程师站和监控计算机等。

操作站是操作人员与 DCS 相互交换信息的人机接口设备，是 DCS 的核心显示、操作和管理装置。操作人员通过操作站来监视和控制生产过程，可以在操作站上观察生产过程的运行情况，了解每个过程变量的数值和状态，判断每个控制回路是否工作正常，并且可以根据需要随时进行手动、自动、串级、后备串级等控制方式的无扰动切换，修改设定值，调整控制信号，操控现场设备，以实现对生产过程的控制。另外，它还可以打印各种报表，复制屏幕上的画面和曲线等。

为了实现以上功能，操作站需由一台具有较强图形处理功能的微型机，以及相应的外部设备组成，一般配有 CRT 或 LCD 显示器、大屏幕显示装置（选件）、打印机、键盘、鼠标等。开放型 DCS 采用个人计算机作为人机接口。

工程师站是为了便于控制工程师对 DCS 进行配置、组态、调试、维护而设置的工作站。工程师站的另一个作用是对各种设计文件进行归类和管理，形成各种设计、组态文件，如各种图样、表格等。工程师站一般由 PC 配置一定数量的外部设备组成，例如打印机、绘图仪等。

监控计算机的主要任务是实现对生产过程的监督控制，如机组运行优化和性能计算，先进控制策略的实现等。根据产品、原材料库存及能源的使用情况，以优化准则来协调装置间的相互关系，实现全企业的优化管理。另外，监控计算机通过获取过程控制级的实时数据，进行生产过程的监视、故障检测和数据存档。由于监控计算机的主要功能是完成复杂的数据处理和运算，因此，对它主要有运算能力和运算速度的要求。一般来说，监控计算机由超级微型机或小型机构成。

4．经营管理级

经营管理级是全厂自动化系统的最高一层。只有大规模的集散控制系统才具备这一级。经营管理级的设备可能是厂级管理计算机，也可能是若干个生产装置的管理计算机。它们所面向的使用者是厂长、经理、总工程师等行政管理或运行管理人员。

厂级管理系统的主要功能是监视企业各部门的运行情况，利用历史数据和实时数据预测可能发生的各种情况，从企业全局利益出发，帮助企业管理人员进行决策，帮助企业实现其计划目标。它从系统观念出发，从原料进厂到产品的销售，从市场和用户分析、订货、库存到交货，进行一系列的优化协调，从而降低成本，增加产量，保证质量，提高经济效益。此外，还应考虑商业事务、人事组织及其他各方面，并与办公自动化系统相连，实现整个系统的优化。

经营管理级也可分为实时监控和日常管理两部分。实时监控是全厂各机组和公用辅助工艺系统的运行管理层，承担全厂性能监视、运行优化、全厂负荷分配和日常运行管理等任务。日常管理承担全厂的管理决策、计划管理、行政管理等任务，主要为厂长和各管理部门服务。

对管理计算机的要求是具有能够对控制系统做出高速反应的实时操作系统，能够对大量数据进行高速处理与存储，具有能够连续运行可冗余的高可靠性系统，能够长期保存生产数据，并具有优良的、高性能的、方便的人机接口，丰富的数据库管理软件、过程数据收集软件、人机接口软件及生产管理系统生成等工具软件，能够实现整个工厂的网络化和计算机的集成化。

2.2 集散控制系统的硬件结构

DCS 的硬件系统主要由集中操作管理装置、分散过程控制装置和通信接口设备等组成，通过通信网络将这些硬件设备连接起来，共同实现数据采集、分散控制和集中监视、操作及管理等功能。由于不同 DCS 厂家采用的计算机硬件不尽相同，因此，DCS 的硬件系统之间的差别也很大。为了从功能上和类型上来介绍 DCS 的硬件构成，只能抛开各种具体的 DCS 的硬件组成及特点。集中操作管理装置的主要设备是操作站，而分散过程控制装置的主要设备是现场控制站。这里，着重介绍 DCS 的现场控制站和操作站。

2.2.1 现场控制站

从功能上讲，分散过程控制装置主要包括现场控制站、数据采集站、顺序逻辑控制站和批量控制站等，其中现场控制站功能最为齐全，为了便于结构的划分，下面统称之为现场控制站。现场控制站是 DCS 与生产过程之间的接口，它是 DCS 的核心。分析现场控制站的构成，有助于理解 DCS 的特性。

一般来说，现场控制站中的主要设备是现场控制单元。现场控制单元是 DCS 直接与生产过程进行信息交互的 I/O 处理系统，它的主要任务是进行数据采集及处理，对被控对象实施闭环反馈控制、顺序控制和批量控制。用户可以根据不同的应用需求，选择配置不同的现场控制单元以构成现场控制站。它可以是以面向连续生产的过程控制为主，辅以顺序逻辑控制，构成的一个可以实现多种复杂控制方案的现场控制站；也可以是以顺序控制、联锁控制功能为主的现场控制站；还可以是一个对大批量过程信号进行总体信息采集的现场控制站。

现场控制站是一个可独立运行的计算机检测控制系统。由于它是专为过程检测、控制而设计的通用型设备，所以其机柜、电源、输入/输出通道和控制计算机等，与一般的计算机系统有所不同。

1. 机柜

现场控制站的机柜内部均装有多层机架，以供安装各种模块及电源之用。为了给机柜内部的电子设备提供完善的电磁屏蔽，其外壳均采用金属材料（如钢板或铝材），并且活动部分（如柜门与机柜主体）之间要保证有良好的电气连接。同时，机柜还要求可靠接地，接地电阻应小于 4Ω。

为保证机柜中电子设备的散热降温，一般机柜内均装有风扇，以提供强制风冷。同时为防止灰尘侵入，在与柜外进行空气交换时，要采用正压送风，将柜外低温空气经过滤网过滤后引入柜内。在灰尘多、潮湿或有腐蚀性气体的场合（例如安装在室外使用时），一些厂家还提供密封式机柜，冷却空气仅在机柜内循环，通过机柜外壳的散热叶片与外界交换热量。为了保证在特别冷或热的室外环境下正常工作，还为这种密封式机柜设计了专门的空调装置，以保证柜内温度维持在正常值。另外，现场控制站机柜内大多设有温度自动检测装置，当机柜内温度超过正常范围时，会产生报警信号。

2．电源

只有保持电源（交流电源和直流电源）稳定、可靠，才能确保现场控制站正常工作。

（1）保证电源系统可靠性的措施。为了保证电源系统的可靠性，通常采取以下几种措施。

① 每一个现场控制站均采用双电源供电，互为冗余。

② 如果现场控制站机柜附近有经常开、关的大功率用电设备，则应采用超级隔离变压器，将其初级、次级线圈间的屏蔽层可靠接地，以克服共模干扰的影响。

③ 如果电网电压波动很严重，应采用交流电子调压器，快速稳定供电电压。

④ 在石油、化工等对连续性控制要求特别高的场合，应配有不间断供电电源 UPS，以保证供电的连续性。现场控制站内各功能模块所需直流电源一般为 $\pm5V, \pm15V$（或 $\pm12\ V$）及 $+24V$。

（2）增加直流电源系统稳定性的措施。为增加直流电源系统的稳定性，一般可以采取以下几种措施。

① 为减少相互间的干扰，给主机供电与给现场设备供电的电源要在电气上隔离。

② 采用冗余的双电源方式给各功能模块供电。

③ 一般由统一的主电源单元将交流电变为 24V 直流电供给柜内的直流母线，然后通过 DC-DC 转换方式将 24V 直流电源变换为子电源所需的电压，主电源一般采用 $1:1$ 冗余配置，而子电源一般采用 $N:1$ 冗余配置。

3．控制计算机

控制计算机是现场控制站的核心，一般由 CPU、存储器、总线、输入/输出通道等基本部分组成。

（1）CPU。尽管世界各地的 DCS 产品差别很大，但现场控制站大都采用 Motorola 公司 M68000 系列和 Intel 公司 80X86 系列的 CPU 产品。为提高性能，各生产厂家大都采用准 32 位或 32 位微处理器。由于数据处理能力提高，因此可以执行复杂的先进控制算法，如自动整定、预测控制、模糊控制和自适应控制等。

（2）存储器。与其他计算机一样，控制计算机的存储器也分为 RAM 和 ROM。由于控制计算机在正常工作时运行的是一套固定的程序，DCS 中大都采用了程序固化的办法，因此在控制计算机中 ROM 占有较大的比例。有的系统甚至将用户组态的应用程序也固化在 ROM 中，只要一加电，控制站就可正常运行，使用更加方便，但修改组态时要复杂一些。

在一些采用冗余 CPU 的系统中，还特别设有双端口随机存储器，其中存放有过程输入/输出数据、设定值和 PID 参数等。两块 CPU 板均可分别对其进行读写，保证双 CPU 间运行数据的同步。当原先在线主 CPU 板出现故障时，原离线 CPU 板可立即接替工作，这样对生产过程不会产生任何扰动。

（3）总线。常见的控制计算机总线有 Intel 公司的多总线 MULTIBUS，"EOROCARD"

标准的 VME 总线和 STD 总线。前两种总线都是支持多 CPU 的 16 位/32 位总线，由于 STD 总线是一种 8 位数据总线，使用受到限制，已经逐渐淡出市场。

近年来，随着 PC 在过程控制领域的广泛应用，PC 总线（ISA,EISA 总线等）在中规模 DCS 的现场控制站中也得到应用。

（4）输入/输出通道。过程控制计算机的输入/输出通道一般包括模拟量输入/输出（AI/AO）、开关量输入/输出（SI/SO）或数字量输入/输出（DI/DO），以及脉冲量输入通道（PI）。

① 模拟量输入/输出通道（AI/AO）。生产过程中的连续性被测变量（如温度、流量、液位、压力、浓度、pH 值等），只要由在线检测仪表将其转换为相应的电信号，均可送入模拟量输入通道 AI，经过 A/D 转换后，将数字量送给 CPU。而模拟量输出通道 AO 一般将计算机输出的数字信号转换为 4～20mA DC（或 1～5V DC）的连续直流信号，用于控制各种执行机构。

② 开关量输入/输出通道（SI/SO）。开关量输入通道 SI 主要用来采集各种限位开关、继电器或电磁阀联动触点的开、关状态，并输入计算机。开关量输出通道 SO 主要用于控制电磁阀、继电器、指示灯、声光报警器等只具有开、关两种状态的设备。

③ 脉冲量输入通道（PI）。许多现场仪表（如涡轮流量计、罗茨式流量计及一些机械计数装置等）输出的测量信号为脉冲信号，它们必须通过脉冲量输入通道处理才能送入计算机。

2.2.2 操作站

DCS 的人机接口装置一般分为操作站和工程师站。其中工程师站主要是技术人员与控制系统的接口，或者用于对应用系统进行监视。工程师站上配有组态软件，为用户提供一个灵活的、功能齐全的工作平台，通过它来实现用户所要求的各种控制策略。为节省投资，许多系统的工程师站可以用一个操作站代替。

运行在 PC 硬件平台、NT 操作系统下的通用操作站的出现，给 DCS 用户带来了许多方便。由于通用操作站的适用面广，相对生产量大，成本下降，因而可以节省用户的经费，维护费用也比较少。采用通用系统要比使用各种不同的专用系统更为简单，用户也可减少人员培训的费用。它开放性能好，很容易建立生产管理信息系统，更新和升级容易。因此，通用操作站是 DCS 的发展方向。

为了实现监视和管理等功能，操作站必须配置以下设备。

1. 操作台

操作台用来安装、承载和保护各种计算机和外部设备。目前流行的操作台有桌式操作台、集成式操作台和双屏操作台等，用户可以根据需要选择使用。

2. 微处理机系统

DCS 操作站的功能越来越强，这就对操作站的微处理机系统提出了更高的要求。一般的 DCS 操作站采用 32 位或 64 位微处理机。

3. 外部存储设备

为了很好地完成 DCS 操作站的历史数据存储功能，许多 DCS 的操作站都配有一到两个大容量的外部存储设备，有些系统还配备了历史数据记录仪。

4．图形显示设备

当前 DCS 的图形显示设备主要是 LCD，有些 DCS 还在使用 CRT。有些 DCS 操作站配备有厂家专用的图形显示器。

5．操作键盘和鼠标

（1）操作员键盘。操作员键盘一般都采用具有防水、防尘能力，有明确图案或标志的薄膜键盘。这种键盘从键的分配和布置上都充分考虑到操作直观、方便，外表美观，并且在键体内装有电子蜂鸣器，以提示报警信息和操作响应。

（2）工程师键盘。工程师键盘一般为常用的击打式键盘，主要用来进行编程和组态。

现代的 DCS 操作站已采用了通用 PC 系统，因此，无论操作员键盘，还是工程师键盘，都在使用通用标准键盘和鼠标。

6．打印输出设备

有些 DCS 操作站配有两台打印机，一台用于打印生产记录报表和报警报表；另一台用来复制流程画面。随着激光等非击打式打印机的性能不断提高，价格不断下降，有的 DCS 已经采用这类打印机，以求得清晰、美观的打印质量和降低噪声。

2.2.3 冗余技术

冗余技术是提高 DCS 可靠性的重要手段。由于采用了分散控制的设计思想，当 DCS 中某个环节发生故障时，仅仅使该环节失去功能，而不会影响整个系统的功能。因此，通常只对可能影响系统整体功能的重要环节或对全局产生影响的公用环节，有重点地采用冗余技术。自诊断技术可以及时检出故障，但是要使 DCS 的运行不受故障的影响，主要还是依靠冗余技术。

1．冗余方式

DCS 的冗余技术可以分为多重化自动备用和简易的手动备用两种方式。多重化自动备用就是对设备或部件进行双重化或三重化设置，当设备或部件万一发生故障时，备用设备或部件自动从备用状态切换到运行状态，以维持生产继续进行。

多重化自动备用还可以进一步分为同步运转、待机运转、后退运转等三种方式。

同步运转方式就是让两台或两台以上的设备或部件同步运行，进行相同的处理，并将其输出进行核对。两台设备同步运行，只有当它们的输出一致时，才作为正确的输出，这种系统称为"双重化系统"（Dual System）。三台设备同步运行，将三台设备的输出信号进行比较，取两个相等的输出作为正确的输出值，这就是设备的三重化设置。这种方式具有很高的可靠性，但投入也比较大。

待机运转方式就是使一台设备处于待机备用状态。当工作设备发生故障时，启动待机设备来保证系统正常运行。这种方式称为 1∶1 的备用方式，这种类型的系统称为"双工系统"（Duplex System）。类似地，对于 N 台同样设备，采用一台待机设备的备用方式就称为 $N∶1$ 备用。在 DCS 中一般对局部设备采用 1∶1 备用方式，对整个系统则采用 $N∶1$ 的备用方式。待机运行方式是 DCS 中主要采用的冗余技术。

后退运转方式就是使用多台设备，在正常运行时，各自分担各种功能运行。当其中之一发生故障时，其他设备放弃其中一些不重要的功能，进行互相备用。这种方式显然是最经济的，但相互之间必然存在公用部分，而且软件编制也相当复杂。

简易的手动备用方式采用手动操作方式实现对自动控制方式的备用。当自动方式发生故障时，通过切换成手动工作方式，来保持系统的控制功能。

2. 冗余措施

DCS 的冗余包括通信网络的冗余、操作站的冗余、现场控制站的冗余、电源的冗余、输入/输出模块的冗余等。通常将工作冗余称为"热备用"，而将后备冗余称为"冷备用"。 DCS 中通信系统至关重要，几乎都采用一备一用的配置；操作站常采用工作冗余的方式。对现场控制站，冗余方式各不相同，有的采用 1∶1 冗余，也有的采用 $N∶1$ 冗余，但均采用无中断自动切换方式。DCS 特别重视供电系统的可靠性，除了 220V 交流供电外，还采用了镍镉电池、铅钙电池及干电池等多级掉电保护措施。DCS 在安全控制系统中，采用了三重化，甚至四重化冗余技术。

除了硬件冗余外，DCS 还采用了信息冗余技术，就是在发送信息的末尾增加多余的信息位，以提供检错及纠错的能力，降低通信系统的误码率。

2.3 集散控制系统的软件体系

一个计算机系统的软件一般包括系统软件和应用软件两部分。由于集散控制系统采用分布式结构，在其软件体系中除包括上述两种软件外，还增加了诸如通信管理软件、组态生成软件及诊断软件等。

2.3.1 集散控制系统的系统软件

集散控制系统的系统软件是一组支持开发、生成、测试、运行和维护程序的工具软件，它与一般应用对象无关，主要由实时多任务操作系统、面向过程的编程语言和工具软件等部分组成。

操作系统是一组程序的集合，用来控制计算机系统中用户程序的执行顺序，为用户程序与系统硬件提供接口软件，并允许这些程序（包括系统程序和用户程序）之间交换信息。用户程序也称为应用程序，用来完成某些应用功能。在实时工业计算机系统中，应用程序用来完成功能规范中所规定的功能，而操作系统则是控制计算机自身运行的系统软件。

2.3.2 集散控制系统的组态软件

DCS 组态是指根据实际生产过程控制的需要，利用 DCS 所提供的硬件和软件资源，预先将这些硬件设备和软件功能模块组织起来，以完成特定的任务的设计过程，习惯上也称做组态或组态设计。从大的方面讲，DCS 的组态功能主要包括硬件组态（又叫配置）和软件组态两个方面。

DCS 软件一般采用模块化结构。系统的图形显示功能、数据库管理功能、控制运算功能、历史存储功能等都有成熟的软件模块。但不同的应用对象，对这些内容的要求有较大的区别。因此，一般的 DCS 具有一个（或一组）功能很强的软件工具包（即组态软件）。该软件具有一个友好的用户界面，使用户在不需要什么代码程序的情况下便可生成自己需要的应用"程序"。

软件组态的内容比硬件配置还丰富，它一般包括基本配置组态和应用软件的组态。基本配置的组态是给系统一个配置信息，如系统的各种站的个数，它们的索引标志，每个现场控制站的最大测控点数、最短执行周期、最大内存配置，每个操作站的内存配置信息、磁盘容量信息等。而应用软件的组态则具有更丰富的内容，如数据库的生成，历史数据库（包括趋势图）的生成，图形生成，控制组态等。

随着 DCS 的发展，人们越来越重视系统的软件组态和配置功能，即系统中配有一套功能十分齐全的组态生成工具软件。这套组态软件通用性很强，可以适用于很多应用对象，而且系统的执行程序代码部分一般是固定不变的，为适应不同的应用对象只需要改变数据实体（包括图形文件、报表文件和控制回路文件等）即可。这样，既提高了系统的成套速度，又保证了系统软件的成熟性和可靠性。

2.4 集散控制系统的基本功能

集散控制系统自问世至今，市场上的产品不计其数。它们结构类型各具特色，功能特性有弱有强，但一些基本功能是必须具备的。这里主要介绍现场控制站和操作站的基本功能。通信系统的基本功能在下一节中介绍。

2.4.1 现场控制站的基本功能

现代 DCS 的现场控制站是多功能型的，其基本功能包括反馈控制、逻辑控制、顺序控制、批量控制、数据采集与处理和数据通信等功能。

1. 反馈控制

在生产过程控制诸多类型中，反馈控制仍然是数量最多、最基本、最重要的控制方式。现场控制站的反馈控制功能主要包括输入信号处理、报警处理、控制运算、控制回路组态和输出信号处理等。

（1）输入信号处理。对于过程的模拟量信号，一般要进行采样、模/数转换、数字滤波、合理性检验、规格化、工程量变换、零偏修正、非线性处理、补偿运算等。对于数字信号，则进行状态报警及输出方式处理。对于脉冲序列，需进行瞬时值变换及累积计算。其中信号采样、模/数转换、数字滤波等功能已在第 1 章中做了介绍，这里不再赘述。

① 合理性检验。假如 A/D 转换超出规定时限，或接到指令后根本未进行转换，则"A/D卡件故障"置位，而系统给出"不合理"标志。如果是 A/D 转换超量程（读数大于上限值）或欠量程（读数小于下限值），则该转换信号将不做进一步处理，给出"读数不合理"标志。

② 零偏修正。模拟信号在 A/D 转换之前要进行前置放大，由温度、电源等环境因素变化所引起放大器零点的漂移，可通过软件进行修正。通常是把输入短路时采集的放大器零漂值，取平均值存入内存，再在当前测量结果中扣除此零漂值。这种方法常用于零漂不超过通道模拟输出动态范围 10%的场合。零漂严重时，可能使系统发生饱和，因此在零偏修正时，常设定一个漂移限值，超过该值，状态字中"零偏超出故障"置位，并发出报警。但这个零偏读数仍用来进行零点修正。

③ 规格化。模拟信号的规格化，是指将 1～5V DC 的模拟信号经 A/D 转换器变成规格化的数字量，该规格化数值送到计算机直接参与运算。规格化运算式为

$$x=\frac{u-1}{4}(x_m-x_0)+x_0 \tag{2-1}$$

式中 x ——过程变量的规格化数值；

x_m ——过程变量上限的规格化值；

x_0 ——过程变量下限的规格化值；

u ——模拟信号值。

④ 工程量变换。当监控计算机或操作站需显示或打印时，还应将规格化的数据转换成工程量单位值 y。它按式（2-2）进行计算。

$$y=\frac{M(x-x_0)}{x_m-x_0}+y_0 \tag{2-2}$$

式中 M ——用工程量单位表示的量程；

y_0 ——用工程量单位表示的过程变量下限值。

【例 2.1】 设 1V 电压信号表示 10℃，5V 电压信号表示 200℃，求电压信号为 4V 时的规格化值及显示的工程量为多少。已知：温度上限对应的规格化值为 3 847.0，温度下限对应的规格化值为 247.0。

解：按式（2-1），得 4V 时的规格化值为

$$x=\frac{4-1}{4}\times(3\ 847.0-247.0)+247.0=2\ 947.0$$

代入式（2-2），得 4V 时显示的工程量为

$$y=\frac{2\ 947.0-247.0}{3\ 847.0-247.0}\times(200-10)+10=152.5$$

⑤ 非线性处理。对于温度与热电偶的电动势、热电阻的电阻值之间的非线性关系，可通过折线近似或曲线拟合的方法加以校正。DCS 在进行折线处理时，通常采用 10 段或更多段的折线来逼近非线性曲线，用户可根据需要正确设定组态数据。采用曲线拟合法时，多采用高次函数式。

⑥ 开方运算。对于二次方特性的数据，例如，节流式流量计的差压信号与流量的平方成正比关系，为了使计算机的输入信号与物料流量成线性关系，需进行开方运算。当输入信号低于 1% 时，则进行小信号切除。

⑦ 补偿运算。测量流体流量时，由于流体操作条件下温度和压力的实际值与仪表设计时的基准温度和基准压力可能不一致，这将使测量结果产生误差。为此，在测量气体或蒸汽流量时，通常进行温度和压力补偿；在测量液体流量时，通常进行密度或温度补偿。

⑧ 脉冲序列的瞬时值变换及累计。涡轮流量计、涡街流量计、罗茨流量计及一些机械计数装置等输出的测量信号均为脉冲信号。脉冲序列变换是将脉冲信号按计数速率的大小，线性转换成瞬时值。脉冲累计是通过计数器实现的，数据采集单元每次扫描时，从计数器存储单元读取累积值，叠加到数据库的累加器中，进行总量累加，并执行累加极限检查；计数器被"读"后即复位，从零开始重新计数。

（2）报警处理。集散控制系统具有完备的报警功能，使操作管理人员能得到及时、准确又简洁的报警信息，从而保证了安全操作。DCS 的报警可选择各种报警类型、报警限值和报警优先级。

① 报警类型。报警类型通常可分为仪表异常报警、绝对值报警、偏差报警、速率报警及累计值报警等。

仪表异常报警：当测量信号超过测量范围上限或下限的规定值（如超过上限 110%，超过下限－10%）时，可认为检出元件或变送器出现断线等故障，发出报警信号。

绝对值报警：当变量的测量值或控制输出值超过上、下限报警设定值时，发出报警信号。

偏差报警：当测量值与报警设定值之差超过偏差设定值时，发出报警信号。

速率报警：为了监视过程变化的平稳情况，设置了"显著变化率报警"。当测量值或控制输出值的变化率（一定时间间隔的变化量）超过速率设定值时，发出报警信号。

累计值报警：对要求累加的输入脉冲信号进行当前值累计，并每次与累计值报警设定值相比较，超限时即发出报警信号。

② 报警限值。为了实现预报警，DCS 中通常还设置了多重报警限，如上限、上上限、下限、下下限等。

③ 报警优先级。常用的报警优先级控制参数有报警优先级参数、报警链中断参数和最高报警选择参数等。设置这些参数，主要是为了使操作管理人员能从众多的报警信息中分出轻重缓急，便于报警信号的管理和操作。

a. 报警优先级参数，表示当超限报警发生时，报警信号的优先级别。它与过程变量的重要程度有关，与报警限值参数相对应，如测量值上限报警优先级、偏差值上限报警优先级等。

报警优先级由高到低依次是危险级、高级、低级、报表级和不需要报警级。危险级的报警信号在所有的报警总貌画面中都显示。高级的报警信号在区域报警画面和单元报警画面中显示。低级的报警信号只在单元报警画面中显示。报表级的报警信号只在报表中记录，并不送往操作站。不需要报警这一级，连报表都予打印。对前三级的报警信号，操作站会以不同的声响、灯光进行报警。

b. 报警链中断参数，用于给出顺序事件的主要报警源。当某一关键过程变量首先报警而引发一系列后续报警时，为了使操作管理人员能及时找准首先发生的报警源，做出正确处理，报警链中断参数及时切断一系列次要的后续报警信号，为操作管理人员提供准确的关键报警信息。例如，某反应器由于进料量猛增，超出报警限，不仅使液面升高，同时因反应加剧，温度升高，釜压升高，也就是说由于进料流量的报警，引发了液面、温度、压力等一系列的报警。如果全部报警，则必然使操作管理人员眼花缭乱。采用报警链中断参数，可以把引发的一系列后续报警都切断，只给操作管理人员提供首先发生的流量报警信号，使报警信号简洁明了。而且在信息管理中，被切断的那些报警信息，仍可在报警日志中记录和显示。

c. 最高报警选择参数。当某个数据点的几个报警变量同时处于报警状态时，最高报警选择参数会确定最危险的那一个报警变量，并在报警画面中显示。这种情况常见于同时组态了 PV 值报警、PV 变化率报警、PV 坏值报警的场合。

（3）控制运算。控制算法很多，不同的 DCS 其类型和数量亦有不同。常用的算法有常规 PID、微分先行 PID、积分分离、开关控制、时间比例式开关控制、信号选择、比率设定、时间程序设定、Smith 预估控制、多变量解耦控制、一阶滞后运算、超前-滞后运算及其他运算等。

（4）控制回路组态。现场控制站中的回路组态功能类似于模拟仪表的信号配线和配管。由于现场控制站的输入/输出信号处理、报警检验和控制运算等功能是由软件实现的，这些软件构成了 DCS 内部的功能模块，或称做内部仪表。根据控制策略的需要，将一些功能模块通过软件连接起来，构成检测回路或控制回路，这就是回路组态。

（5）输出信号处理。输出信号处理功能有输出开路检验，输出上下限检验，输出变化率限幅，模拟输出，开关输出，脉冲宽度输出等功能。

2. 逻辑控制

逻辑控制是根据输入变量的状态，按逻辑关系进行的控制。在 DCS 中，由逻辑功能模块实现逻辑控制功能。逻辑运算包括与（AND）、或（OR）、非（NO）、异或（XOR）、连接（LINK）、进行延时（ON DELAY）、停止延时（OFF DELAY）、触发器（FLIP - FLOP）、脉冲（PULSE）等。逻辑模块的输入变量包括数字输入/输出状态、逻辑模块状态、计数器状态、计时器状态、局部故障状态、连续控制 SLOT 的操作方式和监控计算机的计数溢出状态等。逻辑控制可以直接用于过程控制，实现工艺联锁，也可以作为顺序控制中的功能模块，进行条件判断、状态转换等。

3. 顺序控制

顺序控制就是按预定的动作顺序或逻辑，依次执行各阶段动作程序的控制方法。在顺序控制中可以兼用反馈控制、逻辑控制和输入/输出监视等功能。实现顺序控制的常用方法有顺序表法、程序语言方式和梯形图法等三种。

顺序表法是将控制顺序按逻辑关系和时间关系预先编成顺序记录，存储于管理文件中，然后逐项执行。

程序语言方式是通过语言编程来实现顺序控制的，所采用的语言是一种面向现场、面向过程的简单直观的控制语言。

梯形图法又称梯形逻辑控制语言，它是由继电器逻辑电路图演变而来的一种解释执行程序的设计语言。它的书写方式易被控制工程师理解和接受，实现起来也更方便。随着 DCS 的发展，已出现了梯形逻辑与连续控制算法相结合的复合控制功能。

4. 批量控制

批量控制就是根据工艺要求将反馈控制与逻辑、顺序控制结合起来，使一个间歇式生产过程得到合格产品的控制。例如，配制生产一种催化剂溶液，需经投料，加入定量溶剂，搅拌，加热并控制在一定温度，在此温度上保持一段时间，成品过滤排放等步骤。在这种生产过程中，每一步操作都是不连续的，但都有规定的要求，每步的转移又依赖一定的条件。这里除了要进行温度、流量的反馈控制外，还需要执行打开阀门、启动搅拌等的开关控制及计时判断，要用顺序程序把这些操作按次序连接起来，定义每步操作的条件和要求，直接控制有关的现场设备，以得到满意的产品。由此可见，批量控制中的每一步中有的可能是顺序控制，有的可能是逻辑控制，有的可能是连续量的反馈控制。于是，反馈控制的报警信号、回路状态信号、模拟信号的比较、判断、运算结果都可以作为顺序控制的条件信号。回路的切换，参数的变更，设定值的调整，控制算法的变更，控制方案的变更等又成为由顺序控制转换为反馈控制的条件。它们彼此交换信息，转换间断的各步骤，最终完成批量控制。

5. 辅助功能

除了以上各种功能外，过程控制装置还必须具有一些辅助性功能，才可以完成实际的过程控制。

（1）控制方式选择。DCS 有手动、自动、串级和计算机等四种控制方式可供选择。

① 手动方式（MAN），由操作站经由通信系统进行手动操作。

② 自动方式（AUT），以本回路设定值为目标进行自动运算，实现闭环控制。

③ 串级方式（CAS），以另一个控制器的输出值作为本控制器的设定值进行自动运算，实现自动控制。

④ 计算机方式（COMP），监控计算机输出的数据，经由通信系统作为本控制器设定值的控制方式，或者作为本控制器的后备，直接控制生产过程。

（2）测量值跟踪。增量型和速度型 PID 算法通常具有测量值跟踪功能，即在手动方式时，使本回路的设定值不再保持原来的值，而跟踪测量值。这样，从手动切换到自动时，偏差总是零，即使比例较小，PID 输出值也不会产生波动。切换到自动后，再逐步把设定值调整到所要求的数值。

（3）输出值跟踪。混合型 PID 算法，在设置测量值跟踪的同时，还需要设置输出值跟踪功能，即在手动方式时，使内存单元中 PID 输出值跟踪手操输出值。这样，从手动切换到自动时，由于内存单元中的数值与手操输出值相等，从而实现了无扰动切换。

在自动方式时，手操器的输出值是始终跟踪控制器的自动输出值的，因此，从自动切换到手动时，手操器的输出值与 PID 的输出值相等，切换是无扰动的。

2.4.2 操作站的基本功能

操作站的基本功能主要表现为显示、操作、报警、系统组态、系统维护和报告生成等几个方面。

1. 显示

操作站的彩色显示器（CRT 或 LCD）具有很强的显示功能。DCS 能将系统信息集中地反映在屏幕上，并自动地对信息进行分析、判断和综合。它以模拟方式、数字方式及趋势曲线实时显示每个控制回路的测量值（PV）、设定值（SV）及控制输出值（MV）。所有控制回路以标记形式显示于总貌画面中，而每个回路中的信息又可以详尽地显示于分组画面中。非控制变量的实时测量值及经处理后的输出值也可以各种方式在屏幕上显示。

在显示器上，工艺设备和控制设备等的开关状态，运行、停止及故障状态，回路的操作状态（如手动、自动、串级等），顺序控制、批量控制的执行状态等能以字符方式、模拟方式、图形及色彩等多种方式显示出来。

操作站还具有极强的画面生成、转换及协调能力，功能画面非常丰富，大大方便了操作和监视。

现代 DCS 的操作站采用通用操作站，它以 PC 硬件系统和 Windows NT 操作系统为平台，监控软件采用 IFIX,INTOUCH 等，并采用微软开发的动态数据交换通信协议 DDE（Dynamic Data Exchange）、快速 DDE 和 Suitelink 读取数据。不同型号的 DCS 采用不同的驱动软件。它们既可以作为服务器，也可以作为客户机，在企业内可组成综合管理信息系统（MIS）。为了保证操作站的安全运行，可以单独用一个集线器管理接口 HMI（Hub Management Interface）互连。通用监控软件通常有网络版的软件，经组态后，能通过网络，组成服务器/客户机模式，把实时信息传到远方。在客户机中，可以实时查看通用软件做成的动态数据服务器数据库中的数据，也能把信息送入 MIS 的标准数据库中（如 SQL,SYBASE,ORACLE 等）。在它们的整套软件中，通用监控软件也有 Web 软件，安装成 Web 服务器。通过 Web 服务器，浏览动态数据服务器中的数据。

2. 操作

操作站可对全系统每个控制回路进行操作，对设定值、控制输出值、控制算式中的常数值、顺控条件值和操作值进行调整；对控制回路中的各种操作方式（如手动、自动、串级、计算机、顺序手动等）进行切换；对报警限设定值、顺控定时器及计数器的设定值进行修改和再设定。为了保证生产的安全，还可以采取紧急操作措施。

3. 报警

操作站以画面方式、色彩（或闪光）方式、模拟方式、数字方式及音响信号方式对各种变量的越限和设备状态异常进行各种类型的报警。

4. 系统组态

DCS 实际应用于生产过程控制时，需要根据设计要求，预先将硬件设备和各种软件功能模块组织起来，以使系统按特定的状态运行，这就是系统组态。

对于大型 DCS，其组态是在工程师站上完成的；而对于中、小型 DCS，其组态是在操作站上完成的。DCS 的组态分为系统组态和应用组态两类，相应的有系统组态软件和应用组态软件。

系统组态软件包括建立网络、登记设备、定义系统信息和分配系统功能，从而将一个物理的 DCS 构成一个逻辑的 DCS，便于系统管理、查询、诊断和维护。

应用组态软件用来建立功能模块，包括输入模块、输出模块、运算模块、反馈控制模块、逻辑控制模块、顺序控制模块和程序模块等，将这些功能模块适当地组合，从而构成控制回路，以实现各种控制功能。应用组态方式有填表式、图形式、窗口式及混合式等。

组态过程是先系统组态，后应用组态。组态主要针对过程控制级和过程管理级。设备组态的顺序是自上而下，先过程管理级，后过程控制级；功能组态的顺序恰好相反，先过程控制级，后过程管理级。

5. 系统维护

DCS 的各装置具有较强的自诊断功能，当系统中的某设备发生故障时，一方面立刻切换到备用设备，另一方面经通信网络传输报警信息，在操作站上显示故障信息，蜂鸣器等发出音响信号，督促工作人员及时处理故障。

6. 报告生成

根据生产管理需要，操作站可以打印各种班报、日报、操作日记及历史记录，还可以复制流程图画面等。

2.4.3 自诊断功能

为了提高 DCS 的可靠性，延长系统的平均故障间隔时间（MTBF）和缩短平均故障修复时间（MTTR），集散控制系统的各装置具有较强的自诊断功能。在系统运行前，用离线诊断程序检查各部分的工作状态；系统运行中，各设备不断执行在线自诊断程序，一旦发现错误，立即切换到备用设备，同时经过通信网络在显示器上显示出故障代码，等待及时处理。通常故障代码可以定位到卡件板，用户只需及时更换卡件即可。

2.5 数据通信技术

通信系统是 DCS 的主干,决定着系统的基本特性。通信系统引入局部网络技术后,促进了 DCS 的更新换代,增强了全系统的功能。

2.5.1 数据通信原理

数据通信是计算机或其他数字装置与通信介质相结合,实现对数据信息的传输、转换、存储和处理的通信技术。在 DCS 中,各单元之间的数据信息传输就是通过数据通信系统完成的。

1. 数据通信系统的组成

通信是指用特定的方法,通过某种介质将信息从一处传输到另一处的过程。数据通信系统由信号、发送装置、接收装置、信道和通信协议等部分组成,如图 2.2 所示。

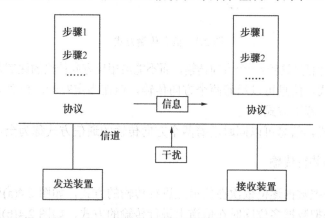

图 2.2　通信系统模型

① 信号也称报文,指需要传送的数据,由文本、数字、图片或声音等及其组合方式组成。在数据通信系统内部,信号是任何计算机都能够识别的信息。

② 发送装置,指具有作为二进制数据源的能力,任何能够产生和处理数据的设备。

③ 接收装置,指能够接收模拟或数字形式数据的任何功能的设备。

④ 信道,指发送装置与接收装置之间的信息传输通道,包括传输介质和有关的中间设备,它用来实现数据的传送。常用的传输介质是双绞线、同轴电缆、光缆、无线电波、微波等。

⑤ 通信协议,指控制数据通信的一组规则、约定与标准,它定义了通信的内容、格式,通信如何进行,何时进行等。

发送装置把要发送的信息送上信道,再经过信道将信息传输到接收装置。信息在传输过程中会受到来自通信系统内外干扰的影响。

2. 通信类型

信号按其是连续变化还是离散变化,分为模拟信号和数字信号,通信也分为模拟通信和数字通信两大类。

模拟通信是以连续模拟信号传输信息的通信方式。例如,在模拟仪表控制系统中,采用 0～10mA DC 或 4～20mA DC 电流信号传输信息。数字通信是将数字信号进行传输的通信方式。

数据信息是具有一定编码、格式和字长的数字信息。

3．传输方式

信息按其在信道中的传输方向分为单工、半双工和全双工三种传输方式，如图 2.3 所示。

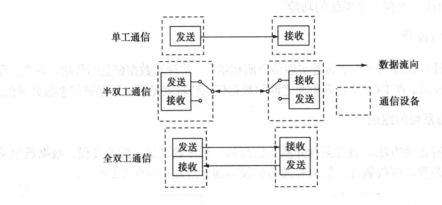

图 2.3　信息传输方式

（1）单工方式。信息只能沿一个方向传输，而不能沿相反方向传输的通信方式称为单工方式。

（2）半双工方式。信息可以沿着两个方向传输，但在指定时刻，信息只能沿一个方向传输的通信方式称为半双工方式。

（3）全双工方式。信息可以同时沿着两个方向传输的通信方式称为全双工方式。

4．串行传输与并行传输

① 串行传输是把数据逐位依次在信道上进行传输的方式，如图 2.4(a)所示。
② 并行传输是把数据多位同时在信道上进行传输的方式，如图 2.4(b)所示。
在 DCS 中，数据通信网络几乎全部采用串行传输方式。

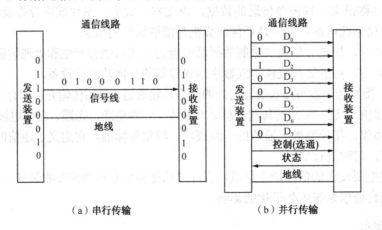

（a）串行传输　　　　　（b）并行传输

图 2.4　串行传输与并行传输

5．基带传输与宽带传输

计算机中的信息是以二进制数字（0 或 1）形式存在的，这些二进制信息可以用一系列的脉冲（方波）信号来表示。

（1）基带传输。所谓基带，是指电信号所固有的频带。基带传输就是直接将代表数字信号的电脉冲信号原样进行传输。其优点是安装、维护投资少，缺点是信息传送容量小，每条传输线只可传送一路信号且传送距离较短。

（2）宽带传输。当传输距离较远时，需要用基带信号调制载波信号。在信道上传输调制信号，就是载带传输。如果要在一条信道上同时传送多路信号，各路信号可以以不同的载波频率加以区别，每路信号以载波频率为中心占据一定的频带宽度，而整个信道的带宽为各路载波信号所分享，实现多路信号同时传输，这就是宽带传输。

6．异步传输与同步传输

为了保证接收装置能正确地接收信号，需要采用同步技术。常用的同步技术有两种，即异步传输和同步传输。

在异步传输中，信息以字符为单位进行传输，每个信息字符都具有自己的起始位和停止位，一个字符中的各个位是同步的，但字符与字符之间的时间间隔是不确定的。

在同步传输中，信息不是以字符而是以数据块为单位进行传输。通信系统中有专门用来使发送装置和接收装置保持同步的时钟脉冲，使两者以同一频率连续工作，并且保持一定的相位关系。在这一组数据或一个报文之内不需要启/停标志，所以可以获得较高的传输速率。

7．传输速率

信息传输速率又称为比特率，是指单位时间内通信系统所传输的信息量。传输速率一般以每秒钟所能够传输的比特数来表示，记为 R_b。其单位是比特/秒，记为 bps。

8．信息编码

信息在通过通信介质进行传输前必须先转换为电磁信号。将信息转换为信号需要对信息进行编码。用模拟信号表示数字信息的编码称为数字-模拟编码。在模拟传输中，发送设备产生一个高频信号作为基波，来承载信息信号。将信息信号调制到载波信号上，这种形式的改变称为调制（移动键控），该信息信号被称为调制信号。

数字信息是通过改变载波信号的一个或多个特性（振幅、频率或相位）来实现编码的。载波信号是正弦波信号，它有三个描述参数，即振幅、频率和相位，所以相应地也有三种调制方式，即调幅方式、调频方式和调相方式。常用编码方法是幅移键控（ASK）、频移键控（FSK）和相移键控（PSK），此外还有振幅与相位变化结合的正交调幅（QAM）。

① 幅移键控法（Amplitude Shift Keying，ASK）。它是用调制信号的振幅变化来表示二进制数的，例如用高振幅表示 1，用低振幅表示 0。

② 频移键控法（Frequency Shift Keying，FSK）。它是用调制信号的频率变化来表示二进制数的，例如用高频率表示 1，用低频率表示 0。

③ 相移键控法（Phase Shift Keying，PSK）。它是用调制信号的相位变化来表示二进制数的，例如用 0° 相位表示 0，用 180° 相位表示 1。

三种调制方式如图 2.5 所示。

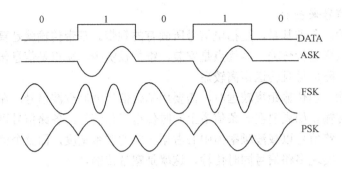

图 2.5　三种调制方式

9. 数据交换方式

在数据通信系统中，通常采用线路交换、报文交换、报文分组交换等三种数据交换方式。

（1）线路交换方式。所谓线路交换方式是在需要通信的两个节点之间，事先建立起一条实际的物理连接，然后再在这条实际的物理连接上交换数据，数据交换完成之后再拆除物理连接。因此，线路交换方式将通信过程分为三个阶段，即线路建立、数据通信和线路拆除。

（2）报文交换方式。报文交换方式经由中间节点的存储转发功能来实现数据交换。因此，有时又将其称为存储转发方式。报文交换方式交换的基本数据单位是一个完整的报文，这个报文是由要发送的数据加上目的地址、源地址和控制信息所组成的。

（3）报文分组交换方式。这种方式交换的基本数据单位是一个报文分组。报文分组是一个完整的报文按顺序分割开来的比较短的数据组。由于报文分组比报文短得多，传输时比较灵活。特别是当传输出错需要重发时，只需重发出错的报文分组，而不必像报文交换方式那样重发整个报文。报文分组交换方式又分为虚电路和数据报两种交换方式。

报文交换方式和报文分组交换方式不需要事先建立实际的物理连接。

2.5.2　通信网络

所谓计算机网络，是把分布在不同地点且具有独立功能的多个计算机系统，通过通信设备和介质连接起来，在功能完善的网络软件和协议的管理下，以实现网络中资源共享为目标的系统。DCS 的通信网络实质就是计算机网络，因为系统中的每一个节点工作站和网络接口相当于一个计算机系统。

1. 局部网络的概念

局部区域网络（Local Area Network，LAN），简称为局部网络或局域网，是一种分布在有限区域内的计算机网络，是利用通信介质将分布在不同地理位置上的多个具有独立工作能力的计算机系统连接起来，并配置了网络软件的一种网络。用户能够共享网络中的所有硬件、软件和数据等资源。

2. 局部网络拓扑结构

在通信网络中，拓扑一词是指网络中节点或工作站相互连接的方法。网络拓扑结构就是网络节点互连的方法。拓扑结构决定了一对节点之间可以使用的数据通路，或称链路。通信网络的拓扑结构主要是星型、环型、总线型、树型和菊花链型。

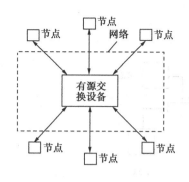

图 2.6 星型拓扑结构

（1）星型结构。星型结构如图 2.6 所示。在星型结构中，每一个节点都通过一条链路连接到一个中央节点上。任何两个节点之间的通信都要经过中央节点。在中央节点中，有一个"智能"开关装置，用来接通两个节点之间的通信路径。因此，中央节点的构造是比较复杂的，一旦发生故障，整个通信系统就要瘫痪。

（2）环型结构。环型结构如图 2.7 所示。在环型结构中，所有的节点通过链路组成一个封闭的环路。需要发送信息的节点将信息送到环上，信息在环上只能按某一确定的方向传输。当信息到达接收节点时，该节点识别信息中的目的地址，若与自己的地址相同，就将信息取出，并加上确认标记，以便由发送节点清除。由于传输是单方向的，所以不存在确定信息传输路径的问题，这可以简化链路的控制。当某一节点出现故障时，可以将该节点旁路，以保证信息畅通无阻。环型结构的主要问题是在节点数量太多时会影响通信速度。另外，环路是封闭的，不便于扩充。这种环型结构易于用光缆作为网络传输介质，而光缆的高速度和高抗干扰能力，使环型网络性能提高。

（3）总线型结构。总线型结构如图 2.8 所示。与星型和环型结构相比，总线型结构采用的是一种完全不同的方法。这时的通信网络仅仅是一种传输介质，它既不像星型网络中的中央节点那样具有信息交换的功能，也不像环型网络中的节点那样具有信息中继的功能。所有的站都通过相应的硬件接口直接连接到总线上。由于所有的节点都共享一条公用的传输线路，所以每次只能由一个节点发送信息，信息由发送它的节点向两端扩散，这就如同广播电台发射的信号向空间扩散一样。所以，这种结构的网络又称为广播式网络。某节点发送信息之前，必须保证总线上没有其他信息正在传输。当这一条件满足时，它才能把信息送上总线。在有用信息之前有一个询问信息，询问信息中包含着接收该信息的节点地址，总线上其他节点同时接收这个信息。当某个节点由询问信息中鉴别出接收地址与自己的地址相符时，这个节点便做好准备，接收后面所传送的信息。总线结构突出的特点是结构简单，便于扩充。另外，由于网络是无源的，所以当采用冗余措施时并不增加系统的复杂性。总线结构对总线的电气性能要求很高，对总线的长度也有一定的限制。因此，它的通信距离不可能太长。

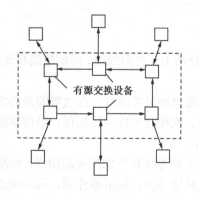

图 2.7　环型拓扑结构

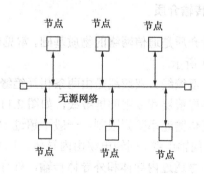

图 2.8　总线型拓扑结构

（4）树型结构。树型拓扑是从总线型拓扑演变过来的，形状像一棵倒置的树，顶端有一个带分支的根，每个分支还可延伸出子分支。这种树型拓扑结构如图 2.9 所示。

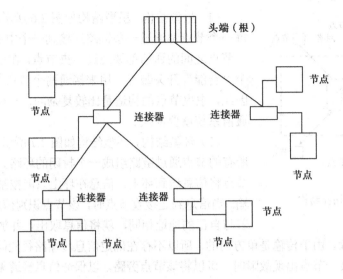

图 2.9　树型拓扑结构

这种拓扑和带有几个段的总线拓扑的主要区别在于根（也称头端）的存在。当节点发送信息时，根接收该信息，然后再重新广播发送到全网。这种结构不需要中继器。

（5）菊花链型结构。菊花链型也称链型结构，如图 2.10 所示。这种拓扑结构是用一个网段分别连接两个节点的连接器，多个节点的连接器依次互连，从而形成一个链状通信网络。

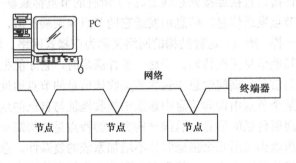

图 2.10　菊花链型拓扑结构

3．传输介质

传输介质是通信网络的物质基础。常见的传输介质主要有双绞线、同轴电缆和光缆三种，如图 2.11 所示。

（1）双绞线。双绞线是由两条相互绝缘的导体绞合而成的线对。在线对的外面常有金属箔组成的屏蔽层和专用的屏蔽线，如图 2.11(a)所示。双绞线的成本比较低，当传输距离比较远时，其传输速率受到限制，一般不超过 10 Mbps。

（2）同轴电缆。同轴电缆由内导体、中间绝缘层、外导体和外部绝缘层构成，如图 2.11(b)所示。信号通过内导体和外导体传输，外导体一般是接地的，起屏蔽作用。同轴电缆分为用于基带传输的基带同轴电缆（如 50Ω同轴电缆）和用于宽带传输的宽带同轴电缆（如 75Ω电视天线电缆）。同轴电缆的数据传输速率、传输距离、可支持的节点数、抗干扰等性能均优于双绞线，成本也高于双绞线，但低于光缆。

安装时须注意不同规格同轴电缆的最小弯曲半径和最大长度等规定。因为，当同轴电缆的安装弯曲半径小于规定值，或最大长度超过规定值时，将改变电缆阻抗，造成阻抗不匹配，致使信号有程度不同的衰减。

（3）光缆。光缆的结构如图2.11(c)所示，它的内芯是由二氧化硅拉制成的光导纤维，外面敷有一层玻璃或聚丙烯材料制成的覆层。由于内芯和覆层的折射率不同，以一定角度进入内芯的光线能够通过覆层折射回去，沿着内芯向前传播以减少信号的损失。如果光的入射角足够大，就会出现如图2.12所示的全反射，光也就从输入端传到了输出端。因为光缆中的信息是以光的形式传播的，电磁干扰对它几乎毫无影响，所以，光缆具有良好的抗干扰性能。

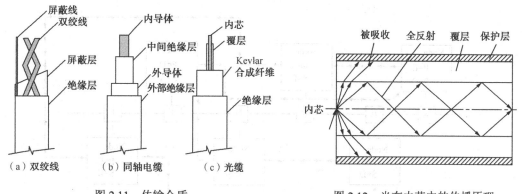

图 2.11　传输介质　　　　　　　　　　图 2.12　光在内芯中的传播原理

4．网络控制方法

在通信网络中，使信息从发送装置迅速而正确地传递到接收装置的管理机制称为网络控制方法。网络控制方法与所使用的网络拓扑结构有关，常用的方法有查询式、令牌传送式、自由竞争式、存储转发式等。

（1）查询式。查询式用于主从结构网络中，如星型网络或具有主站的总线型网络。主站依次询问各站是否需要通信，收到通信应答后再控制信息的发送与接收。当多个从站要求通信时，按站的优先级安排发送。

（2）自由竞争式。在这种方式中，网络上各站是平等的，任何一个站在任何时刻均可以向网上广播要发送的信息。信息中包含有目的站地址，其他各站接收到后确定是否为发给本站的信息。由于总线型网络中线路是公用的，因此竞争发送所要解决的问题是多个站同时发送信息时的协调问题。自由竞争采取的控制策略是：竞争发送，广播式传输，载体侦听，冲突检测，冲突时退回，再试发送。

当工作站有数据需要发送时，首先侦听线路是否空闲。若空闲，则该站就可发送数据。载波侦听技术虽然能够减少线路冲突，但还不能完全避免冲突。如两个工作站同时侦听到线路空闲，则会因同时发送数据而产生冲突，造成数据作废。解决的办法是在发送数据的同时，发送站还需进行冲突检测。当检测到冲突发生时，工作站将等待一个随机时间再次发送。载波侦听多工访问/冲突检测（CSMA/CD）方法就是一个典型例子。

（3）令牌传送式。这种方式中，有一个称为令牌（Token）的信息段在网络中各节点之间依次传递。令牌有空、忙两种状态，开始时为空闲。节点只有得到空令牌时才具有信息发送权，同时将令牌置为忙。令牌沿网络而行，当信息被目标节点取走后，令牌被重新置为空。

令牌传送的方法实际上是一种按预先的安排让网络中各节点依次轮流占用通信线路的方法。令牌是一组特定的二进制代码，它按照事先排列的某种逻辑顺序沿网络而行。只有获得令牌的节点才有权控制和使用网络。若某节点得到令牌后有信息要发送，则先将令牌从网络上取下，并把令牌改成连接器，此时该节点即可发送信息。发送完毕，还需将令牌再附在信息后面，传送给逻辑顺序中的下一个节点。而如果下一节点无信息发送，则令牌将随即向逻辑顺序中的下一个节点传递。

如图 2.13 所示是一个令牌传送示意图。由图可见，令牌传送的次序是由用户根据需要预先确定的，而不是按节点在网络中的物理次序传送的。图中的传送次序为 A→C→F→B→D→E→A。

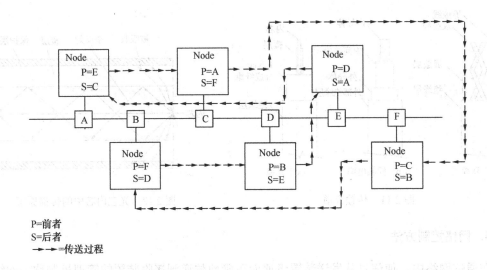

P=前者
S=后者
——→=传送过程

图 2.13　令牌传递过程示意图

令牌传送既适用于环型网络，也适用于总线型网络。在总线型网络的情况下，各站被赋予一个逻辑位置，所有站形成一个逻辑环。令牌传送效率高，信息吞吐量大，实时性好。

令牌传送与 CSMA/CD 相比，重载时响应时间较短，实时性较好。而 CSMA/CD 在网络重载时将不断地发生冲突，因此响应时间较长，实时性变差。但令牌传送方式控制较复杂，网络扩展时必须重新初始化。

（4）存储转发式。存储转发式的信息传送过程为：源节点发送信息，到达它的相邻节点；相邻节点将信息存储起来，等到自己的信息发送完，再转发这个信息，直到把此信息送到目的节点；目的节点加上确认信息（正确）或否认信息（出错），向下发送直至源站；源节点根据返回信息决定下一步动作，如取消信息或重新发送。存储转发式不需要通信指挥器，允许有多个节点发送和接收信息，信息延时短，带宽利用率高。

5．差错控制技术

（1）差错控制。DCS 的通信网络是在条件比较恶劣的工业环境下工作的，因此，在信息传输过程中，各种各样的干扰可能造成传输错误。这些错误轻则会使数据发生变化，重则会导致生产过程事故。因此必须采取一定的措施来检测错误并纠正错误，检错和纠错统称为差错控制。

（2）传输错误及可靠性指标。在通信网络上传输的信息是二进制信息，它只有 0 和 1 两种状态。因此，把 0 误传为 1，或者把 1 误传为 0 就是传输错误。根据错误的特征，可以把它们分为两类，一类称为突发错误，突发错误是由突发噪声引起的，其特征是误码连续成片出现；另一类称为随机错误，随机错误是由随机噪声引起的，它的特征是误码与其前后的代码是否出错无关。

在 DCS 中，为了满足控制要求和充分利用信道传输能力，传输速率一般在 0.5～100Mbps 左右。传输速率越大，每一位二进制代码（又称码元）所占用的时间就越短，波形就越窄，抗干扰能力就越差，可靠性就越低。传输可靠性用误码率表示，误码率是指通信系统所传输的总码元数中发生差错的码元数所占的比重（取统计平均值），即

$$P_e = p_w / p_t \qquad\qquad (2\text{-}3)$$

式中　　P_e——误码率；

p_w——出错的码元数；

p_t——传输的总码元数。

由上式可见，误码率越低，通信系统的可靠性就越高。在 DCS 中，常用每年出现多少次误码来代替误码率。对大多数 DCS 来说，这一指标大约在每年 0.01～4 次左右。

（3）反馈重发纠错方式（ARQ）。在反馈重发纠错方式下，发送端要对所发送的数据进行某种运算，产生能检测错误的帧校验序列（FCS），然后把校验序列与数据一起发往对方。在接收端根据事先约定的编码运算规则及校验序列，检查数据在传输过程中是否出错，并通过反馈信道把判决结果发回发送端。发送端收到反馈信号若标明传送有错，则发送端重发数据，直到接收端返回信号标明接收正确为止。ARQ 方式中，必须有一个反馈信道，并且只用于点对点的通信方式。

ARQ 方式中另一个关键问题是检错编码问题。检错编码的方法很多，常用的有奇偶校验码和循环冗余校验码 CRC。

① 奇偶检验。奇偶检验是在传递字节后附加一位校验位。该校验位根据字节内容取 1 或 0。奇校验时传送字节与校验位中"1"的数目为奇数，偶校验时传送字节与校验位中"1"的数目为偶数。接收端按同样的校验方式对接收到的信息进行校验。如发送时规定为奇校验，若收到的字符及校验位中"1"的数目为奇数，则认为传输正确，否则，认为传输错误。例如，采用偶校验方法传送一个字节 01100001，发送端在字节后添加校验位 1，使带校验位数据中 1 的个数为偶数，即 011000011。接收端收到该数据后，同样检查数据中 1 的个数，若为偶数，则认为数据正确，将 01100001 取走；若为奇数，则表明传输错误，采取进一步纠错措施。奇偶校验只能检测出奇数个信息位出错的情况，而差错的位置不能确定。

② 循环冗余码校验。在所传输的信息中附加冗余度的方法是一种常用的差错控制方法。这种方法的基本原理是在传输的信息中按照规定附加一定数量的冗余位。有了冗余位，真正有用的代码数就少于所能组合成的全部代码数。这样，当代码在传输过程中出现错误，并且使接收到的代码与有用的代码不一致时，说明发生了错误。

为了提高检错和纠错能力，可以在信息后面按一定规则附加若干个冗余位，使信息的合法状态之间有很大差别，一种合法信息误为另一合法信息的可能性就会大大减小。

发送端在信息码的后面按一定的规则附加冗余码组成传输码组的过程称为编码，在接收端按相同规则检测和纠错的过程称为译码。编码和译码都是由硬件电路配合软件完成的。

在 DCS 中应用较多的是循环冗余码（Cyclic Redundancy Code，CRC）校验方法。

2.5.3　通信协议

1. 通信协议的概念

人们打电话时要按照一定的规则进行。比如，先拿起话机监听，若线路空闲，可听到允

许拨号的声音，拨号成功时会听到对方电话机铃响。对方拿起话机后，双方通话。数据通信也必须遵守一定的规则。

网络通信功能包括数据传输和通信控制两大部分。为了可靠、准确且快速地传输数据信息，通信过程从开始发送信息到结束发送可分为若干个阶段，相应的通信控制功能也分成一组组操作。将通信的全过程称为通信体系结构，一组组通信控制功能应当遵守通信双方共同约定的规则，并受这些规则的约束。在计算机通信网络中，对数据传输过程进行管理的规则称为协议。

通信协议不仅规定了通信过程，还规定了报文的格式及所使用的命令的含义等。通信协议有如下关键要素。

（1）语法。语法（Syntax）包括数据格式、信号电平等规定。例如，简单通信协议定义数据前 8 位是发送方地址，第二组 8 位是接收方地址，后面是消息本身等。

（2）语义。语义（Semantics）是比特流每部分的含义，一个特定比特模式如何理解，基于这种理解采取何种动作等，包括用于调整和差错处理的控制信息。例如，一个地址指经过的路由器还是目的地址等。

（3）时序。时序（Timing）规定了速度匹配和排序，包括数据何时发送，以什么速率发送，使发送与接收方能够无差错地完成数据通信等。

完善的通信协议是复杂的，为了使其设计简单，易于调试和正确实现，通常将整个协议划分为若干个层次。不同的局部网络，其通信网络系统结构不同，描述其通信控制功能的协议也不同。为了使各种网络能够互连，国际标准化组织 （International Standards Organization，ISO）提出了一个开放系统互连（Open Systems Interconnection，OSI）参考模型，简称 ISO/OSI 模型。它是通信系统之间相互交换信息所共同使用的一组标准化规则，凡按照该模型建立的网络就可以互连。开放系统互连使彼此开放的系统通过共同使用适当的标准实现信息的交换。

2．开放系统互连参考模型

开放系统互连参考模型（OSI）是信息处理领域内最重要的标准之一。它为协调研制系统互连的各种标准提供了共同的基础，为保持所有相关标准的相容性提供共同的参考，为研究、设计、实现和改造信息系统提供功能上和概念上的框架。该标准将开放系统的通信功能分为七层，描述分层的意义及各层的命名和功能。

国际标准化组织选择的结构化技术是分层（Layering）。在分层结构中，每一层执行部分通信功能，它依靠相邻的低一层完成较原始的功能，并和该层的具体细节分离，同样，它为相邻的高一层提供服务。分层结构使各层的实现对其他层来说是透明的，使各层的设计和测试相对独立。因此，新技术的引入或新业务的开发只需在相应的分层进行。

两个相互通信的系统都有共同的层次结构，一个系统的 N 层与另一个系统的 N 层之间的相互通信遵循一套"协议"。

在图 2.14 中，两个系统相互通信时应具有相同的层次结构。同等层之间应建立同等层的通信关系。例如，应用层之间使用应用层通信协议，该协议要求下一层（表示层）为其提供服务。依次类推，直到物理层。在物理层，通过通信介质上实际传输的比特流实现信息的传输。在此，"层"的含义既是考虑问题的层次，又是逻辑的套叠关系，它对应不同的软件。这种关系有点像信件中采用多层信封把信息包装起来，发信时要由里到外逐层包装，收信后要由外到里逐层拆开，最后才是所传送的信息。每一层都有双方约定的规则，即协议，相当于每一层的信封上都有相互理解的标记，否则信息就传不到预定地点。

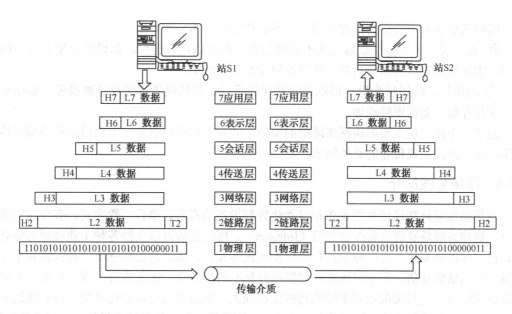

图 2.14 开放系统互连参考模型

把要传送的信息称为"报文",它也可以是数据,每一层上的标记则称为"报头"。例如,从一个站 S1 把数据传送到另一个站 S2,在图 2.14 中,首先把数据送到应用层口,把一个报头 H7 加到数据前面,相当于包装一个信封。然后传到表示层,又加一个报头 H6,相当于第二层信封。依次类推,传到第 2 层,即链路层口之后,除了加报头 H2 之外还要加报尾 T2,然后送到物理层。

物理层是通信设备的硬件,它不再进行上述包装,而是把封装后的信息由物理层放到通信线路上传输。由此可见,从第 7 层到第 2 层根本没有进行站 S1 到站 S2 的传送,只不过是为传送作准备,这种准备都是软件方面的处理,直到第 1 层才靠硬件(传输介质)真正进行传送。

到达接收站之后,按照相反的顺序逐层向上,每经过一层就去掉一个报头,到应用层之后,所有的报头、报尾都去掉了,因为这些附加的标记已经完成了识别的任务,最后只剩数据或报文本身。至此,站 S1 到站 S2 的通信结束。反之,从站 S2 到站 S1 的通信过程也是这样进行的,只不过方向相反而已。

ISO/OSI 模型由七层组成,从下至上分别为物理层、链路层、网络层、传送层、会话层、表示层及应用层。可以认为低层实际上是高层的接口,每一层都详细地规定了通信协议和任务,一旦这一层的任务完成,它上面或下面层的任务就开始执行。

ISO/OSI 模型各层的功能如下。

① 物理层。物理层用来提供通信设备的机械特性、电气特性、功能特性和过程特性,并在物理线路上传输数据位流。

② 链路层。链路层负责将被传送的数据按帧结构格式化,从一个站无差错地传送到下一个站。

③ 网络层。网络层负责将数据通过多种网络从源地址发送到目的地址,并负责多路径下的路径选择和拥挤控制。

④ 传送层。传送层负责源端到目的端完整数据的传送,在这一点上与网络层是有区别的,网络层只负责数据包的传送,它并不关心数据包之间的关系。

⑤ 会话层。会话层为网络的会话控制器,负责通信设备间交互作用的建立、维护与同

步，同时还负责每一会话的正常关闭，即不会造成会话的突然中断。

⑥ 表示层。表示层使数据格式不同的设备之间可以进行通信，如设备分别采用不同的编码，表示层具有代码翻译功能，使设备间能够互相理解。

⑦ 应用层。应用层为用户提供访问网络的手段，包括提供界面及各种服务，如电子邮件、文件存取、数据库管理等。

总之，下面三层主要解决网络通信的细节，并为上层用户服务。上面四层解决端对端的通信，并不涉及实现传输的具体细节。

2.5.4 现场总线简介

现场总线是连接现场智能设备和自动化控制设备的双向、串行、数字式、多节点的通信网络，被称为现场底层设备控制网络（Infranet）。现场总线可以支持各种工业领域的信息处理、监视和控制系统，可以与工厂自动化控制设备互连，实现现场传感器、执行器和本地控制器之间的低级通信。由于现场总线遵循国际标准通信协议，因而具有开放、互连、兼容和互操作的特性，使得集散控制系统的功能更加强大。现场总线可以简化系统，可实现远方诊断、调试和现场设备维护，从而提高系统的安全可靠性，同时还可减少设计、安装的工作量，因而一直受到各企业的关注。

1．现场总线国际标准

现场总线的关键技术是通信协议。在发展初期，各大自动化集团纷纷推出了自己的现场总线标准，类型达几十种之多。为了便于用户使用，达到各总线之间互连的目的，就必须实行大家共同遵守的国际标准。IEC（国际电工委员会）等国际标准化组织，为了统一现场总线通信协议，做了许多工作，通过了十几种总线标准的折中方案。

（1）IEC TC65（国际电工委员会第 65 技术委员会）。2003 年 IEC 通过了修订的现场总线国际标准 IEC 61158，共有 10 种类型，其内容见表 2.1。

表 2.1　IEC 61158 现场总线类型

类 型 编 号	现场总线名称	主要支持的公司
1	FF H1	Emerson（美）
2	Control Net	Rockwell（美）
3	Profibus	Siemens（德）
4	P-Net	Process Data（丹麦）
5	FF HSE	Emerson（美）
6	Swift Net	Boeing（美）
7	World FIP	Alstom（法）
8	Inter Bus	Phoenix Contact（德）
9	FF FMS	Emerson（美）
10	Profi Net	Siemens（德）

（2）IEC TC17（国际电工委员会第 17 技术委员会）。IEC 62026 有 4 种现场总线类型，即 AS-i（Actuator Sensor Interface，执行器传感器接口，Siemens 公司），Device Net（设备网，Rockwell 公司），SDS（Smart Distributed System，灵巧式分散型系统，Honeywell 公司）

及 Seriplex（串联多路控制总线）。

（3）ISO 11898 与 ISO 11519。ISO 有一种 CAN（控制局域网）现场总线类型，即 CAN ISO 11898（1Mbps）和 CAN ISO 11519（125Kbps），主要由德国 Robert Bosch 公司支持。

综上所述，IEC 61158 虽有 10 种类型，但类型 1,5,9 实际上都属于 FF，因此可归纳为 8 种现场总线，加上 IEC 62026 的 4 种与 ISO 的 1 种，共计有 13 种现场总线国际标准。

从理论上讲，由于采用统一的通信标准，现场总线应具有开放、互连、兼容的优越性，在组成控制系统时，用户不会因为使用了不同厂家的现场设备而在相互连接上出现困难。但是，由于标准并没有完全统一，各种不同标准之间的通信连接仍需采取其他措施，增加了组成控制系统的复杂性，仍需要通过进一步的协商和整合，最终实现现场总线通信标准的统一。

2．现场总线通信模型

ISO/OSI 参考模型定义了一个七层的开放系统通信结构。现场总线系统根据现场环境的要求，对模型进行了优化，除去了实时性不强的中间层，并增加了用户层，这样构成了现场总线通信系统模型。

基金会现场总线 FF H1 模型如图 2.15 的右侧一列所示。它采用了 ISO/OSI 参考模型中的物理层、链路层和应用层三层，隐去了 3～6 层。其中物理层、链路层采用了 IEC/ISA 标准。应用层分为两个子层，即现场总线访问子层 FAS 和现场总线信息规范子层 FMS。FMS 为系统的用户层提供通信服务。FMS 提供不同类型的通信信道，称为虚拟通信关系 VCR。FAS 把 VCR 映射到底层网络，从而把用户的应用进程同网络技术的发展隔离开来。链路层、访问子层和报文规范子层的全部功能集成在一起称为通信栈（Communication Stack）。

与 ISO/OSI 参考模型不同的是，FF 不仅指定了通信标准，而且还对使用总线通信的用户应用进行了规范，形成独有的用户应用层，简称用户层。它用于组成用户所需要的应用程序，如规定标准的功能块，定义设备描述，实现网络管理和系统管理等。虽然这会使协议规范内容变得复杂，但却为不同厂商设备间的可相互操作带来了方便，并使各厂商产品的独有功能在用户层上更易于实现。

ISO/OSI参考模型		FF 现场总线模型	
		用户层（程序）功能块应用与设备描述	用户层
7	应用层	现场总线信息规范子层FMS 现场总线访问子层FAS	通信栈
6	表达层		
5	会话层	3~6层不用	
4	传送层		
3	网络层		
2	数据链路层	数据链路层	
1	物理层	物理层	物理层

图 2.15　FF H1 模型

3．现场总线的网络拓扑结构

基金会现场总线分高速、低速两种规范。低速现场总线 H1 的传输速率为 31.25Kp/s；高速总线 HSE 的传输速率为 1Mp/s 和 2.5Mp/s 两种。低速现场总线 H1 支持点对点连接，总线型、菊花链型、树型拓扑结构，而高速现场总线 HSE 只支持总线型拓扑结构。如图 2.16 所示为 FF 现场总线拓扑结构示意图。

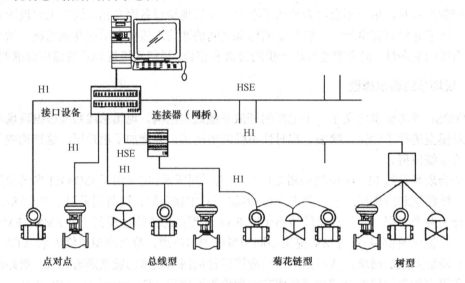

图 2.16　基金会现场总线 FF 的拓扑结构

基金会现场总线还支持桥接网，可以通过网桥把不同速率、不同类型媒体的网段连成网络。网桥设备具有多个接口，每个接口只有一个物理层实体。基金会现场总线的桥接网中，任何两个设备之间只有一条数据通道。网桥内由数据链路层具体实现数据流的连接。

在如图 2.16 所示的总线型结构中，所有的节点（现场总线仪表）都通过通信接口直接连接到公用通信总线上，任何一个节点向网上发送的信号都能被总线上所有其他节点接收。因为各节点共用一条传输信道，所以在任一时刻只有一个站能发送信息。这样，总线上各站都要遵守某种对总线通信介质访问控制的协议，以便能正常通信而不发生相互干扰。总线型结构接口简单，扩充容易，成本较低，通过适当的通信控制策略可以有较好的通信实时性。但总线介质通道是系统通信的"瓶颈"部分，一条总线的长度和可接入的节点数都是有限的。所以在工业控制系统中，常用冗余总线方式及分层分级的结构，来提高系统通信能力及通信信道的可靠性。

4．HART 总线简介

HART（Highway Addressable Remote Transducer）是可寻址远程传感器总线的简称，它最重要的特点是保持了模拟的 4～20mA DC 信号，数字通信可以叠加在两根相同的双绞线上，而不干扰模拟电流回路。HART 总线具有与其他现场总线类似的体系结构，它以 ISO/OSI 模型为参考，采用第 1,2,7 三层。其传输速率较低，为 1 200 bps，新版本的协议已将传输速率提高到 9 600 bps，通信距离最远可达 3 000m。

（1）HART 编码。HART 采用基于 Bell 202 标准的频移键控（FSK）技术，将数字信号作为交流信号叠加在 4～20mA 的直流信号上，如图 2.17 所示。"0"和"1"对应的位分别被编码为 2 200Hz 和 1 200Hz 的正弦波，如图 2.18 所示。传送时将信息比特转换为相应频率的正弦波，接收时将一定频率的正弦波转换回对应状态的信息比特。

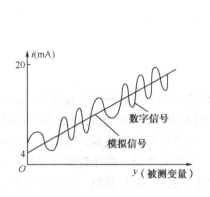

图 2.17　数字信号叠加在直流信号上

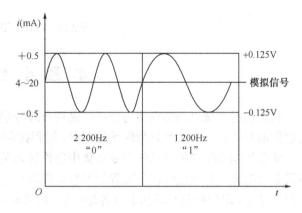

图 2.18　Bell 202 波形

频率信号是完全对称的正弦波，没有增加直流成分。由于所叠加的正弦信号的平均值为0，而且频率信号被电流回路上的模拟设备输入端上的低通滤波器过滤掉了，所以数字通信信号不会干扰 4～20mA DC 的模拟信号，这就使数字通信与模拟信号并存而不相互干扰。这是HART 标准的重要优点。这样，数字通信对模拟的 4～20mA 信号不产生任何干扰。由一个HART 通信芯片完成信号的调制和解调。

（2）HART 信号传输。FSK 信号的传输是在电流回路上调制一个幅度大约在 0.5mA 的交流信号。被动设备（如多数现场仪表）是通过改变它们的电流来实现信号调制的；主动设备（像手持编程器）则可以直接发送信号。

HART 网络必须在设备和供电之间连接一个电阻。位于主站（Host）输入模板上的电阻一般为 250Ω。它有两个作用，一是防止直流电源将交流信号短路，二是作为通信信号的负载。当 FSK 电流通过这个电阻时，产生一个 0.125V 的交流压降。网络上所有设备接收这个交流电压，并应对其有足够的敏感度，即使在线路上有信号衰减时也能够接收到。换句话说，通过电流实现信息发送，通过电压实现信息接收。如果在回路中没有足够的电阻，那么电压将会小到难以检测，并导致通信失败。

HART 协议是主从式通信协议，变送器作为从设备应答主设备的询问，连接模式有一台主机对一台变送器或一台主机对多台变送器。当一对一，即点对点通信时，智能变送器处于模拟信号与数字信号兼容状态。当多点通信时，4～20mA DC 信号作废，只有数字信号，每台变送器的工作电流均为 4mA DC。

（3）HART 字符。HART 使用一个异步模式来通信，这意味着数据的传输不依赖于一个时钟信号。为了保持发送和接收设备的同步，数据一次一个字节地被传送。字符从一个起始位"0"开始，其后是 8 个真实数据位、一个奇校验位及一个停止位"1"，如图 2.19 所示。

校验位被设置为"0"或者"1"，使得包括数据和校验位在内的"1"的个数为奇数。校验位通过检查接收到的字节中"1"的数目是否确实为奇数，来检测传输是否出错，从而确保传输数据的完整性。

图 2.19　HART 字符

本 章 小 结

集散控制系统以局部网络为依托，采用分级分层的体系结构。按系统中各设备的功能，集散控制系统自下而上可分为现场控制级、过程控制级、过程管理级和经营管理级四个层次。

集散控制系统的硬件系统主要由集中操作管理装置、分散过程控制装置、通信线路及接口设备等组成。分散过程控制装置的类型有现场控制站、数据采集站、顺序逻辑控制站和批量控制站等。现场控制站的基本设备是机柜、电源和控制计算机。控制计算机一般是由 CPU、存储器、输入/输出通道和通信接口等部分组成的。操作站的基本设备有操作台、微处理机系统、外部存储设备、操作键盘及鼠标、图形显示器、打印输出设备和通信接口等，以 PC 系统为基础的通用操作站是 DCS 的发展方向。

有重点地采用冗余技术是提高 DCS 可靠性的重要措施。

集散控制系统的软件既包括系统软件和应用软件，还增加了通信管理软件、组态生成软件及诊断软件等。

现场控制站的基本功能包括反馈控制、逻辑控制、顺序控制、批量控制、数据采集与处理和数据通信等功能。操作站的基本功能主要有显示、操作、报警、组态、系统维护和报告生成等。集散控制系统的各装置具有较强的自诊断功能。

DCS 的通信网络实质就是计算机网络，利用通信网络将各工作站连接起来，并配置网络软件，实现集中监视、操作、信息管理、分散控制和数据通信等功能。

思考题与习题

1. 什么是集散控制系统？其基本设计思想是什么？
2. 简述集散控制系统的体系结构及各层次的主要功能。
3. 操作站主要包括哪些设备？操作站的功能有哪些？
4. 构成现场控制站的主要设备有哪些？它具有哪些功能？
5. 集散控制系统的软件系统包括哪些软件？
6. 现场控制站有哪些基本功能？
7. 反馈控制有哪些功能？
8. 输入/输出处理功能主要包括哪些方面？
9. 简述报警功能。
10. 集散控制系统为什么能实现无扰动切换？
11. 什么是组态？简述组态过程。
12. 数据通信系统是由哪些部分组成的？
13. 简述数据传输方式、串行传输与并行传输、基带传输与宽带传输、异步传输与同步传输、信息编码、数据交换方式。

14．什么是信息传输速率？它的单位怎样表示？

15．什么是局部网络？它的拓扑结构、传输介质、网络控制方法分别有哪几种？

16．什么是通信协议？

17．开放系统互连参考模型（OSI）是怎样的？简述"包封"和"拆封"过程。

18．什么是现场总线？

19．基金会现场总线 FF H1 模型是怎样的？简述其拓扑结构。

20．什么是 HART 总线？HART 总线有什么特点？

第3章

TDC-3000 和 TPS/PKS 集散控制系统

知识目标

- 掌握 TDC-3000，TPS 和 PKS 的系统构成及特点，以及 PKS 系统的最新技术；
- 掌握 TPS 系统的过程控制装置（PM，APM，HPM，LM 和 FCS）的基本组成、硬件结构和功能特点等；
- 掌握 TPS 系统的集中操作管理装置（GUS，AM，A^XM，APP 和 HM）的基本组成、硬件结构、基本操作和功能特点等；
- 掌握 TPS 系统的基本组态（熟悉常用的操作命令、NCF 组态的内容、NIM 组态的步骤和 HPM 基本控制功能等），了解 TPN 和 UCN 网络组态的过程。

技能目标

- 通过基本知识点的学习，了解 TPS 系统在工业生产装置中的应用；
- 熟悉 TPS 系统的基本配置和各种 IOP 卡件的选择；
- 能够掌握 TPS 系统实现各种复杂控制的方法。

本章根据 Honeywell 公司集散控制系统的发展过程，从 TDC-3000 系统入手，先简述 TDC-3000，TPS，PKS 的系统概貌（包括系统的基本结构、主要模件功能等）；重点叙述 TDC-3000，TPS，PKS 的过程控制装置（PM，APM 和 HPM 等）硬件组成、功能（输入/输出功能和控制功能），操作管理装置（GUS，AM，A^XM 和 HM 等）硬件组成、功能和基本操作，以及 NCF 组态、控制功能组态；最后描述 TPS 系统在线性低密度聚乙烯装置（LLDPE）中的应用（包括工艺简介、TPS 系统配置和主要的控制方案的实现等）。

3.1 TDC-3000 系统概述

1975 年，美国 Honeywell 公司推出了世界上第一套集散控制系统 TDC-2000。经过多年不断的技术开发，系统有了较大的更新。1983 年 10 月推出了 TDC-3000（LCN），系统采用局部控制网络，增加了过程控制管理层，原来的 TDC-2000 改为 TDC-3000 BASIC。1988 年推出 TDC-3000（UCN），系统增加了万能控制网络（UCN）、万能工作站（UWS）、过程管理站（PM）、智能变送器 ST3000 等新产品，在控制功能、开放式通信网络、综合信息管理等方面进一步得到加强。

3.1.1 TDC-3000 系统构成

TDC-3000 系统由 LCN 网络及其模件、UCN 网络及其管理站和 DHW 通信通道及其设备等组成，如图 3.1 所示。

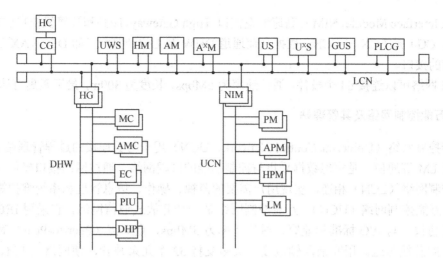

HC—上位计算机；CG—计算机接口；HG—高速通道接口；DHW—数据高速通道；MC—多功能控制器；

AMC—先进多功能控制器；EC—增强控制器；PIU—过程接口单元；DHP—数据高速通道端口；UWS—万能工作站；

HM—历史模件；AM—应用模件；A^{X}M—带 X-Windows 应用模件；NIM—网络接口模件；UCN—万能控制网络；

PM—过程管理站；APM—先进过程管理站；HPM—高性能过程管理站；LM—逻辑管理站；US—万能操作站；

U^{X}S—带 X-Windows 万能操作站；GUS—全局用户操作站；LCN—局部控制网络；PLCG—PLC 接口

图 3.1 TDC-3000 系统构成

1. 局部控制网络及其模件

局部控制网络（Local Control Network，LCN）及其所连接的模件由 LCN 和万能操作站 US、万能工作站 UWS、历史模件 HM、应用模件 AM、网络接口模件 NIM、高速通道接口 HG、计算机接口 CG、可编程逻辑控制器接口 PLCG 等组成。它主要完成用户需要的各种功能，如系统的监视、操作、工程管理和维护；用于先进控制和综合信息处理；提供与过程控制网络之间的连接；实现 LCN 网络上模件之间的通信、信息处理与存储。

（1）万能操作站（US）。万能操作站（Universal Station，US）是 TDC-3000 系统的主要人机接口，能满足操作人员、管理人员、系统工程师及维护人员的各种要求。操作、管理人员通过 US 能够对连续和非连续生产过程进行监视和控制，完成信号报警和报警打印、趋势显示和打印、日志和报表打印、流程图画面显示和系统状态显示。工程师能够完成网络组态、过程数据库和流程图画面的建立，自由报表和控制程序的编制。维护人员通过 US 能进行系统故障诊断，实现系统硬件状态显示，打印故障信息。

（2）万能工作站（UWS）。万能工作站（Universal Work Station，UWS）是 TDC-3000 系统的又一个人机接口，具有 US 的全部功能，是为工厂办公室管理而设计的。

（3）历史模件（HM）。历史模件（History Module，HM）是 TDC-3000 系统的存储单元，它可以存储过程报警、操作员状态改变、操作员信息、系统状态信息、系统维护提示信息、连续过程历史数据等，还存储系统文件、确认点（CHECKPOINT）文件及在线维护信息等。

（4）应用模件（AM）。应用模件（Application Module，AM）用来完成复杂运算，实现高级、多变量控制功能，以提高过程控制及管理水平。

（5）网络接口模件（NIM）、高速通道接口（HG）和计算机接口（CG）。网络接口模件

（Network Interface Module，NIM）、高速通道接口（High Gateway，HG）和计算机接口（Computer Gateway，CG）是 LCN 与 UCN、数据高速通道 DHW 及上位计算机（如 DEC VAX 等）进行数据通信的接口。

LCN 网络可以连接 64 个模件，通信速率为 5Mbps，长度为 300m，最远距离可达 4.9km。

2．万能控制网络及其管理站

万能控制网络（Universal Control Network，UCN）用于与其连接的过程管理站 PM、逻辑管理站 LM 等通信，是实现数据采集与控制功能的过程网络。通过网络接口模件（NIM）与局部控制网络（LCN）相连，实现用户需要的监视、操作、信息管理和系统维护等功能。

（1）万能控制网络（UCN）。万能控制网络是一个开放式通信网络，它采用 IEEE 802.4 标准通信协议，与 ISO 标准相兼容，通信速率为 5Mbps，点对点（Peer-to-Peer）对等通信方式，令牌总线传送。用冗余同轴电缆，最多支持 32 个冗余装置，使网络上 PM、LM 之间可以共享网络数据。UCN 网络上可连接 63 个模件（32 个冗余设备），网络通常距离为 300 m。

（2）过程管理站（PM）。过程管理站（Process Manager，PM）集多功能控制器和过程接口单元两者功能于一体，并在速度、容量和功能方面有更大改进和提高，为数据监测和控制提供了高度灵活的输入/输出功能、强有力的控制功能，包括专用调节控制软件包、全集中联锁逻辑功能，以及面向过程的高级控制语言（CL/PM），可方便地实现连续控制、逻辑控制、顺序控制和批量控制。 PM 的扫描周期为 0.75s。一个 PM 可以处理 5 000 条 CL/PM 语句程序。

（3）先进过程管理站（APM）。先进过程管理站（Advanced Process Manager，APM）是 PM 的改进型产品，它比 PM 增加了数字输入事件顺序（DICOE）处理、设备（DEVICE）管理点、CL 程序等数据点和非 TDC-3000 设备串行接口能力。另一大改进是 CL/APM 功能的增强。如设备管理点的增加，使离散设备的管理具有更大的灵活性，在同一位号下把复合数字点显示与逻辑控制功能结合在一起，使操作员可直接看到引起联锁的原因。非 TDC-3000 设备串行接口能力，使具有串行通信能力的 UPC 6000 过程控制器，可直接与 APM 相连，作为 APM 的一个辅助系统进行操作。

（4）逻辑管理站（LM）。逻辑管理站（Logic Manager，LM）是用于逻辑控制的现场管理站，能够提供逻辑处理，梯形逻辑编程，执行逻辑程序，与 UCN 和 LCN 网络中的模件进行通信等功能。

3．数据高速通道及其设备

DHW 是 TDC-3000 BASIC 的数据高速通道，用来连接基本控制器（BC）、增强控制器（EC）、多功能控制器（MC）、先进多功能控制器（AMC）、过程接口单元（PIU）、数据高速通道端口（DHP）、基本操作站（BOS）等单元通信，实现生产过程的控制和数据采集。通过高速通道接口（HG）与局部控制网络（LCN）相连，实现用户需要的监视、操作、信息管理和系统维护等功能。

DHW 可连接 63 个模件（32 个冗余设备），传送控制方式为优先方式和询问方式，通信距离为 1 500m，通信速率为 250Kbps。DHW 已经被 UCN 取代。

3.1.2 TDC-3000 系统特点

TDC-3000（UCN）是 Honeywell 公司 1988 年推出的集散控制系统。系统引入先进的局部网络技术，采用标准化开放式通信协议，使多个计算机互连，便于多机信息资源共享、分散控制和信道复用，实现全系统的管理，具有许多技术特点。

1．开放式系统

TDC-3000 系统采用 IEEE 8012.4 和 ISO 8802/4 国际标准，以 ISO/OSI 开放系统互连参考模型七层协议为基础，可以实现与非 Honeywell 公司设备的互连。

2．递增的分级控制

TDC-3000 系统可提供三个等级的分散控制。一是以现场过程控制装置（如 PM，LM 等）为基础，对过程终端设备进行控制的过程控制级。二是先进控制级，包括比过程控制级更为复杂的控制策略和控制计算，通常称为工厂级。三是最高控制级，提供了用于高级计算的技术和手段，例如，适用于复杂控制的计算模拟、过程最优化控制及线形规划等，称为联合级。工程师可以利用这些控制等级，实现最经济、最有效的控制，还可通过组态实现不同级别的控制。另外，如果在较高级上发生故障，可以把控制组态降到下一个等级进行控制操作。

3．范围广泛的数据采集与控制功能

TDC-3000 系统数据采集与控制功能的范围非常广泛，它可以从分散过程控制装置（如 PM，LM 等）采集数据，也可以从非 Honeywell 公司的过程控制设备获取数据。系统的控制策略包括连续控制、逻辑控制和顺控控制，控制规模可以从简单的常规 PID 控制到先进复杂的高级优化控制，其控制的生产方式从连续生产到间歇生产（批量与混合操作）。操作者可以在任何控制等级上做出操作决定，对生产过程进行控制，同时可以实现整个系统信息的实时交换。

4．面向过程的单一窗口

TDC-3000 系统采用了万能操作站 US，它是真正的面向过程的单一窗口，具有通用数据存取、协调灵活和各取所需的操作，以及多种形式画面显示等特点。

5．工厂综合管理、控制一体化

TDC-3000 系统不仅具有丰富的数据采集和控制功能，同时还具有与上位计算机乃至计算机网络相连接的功能。它可以通过计算机接口与 DEC VAX 系统计算机相连构成综合管理系统，也可通过个人计算机接口 PCIM 或者计算机网络接口 PCNM 与个人 PC 相连，构成范围广泛的计算机综合网络系统，从而将工厂所有的计算机系统和控制子系统（包括非 Honeywell 计算机系统）联系起来成为一体，实现优化控制和优化管理。

6．系统规模配置灵活且扩展方便

一个基本的 TDC-3000 系统可由一条 LCN、一个万能操作站 US、一个历史模件 HM、一

个冗余网络接口模件 NIM 和一条万能控制网络 UCN，以及数台过程控制装置构成。这样的基本系统可以完成过程数据采集，连续的和间歇的操作控制，历史及其他数据存取过程显示和管理等任务。

系统还可根据生产的发展，通过增加适当的过程控制装置或 LCN 模件，灵活地扩展其控制规模；还可以根据综合管理的需要，适当地增加相应接口设备，构成信息综合管理系统。

7. 系统安全可靠，便于维修

TDC-3000 系统在整体设计上，采用容错技术，硬件和软件中容许错误存在，且具有错误检测与纠正组件。当模件发生错误时，通常只影响其所在的模件，对系统的运行影响很小或不降低其性能。如果某个装置发生故障，它的某些能力或者功能可能会丧失，但系统仍能继续运行。

TDC-3000 系统广泛采用冗余技术。数据通信电缆是标准冗余的，网络接口模件 NIM，高速通道接口 HG，应用模件 AM，历史模件 HM，过程管理模件 PMM，过程管理站 PM 的高电平模拟输入处理器、输出处理器等也选用冗余结构。

在 TDC-3000 系统中，为数据库提供了几个存取等级的联锁保护，防止了越权变更数据库等错误的发生。同时，广泛采用自诊断、自纠正程序，广泛采用标准硬件和软件，许多硬件具有通用性，而各卡件都是最佳可替代单元，可以在线维修。

8. 真正的分散

TDC-3000 是真正的分散控制系统。一是功能分散，各模件功能是独立的。二是危险分散，系统中各模件或装置的故障只影响其自身的某些功能，而不会影响整个系统的工作。

9. 新老系统兼容

TDC-3000 系统是在 TDC-2000 系统的基础上发展起来的，对 TDC-2000 系统完全兼容。无论 TDC-2000 系统，还是 TDC-3000 系统，它们都可共存于一个系统中，各自成为整个系统的一部分，极大地方便了使用，降低了投资费用。

3.2 TPS 系统概述

TPS（Total Plant Solution，TPS）是 Honeywell 公司研制的一种集散控制系统，是将整个企业的商业信息系统与生产过程控制系统集成在一个平台上的全厂一体化解决方案，它的前身是 TDC-3000。

3.2.1 TPS 系统构成

TPS 系统以 Windows NT 为开放式平台，增加了工厂信息网络（PIN）、全局用户操作站（GUS）、高性能过程管理站（HPM）、过程历史数据库（PHD）、应用处理平台（APP）等新品种，是以管控一体化形式出现的新一代集散控制系统的典型代表，如图 3.2 所示。TPS 系统与 Honeywell 公司先前的 TDC-2000，TDC-3000 完全兼容。

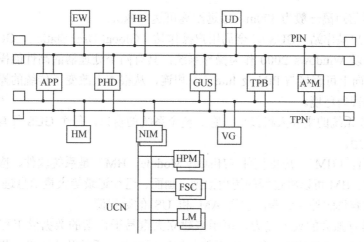

HM—历史模件；NIM—网络接口模件；UCN—万能控制网络；HPM—高性能过程管理站；FSC—故障安全控制器；

LM—逻辑管理站；VG—多种网关；APP—应用处理平台；PHD—过程历史数据库；GUS—全局用户操作站；

TPB—全厂一体化批量控制器；A^{X}M—带 X-Windows 应用模件；TPN—TPS 过程控制网络；

EW—工程师工作站；HB—国际/国内网络浏览器；UD—性能集成平台；PIN—工厂信息网络

图 3.2　TPS 系统构成

1. 工厂信息网络

工厂信息网络（Plant Information Network，PIN）通过 GUS，PHD，APP 等节点与 TPS 过程控制网络（TPN）直接相连，实现信息管理系统与过程控制系统的集成。利用工厂网络模件（PLNM）和 CM50 软件包，TPN 可以与 DEC VAX 计算机和 AXP 计算机进行通信，实现优化控制等。而基于 UNIX 的信息管理应用，则可通过 A^{X}M 或 U^{X}S 与 LCN 进行通信。

操作级 TPN 有限度地开放以保证系统的安全，而控制级 UCN 网络仅对与控制有关的模件开放，极大地满足了工厂对于安全控制的要求。

2. TPS 过程控制网络及其模件

TPS 过程控制网络（TPS Process Network，TPN）是一条冗余的、通信速率很高的通信总线，连接着控制室内的所有控制设备。TPN 电缆的通信速率为 5Mbps，采用国际标准 IEEE 802.4 令牌总线协议，带有传输数据错误检查功能。TPN 连接的每一个控制设备（如 GUS，HM 等）可以实现平等通信。系统软件和应用软件保证了每一个控制设备都能很好地完成各自的特殊任务。

TPN 连接的节点最多可达 64 个。在系统正常工作时，可以很方便地挂上或卸掉它们，而不影响系统的其他节点的正常工作。TPN 为两条冗余的同轴电缆，分为主电缆和备份电缆；当主电缆损坏或出现通信错误时，备份电缆自动接替工作。通过节点上的传输电路板实现电缆和节点间的连接，这样设计的最大优点是当某一节点损坏时，TPN 网上的其他节点的通信不受影响。此外，TPN 还为所有的节点提供同步时钟。

TPN 主要用于模件之间通信，通过人机接口实现先进控制策略和综合信息处理功能。TPN 是有条件完全开放系统。

TPN 网络通信距离一般为 300m，最远距离可达 4.9km。

（1）全局用户操作站（GUS）。全局用户操作站（Global User Station，GUS）是 TPN 上的一个节点，是以 Windows 2000 作为操作系统，具有两个处理器的高性能操作站。它向下与 TPN 相连，向上可直接与 PIN 及 Internet 相连，从根本上改变了传统的操作方式，为企业提供了集成的管理环境。

GUS 是 TPS 系统的主要人机接口，它是整个系统的窗口，每个 GUS 具有独立的电子单元，并可互为备用。

（2）历史模件（HM）。历史模件（History Module，HM）是系统软件、应用软件和历史数据的存储单元。HM 可以将过程的历史数据、画面、运行记录等大量信息进行记忆、保存，可以配软盘和大容量的外存储器，它是 AM 和 US 的数据源。

历史模件具有强大的处理能力，可用来建立大量易于检索的数据供工程师和操作员使用。历史模件还可存储系统所有的历史事件，如过程报警、系统状态改变、操作过程和系统变化，以及错误信息。

此外，历史模件还存储显示文件、装载文件、顺序文件、控制语言、梯形逻辑程序和组态源文件等系统文件，以及确认点文件、在线维护信息等。断点保护功能使 HM 自动定时或手动存储整个系统网络上的所有信息，在停电或系统出现故障后可以迅速、准确地恢复整个系统，对生产过程不造成任何影响。这对于工业生产来讲是非常重要和必须的。

（3）网络接口模件（NIM）。网络接口模件（Network Interface Module，NIM）是 TPN 和 UCN 之间的接口，它提供了 TPN 与 UCN 的通信技术及协议间的相互转换，它使 TPN 上模件能访问 UCN 设备的数据，并将 TPN 上程序与数据库装载到 HPM 等 UCN 设备，也可将 NIM 设备的报警信息传送到 TPN 上。

TPN 与 UCN 的时间由 NIM 进行同步处理，由 NIM 将 TPN 的时间向 UCN 广播。NIM 可冗余，当主 NIM 发生故障时，备用 NIM 可继续工作。每个 TPN 最多可接 10 个冗余的 NIM。每个冗余的 UCN 接有冗余的 NIM，每个 NIM 允许组态 8 000 个数据点。

3. 万能控制网络及其模件

万能控制网络（Universal Control Network，UCN）由冗余的同轴电缆组成，是一个过程控制级网络。它通过网络接口模块（NIM）与 TPS 过程控制网络（TPN）相连，其节点设备包括高性能过程管理站（HPM）、先进过程管理站（APM）、过程管理站（PM）、逻辑管理站（LM）、故障安全控制器（FSC）等。通过这些控制设备可以灵活地组成大小规模不同，复杂程度各异，性能价格比极高的控制系统，以满足各种生产工艺的需要。UCN 采用双重冗余，整个网络具有点对点（Peer to Peer）的通信功能，使得网上 HPM，APM，PM，LM，FSC 之间可以共享网络数据。UCN 上可挂接 32 个冗余的 UCN 设备，通信速率是 5Mbps，载波、令牌总线网络通信，通信距离为 300m。

（1）高性能过程管理站（HPM）。高性能过程管理站（High-performance Process Manager，HPM）采用多处理器并行处理结构，其性能比 APM 更提高了一步。它采用两个 32 位 M68040 处理器作为通信处理器和控制处理器，用 80C51 作为 I/O 接口链路处理器，可连接的输入/输出处理器（Input Output Processer，IOP）也有所增加。HPM 的控制功能也比 APM 更强。HPM 的常规控制点增加了乘法器/除法器、带位置比例的 PID、常规控制求和器等三种算法。

HPM 可以与 UCN 上其他设备进行对等通信，通过串行接口与 Modbus 兼容子系统进行双向通信，通过 TPN 与 GUS 和 US 之间实现通信，操作方法和显示画面与 TDC-3000 类似。HPM 支持 TPN 的 AM 和上位机实现更高层次的优化控制策略，许多高性能的软件包也可以优化控制性能。

（2）逻辑管理站（LM）。逻辑管理站（Logic Manager，LM）是用于逻辑控制的现场控制站。它提供逻辑处理，梯形逻辑编程，执行逻辑程序，具有 PLC 控制的特点。它可与 UCN 上的各种设备通信，并通过 TPN 使过程数据能集中显示、操作和管理，所以它比独立的 PLC 具有更多的优越性。

（3）故障安全控制器（FSC）。故障安全控制器（Fail Safe Control Safety Manager，FSC）是一种高级的生产过程保护系统。它的容错安全停车系统，用于确保生产装置和操作人员的安全，一旦发现系统超出安全运行界限，会立即将过程强制进入到安全状态。它的高级自诊断功能，能对生产过程进行连续、动态的测试，减少了不必要的停车。FSC 系统允许在线维护，因此对现场仪表的维护变得更加方便。

3.2.2　TPS 系统特点

TPS 系统从原有的 TDC-3000 系统发展而来，表现出许多技术优势。在过程级，万能控制网络与过程管理站相连；TPS 过程控制网络（TPN），即局域控制网络（LCN）与万能控制网（UCN）通过网络接口模件（NIM）相连；过程管理设备（如 HPM 等）可通过安装和插拔方式接入到系统中。系统完善的分散功能使系统具有极高的可靠性，允许系统出现一定程度的故障，而不会影响系统的稳定性和安全性。

TPS 系统结构可以看成一个分散模件的组合系统，各个模件通过灵活的通信系统连接在一起，在完整的软件系统控制下进行操作。由于采用最新的数字网络处理技术和通信协议，现代化的软件设计技术使得 TPS 系统应用变得简单方便。

TPS 是一个多层通信网络结构系统，可以根据需要合理地进行扩展，以便有效地进行数据处理和控制。其特点体现在以下几个方面。

1．真正实现了系统的开放

TPS 系统的 PIN 采用的是以太网，全局用户操作站（GUS）提供标准的以太网接口，从而实现了全厂管控一体化。

TPS 系统的 TPN，UCN 等通信网络均采用了 ISO（国际标准化组织）制定的 ISO 802.4 和 IEEE（美国电气及电子工程师学会）制定的 IEEE 802.4 开放系统互连标准，以 ISO/OSI 七层模型为基础，遵循 MAP（制造自动化协议）网络标准，采用带波令牌总线，网络上各模件之间对等通信。TPN，UCN 通信与国际开放结构和工业规格标准的发展方向一致。TPS 系统实现了网络中的硬件、软件、数据库等资源共享，DCS 与计算机、可编程序控制器、在线质量分析仪、现场智能仪表都可以进行数据通信。

2．人机接口功能更加完善

全局用户操作站（GUS）是面向过程的单一窗口，采用了高分辨率彩色图像显示器（CRT）技术、窗口技术（Windows）及智能显示技术等。每个 GUS 操作站都能存取 TPS 系统范围的数据，如来自过程的数据、系统的数据及计算机的数据等。无论系统规模大小，复杂程度如何，连续生产还是间歇生产，是否与计算机系统连接，其操作方式都完全相同，简单、方便。每个操作站都能显示各种信息,具有三种属性功能。操作员属性功能用于操作人员监视生产过程和 TPS 系统本身工作状况;工程师属性功能用于工程师进行系统组态及软件更新;系统维护属性功能用于维护人员跟踪系统运行并诊断系统故障。

3. 数据采集和控制的范围广泛

TPS 系统既可以在万能控制网络(UCN)上的 HPM、LM 上进行数据采集,也可以从其他公司的设备上获取数据。系统的控制策略包括连续、逻辑、顺控、批量等控制。控制规模从简单的常规 PID 控制到先进复杂的高级控制,应用范围从连续生产到间歇生产的各个领域,如石化、化工、电站、石油、造纸等。

4. 系统总体实现数字化

Honeywell 是通过现场通信网络将多变量现场智能传感器与集散控制系统连为一体的。HPM 与 Honeywell 的智能变送器数字一体化,提高了测量精度,使操作员通过操作站就可以了解智能变送器全部工作范围内的变量值和工作状态,以及对变送器的诊断。

5. 工厂综合管理控制一体化

TPS 系统是一个规模庞大的系统,它可以根据用户工厂综合管理的需要与工厂信息网相连,构成范围广泛的计算机综合网络系统,实现先进复杂的优化控制,对生产计划、产品开发、销售、生产过程及有关物质流和信息流进行综合管理,构成网络化、自动化的工厂企业,即构成用计算机实现管控一体化的系统。

6. 系统安全可靠,维护方便

TPS 系统在整体设计上,采用了先进的冗余、容错技术。在硬件及软件中有错误检测和纠正组件,当发生错误或故障时,对系统运行影响很小或不降低其性能,系统仍能继续运行。TPS 系统的通信网络、接口模件都是标准冗余的。

应用模件(AM)、历史模件(HM)、过程管理站(APM,HPM)、逻辑管理站(LM)、输入与输出处理器(IOP)和电源等都可以选用冗余的。

TPS 系统是积木式结构,实现了功能分散和危险分散。系统的数据库采用了几个等级的联锁保护方式,防止越权变更数据库。系统中广泛采用自诊断、自校正程序,硬件和软件标准化,通用性强,可在线维护。

7. 系统的兼容性好

TPS 系统是在 TDC-3000 系统基础上发展起来的。在 TPS 系统中,新旧系统的模件共存,各自成为系统的一部分。US 和 U^xS 的画面还可以通过显示转换器传送到 GUS 上,新旧系统是兼容的,极大地方便了用户,保护了他们的利益。

3.3 PKS 系统简介

过程知识系统(Process Knowledge Solution,PKS)系统集成了 Honeywell 公司的资产和异常状态管理、操作员效率解决方案、设备健康管理和回路管理等过程知识解决方案,帮助操作员提高操作水平，提前发现设备隐患，避免异常状态的发生，确保生产安全。设备健康管理可以将设备问题区分为征兆和故障两级，为系统提供决策支持。回路管理技术可综合回路的组态信息、报警事件、闭环回路控制时间等操作数据，指出那些对生产影响最大且性能最差的回路，及时提出解决问题的建议。

3.3.1　PKS 系统构成

PKS 系统完全与现有的 Honeywell 系统（包括 TPS，TDC-3000，TDC-2000 等）兼容，为用户提供投资上的保护，并且消除了系统升级的风险。它还提供与 FF, Profibus, DeviceNet, ControlNet, HART 的接口，通过 OPC 互连选项和丰富的第三方接口，使 PKS 具备现有的最高性能、跨工厂范围的体系结构。

1．PKS 系统的基本构成

PKS 系统的基本结构如图 3.3 所示。它由控制网络（ControlNet）和工厂管理网（PIN）组成。控制网络上挂有 C200 控制器、FCS 故障安全控制器、ESW 工程师工作站、OPS 操作员工作站、ACE 高级应用控制环境和 eServer 过程服务器，工厂管理网（PIN）连接工厂管理、商业运作的计算机等。

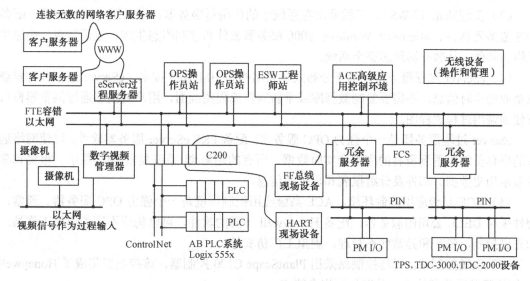

图 3.3　PKS 系统基本结构

分散过程控制装置包括连续控制和逻辑控制一体化的混合控制器 C200，基金会现场总线 FF, Profibus, DeviceNet, ControlNet 等现场总线设备的集成，数字视频管理站（DVM），故障安全控制器（FSC），以及集成的 TPS，TDC-2000，TDC-3000 等分散控制装置。

集中操作管理装置有基于 Web 技术的操作站、工程师站、高级应用控制环境 ACE、eServer 过程服务器、手持无线移动设备等。

过程控制网络有 ControlNet，主要与混合控制器相连，容错以太网 FTE（Fault Tolerant Ethernet）实现了 PKS 系统服务器、操作员站及 TPS 系统间的可靠连接。

PKS 软件主要包括监控软件 Workcenter PKS、控制组态软件 Control Builder、流程图组态软件 Display Builder、电子网络浏览器和 Carbon Copy 远程故障检查软件。

2. PKS系统工作站的功能

（1）容错以太网（FTE）。容错以太网（FTE）的容错软件是 Honeywell 公司的专利。其特点如下。

① 在 FTE 节点间有四个通信路径，允许有一个通信路径发生故障。

② 快速（1s）的检测和恢复时间，可以在线增加和减少节点。

③ 对应用 PC 完全透明，允许正常的以太网节点接入。

④ 完全分布式的结构，没有主节点，通信速率 100Mbps，传输介质为同轴电缆或者光缆。

（2）操作员站（OPS）。操作员站 HMI 硬件采用标准的工业 PC 工作站，操作员键盘提供 12 个可编程序功能键。操作员站下载 Honeywell 专利最新开发的人机接口技术，称为HMIWeb。采用 Web 技术和 HTML 语言，可以观察标准 Web 浏览器或用户站的窗口。HMIWeb提供大于 300 页的标准系统显示画面，包括菜单显示、报警摘要、事件摘要、趋势、操作组、点细目、总貌、系统状态、组态、回路整定、诊断和维护、摘要显示等。

数字视频管理系统（DVM）技术集成，利用视频信息对工厂事件进行捕捉和记录，帮助诊断和检测故障。

（3）工程师站（EWS）。工程师站在系统中的作用是服务器，通常进行冗余配置。配备PKS 服务器软件、Microsoft Windows 2000 服务器软件和控制组态生成、显示生成、快速生成组态软件，从暂存器组态整个系统。

（4）eServer 过程服务器。基于分布式体系结构和 HMIWeb 技术，eServer 过程服务器获取企业的实时信息，不需要复制数据库或重新制作流程图画面，用户就能够通过浏览器窗口方便地调用过程流程图。

eServer 过程服务器是一个强力 OPC 服务器，配备 PKS eServer 服务器软件，可使网络远方的操作员站上看到所有的应用和实时数据、所有的趋势/组/系统显示/操作显示、报警和事件显示历史数据、邮件及分组报表和显示等信息。

（5）ACE 高级应用控制环境。ACE 高级应用控制环境是一个强力 OPC 服务器。通常，硬件采用 DELL 公司的服务器，配备 Honeywell 不同的软件，可以构成不同的应用工作站，如先进控制，资产和异常状态管理，虚拟工厂仿真等。

（6）现场控制站。现场控制站采用 PlantScape C200 控制器，该控制器集成了 Honeywell 30 年的开发经验和技术，具有如下许多特点。

① 有为集成连续和离散过程控制的稳态和动态功能块。

② 强力和高速离散输入和逻辑。

③ 具有自动启动/停车的顺序控制模块（SMC）。

④ 相关点趋势、报警、面板和控制图画面。

⑤ 冗余和非冗余组态选择。

⑥ 50ms 和 5ms 控制执行环境。

⑦ 危险场所需要的本安 I/O 系列。

⑧ 集成 FF，HART 和 Profibus 现场总线设备。

C200 控制器冗余配置需要两个控制器底板，安装相同的部件，如图 3.4 所示。与 C200 控制器配套的过程输入/输出组件 PMIO 采用了 TPS 系统的 IOP 和 FAT 组件。

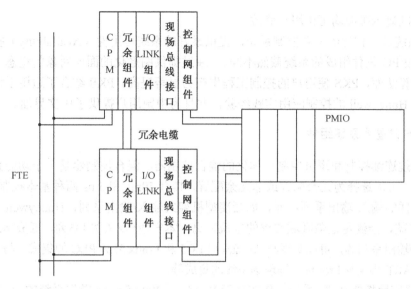

图 3.4　C200 控制器和 PMIO

（7）故障安全控制器（FSC）。FSC 故障安全控制系统与 PKS 集成统一，可直接连到 FTE 控制网上。

3.3.2　PKS 最新技术和基本系统组件

基于开放功能的 Microsoft 公司的 Windows 2000、高性能的控制器、先进的工程组态工具、开放的控制网络等，构成了 PKS 系统先进的体系结构。

1. PKS 最新技术

① 基于 Windows 2000 操作系统的服务器，利用高速动态缓存区采集实时数据，具有报警、显示、操作、历史数据采集和报表报告等服务功能。

② 基于开放的工业标准的 HTML 文件格式和 Web 浏览器的访问界面的 HMIWeb 技术，为用户提供一个安全、先进的人机界面。

③ 紧凑型的混合控制器提供真正的一体化的控制。

④ 面向对象的组态工具，可快速简便地生成可重用的控制策略。

⑤ ControlNet 是开放的，采用最先进的产生器/使用器（Producer/Consumer）技术的控制网络。

⑥ 利用 Foundation Fieldbus 基金会现场总线技术集成测量和控制设备。

⑦ 安全的 Internet 浏览器访问界面的在线技术文本和技术支持。

由于 PKS 系统显示功能完善，组态、投运极其方便，控制点和硬件组态一完成即可投运，工程所需要的时间特别短。内置的系统显示画面库和工具包括所有显示画面中的"当前/紧急报警区域"显示，所有显示画面中的"标准状态行"显示，报警汇总显示，事件汇总显示，操作组显示，趋势显示，回路调整显示，诊断显示，流程图列表、控制方案图显示（控制模块、顺控模块控制方案图在线监控显示），标准报告、预定义的组合点、组合点细目显示，点处理算法，可用于所有关键功能的预组态的按钮/工具条，基于屏幕的和下拉式的菜单等。

PKS 系统提供许多极其灵活的标准工具，需要时用户可以修改或扩展标准功能。例如，所有系统标准显示画面均可由用户修改。

PKS 系统是一体化的混合控制系统，提供最好的系统可用性（Availability）技术，本质上与 PLC 加 PC 软件组成的系统截然不同。 通过提供图形化的面向对象的组态工具和全套的过程控制算法库，PKS 使用户的控制工程生产力显著提高。PKS 结合了适用于世界范围的控制规则和 Honeywell 的控制应用实践经验，并且为中国用户提供了中文界面。

2. PKS 的基本系统组件

（1）常规连续控制和逻辑控制一体化的混合控制器。混合控制器是一个功能强大的控制处理器模块，可以选择为冗余配置或非冗余配置，具有 50ms 和 5ms 两种基本控制执行环境，具备灵活多样的输入/输出系列单元，如紧凑型机架式输入/输出系列，Honeywell PM 系列输入/输出子系统，能满足危险区域要求的电流隔离、本安型输入/输出系列，低成本的标准导轨安装型输入/输出系列等，可以实现与 AB 公司 PLC5 和 Logix 5550 PLC 的集成，与基金会现场总线 FF、HART 协议及 Profibus 等现场总线的集成等。

（2）高级应用控制环境。系统工作在基于 Windows 2000 Server 操作系统的应用控制环境、500ms 基本控制执行环境，具有与混合过程控制器相同的控制算法库，可以实现集成的 OPC 标准的数据访问。

（3）高性能服务器。可以选择冗余配置或非冗余配置，可以采用 OPC 接口及多种第三方控制器的通信接口，具有适用于全厂范围，或地理区域分布较广的诸系统的分布式服务器结构。

（4）操作员站人机界面（HMI）。操作员站人机界面是基于 Honeywell 的 HMIWeb 技术的高分辨率图形界面，固定式或临时式操作员站定义具有极大的灵活性和成本有效性，可视方案图用于控制策略设计图的实时监视显示。

（5）PKS 软件。监控软件具有高速缓存区的实时动态数据存取，报警/事件管理，报表、报告生成等功能，控制组态软件 Control Builder 为生成控制策略提供全套控制算法库，流程图组态软件 Display Builder 用于创建基于 HTML 格式的操作员图形界面，知识库软件 Knowledge Builder 提供基于 HTML 格式的在线帮助文档、系统组态和诊断实用程序。

（6）过程控制网络。ControlNet 支持冗余配置以提高系统的可靠性，Ethernet 具有基于开放技术的灵活性。

（7）过程仿真系统。基于 PC 的仿真控制环境的过程仿真系统，无须控制器硬件就能为 PKS 系统提供全方位的仿真，并支持 Honeywell 先进的"影子工厂"（Shadow Plant）仿真培训系统。

3.4 TPS 系统的分散过程控制装置

TPS 系统的分散过程控制装置包括连接在 HW 上的 BC，MC，AMC 和连接在 UCN 上的 PM，APM，HPM，LM 和 FSC 等。随着时间的推移，这些装置的功能不断增强，性能也日臻完善。尤其是 UCN 设备的研制成功，使分散过程控制装置在结构和功能上发生了较大的变化。由于连接在 HW 上的早期的产品（如 MC）已很少使用，因此，本节主要介绍过程管理站（PM）、先进过程管理站（APM）、高性能过程管理站（HPM）、逻辑管理站（LM）和故障安全控制器（FSC）等装置。

3.4.1　过程管理站

1. 过程管理站的构成

过程管理站（Process Manager，PM）由过程管理模件（PMM）和 I/O 子系统两大部分组成。PMM 由通信处理器和调制解调器、I/O 链路接口处理器及控制处理器三部分组成，如图 3.5 所示。通信处理器和调制解调器提供网络通信、数据访问和点对点通信；控制处理器用于执行常规控制、逻辑控制、顺序控制和批量控制；I/O 链路接口处理器提供 PMM 和 I/O 系统的接口。I/O 系统由冗余的 I/O 链和最多 40 个 I/O 处理器组成。所有的数据采集都由 I/O 处理器完成，而所有的控制处理都在 PMM 中实现。

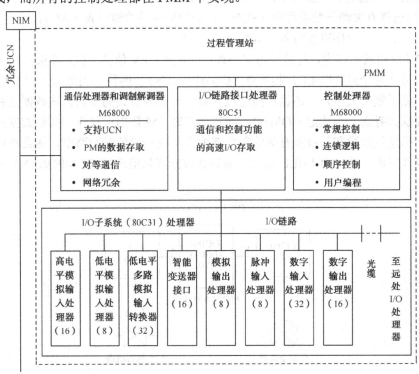

8，16，32 为通道数。

图 3.5　过程管理站结构

2. 过程管理站的功能

过程管理站功能丰富，主要有输入/输出处理功能、控制功能和报警功能等。

（1）输入/输出处理功能。过程管理站的输入/输出处理功能是由选择不同类型的 I/O 卡件实现的，它共有 8 种类型，即高电平模拟量输入处理器（HLAI）、低电平模拟量输入处理器（LLAI）、低电平多路转换器（LLMAI）、智能变送器接口处理器（STI）、模拟量输出处理器（AO）、数字量输入处理器（DI）、数字量输出处理器（DO）、脉冲序列输入处理器（PI）等。

在一个过程管理站中，用户可根据需要，最多选择 40 个 I/O 处理器。I/O 处理器与现场接线端子板相连，对所有的现场 I/O 进行处理。正因为 I/O 处理和控制处理的分离，使 I/O

扫描速率与 I/O 数量、控制器的负载处理以及报警状态没有关系，这就有利于更高级控制处理器的应用和 I/O 数量的进一步扩展。

① 模拟量输入处理功能。模拟量输入处理器把来自现场检测元件或变送器的模拟信号转换成工程单位信号，以便进行监视或供其他 PM 数据点做进一步运算、控制。HLAI 卡常用来接收 4～20mA 标准信号；LLAI 卡接收热电阻或热电偶信号；LLMAI 用于接收多路热电阻或热电偶信号，但它比 LLAI 的采样周期长，数据处理精度低，一般用在非重要变量处理的场合。

模拟量信号的输入处理内容包括模数转换，PV 特性化处理，范围检查和 PV 值滤波，PV 源选择，PV 数据格式的确定，数据点形式选择，报警检查等。

特性化处理有热电偶、热电阻、线性、开平方等四种方式。

PV 源的选择有来源于顺控程序（SUB），来源于现场检测仪表（AUTO），由操作员手动输入或由 CL/PM 程序直接写入（MAN）等三种。

所谓 PV 值格式的确定，就是指确定小数点的位置。PV 值共 6 位，小数点可选 1～3 位。

数据点形式有全点（FULL）和半点（COMPONENT）两种。当选定 FULL 形式时，参数表中除了显示数值大小外，还显示描述性参数和与报警有关的参数。该数据点将作为控制回路的主要操作界面。当选定 COMPONENT 形式时，该数据点仅作为其他数据点的输入值或输出值，描述性参数和与报警有关的参数都消失。在一般控制回路中，通常将调节控制点作为主要操作界面，选定为 FULL 形式，而其他数据点只能选择 COMPONENT 形式，如图 3.6 所示。

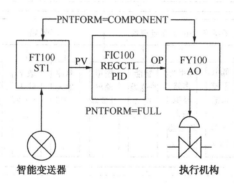

图 3.6　数据点形式的选择

PM 还具有丰富的报警功能，包括 PV 值报警，PV 变化率报警，PV 偏差报警和报警优先级选择等。

② 模拟量输出处理功能。模拟量输出处理器对输出信号 OP 提供独立的 D/A 转换，输出 4～20mA DC 标准信号，操纵控制阀或其他执行机构。OP 值的来源可以是 PM 控制回路数据点的输出、应用模件 AM 控制回路数据点的输出、操作员手动设定或用户程序写入。无论 OP 值来源于何处，都要经过输出正、反作用选择和特性化处理。

输出正、反作用的选择，实质上是选择输出显示的正、反作用方向。正作用时，4mA 对应显示 0%，20mA 对应显示 100%；反作用时，4mA 对应显示 100%，20mA 对应显示 0%。通常对于气开控制阀选正作用，气关控制阀选反作用，这样做的好处是使操作员不必在意控制阀气开、气关的形式，只从输出显示的百分数就能了解控制阀的开度。

输出特性化处理是对输出信号进行五段折线处理，用户只需在组态表中填入 6 个转折点

的 X，Y 坐标值，即能进行折线处理。折线处理多用于简单的非线性控制场合或对控制阀流量特性的校正。

③ 智能变送器输入处理功能。智能变送器接口（STI）处理器，是 Honeywell 公司 ST3000 系列智能变送器的数字量输入接口，每个 STI 可接收 16 个智能变送器的数字信号。

智能变送器的最大特点是可与 PM 之间进行双向通信，通信协议具有开放的现场总线的特性。由于直接采用数字信号传输，省去了 A/D 转换环节，测量精度提高到 0.075%。另外，还允许用户在万能操作站上组态和修改变送器的数据库，调整变送器的量程，支持标定命令，显示变送器的系列号、版本、标识号及详细的变送器状态信息。变送器还具有第二变量测量的特点，即利用一组信号线可同时测得两个变量，既提高了精度（用第二变量进行测量补偿），又节省了导线。温度、压力、流量变送器的第二变量分别是冷端温度、变送器的本体温度和流量的累积值。

④ 数字量输入处理功能。数字量输入处理器将来自现场的数字输入信号经转换，用以指示过程设备的状态或供其他 PM 数据点使用。数字量输入的处理过程包括 PV 值正、反作用选择，PV 值累积，PV 源选择，事件报告的选择和 PV 报警。

每个数字点有正常指示模块和报警指示模块两个信号指示模块。正常时点亮正常指示模块，报警时点亮报警指示模块。由于系统正常时，触点的通断状态不同，因此必须设置正、反作用选择。所谓正作用是触点闭合，正常指示模块点亮；反作用是触点断开，正常指示模块才点亮。当系统正常时触点是闭合的，则应选择正作用输入，反之，则选反作用输入。

数字量输入的类型有状态输入、稳态输入、脉冲输入三种。状态输入包括各种限位开关和机、泵启停按钮的状态。稳态输入常用来指示操作台上的按钮按下的时间是否符合规定的要求，例如，超过 40ms 指示灯才点亮。脉冲输入常用于对脉冲信号进行计数，最大脉冲频率是 25Hz。它与 PI 点的功能不同，不接收椭圆齿轮流量计等的输出脉冲，而是记录现场状态变化的次数。它可组态为递增或递减计数，并可设定累计上限。

事件报告有事件触发处理（Event Initiated Processing，EIP）和事件顺序处理（Sequence of Event，SOE）两类。事件触发处理（EIP）是当数据点状态变化时，会启动应用模件（AM）或计算机接口（CM）中的一个数据点执行某一动作。由于在 AM 和 CM 中能完成一些较复杂的算法，所以利用 EIP 功能可使 PM 方便地与 AM，CM 建立联系，实现高级控制。事件顺序处理（SOE）是指当数据点状态发生变化时，能记录事件发生的前后顺序，其分辨率为 20ms，在 APM 中，可达 1ms。SOE 功能特别有利于事故分析。

⑤ 数字量输出处理功能。数字量输出处理是向现场提供数字式输出，驱动切断阀、机泵等设备。数字量输出的处理比较简单，包括输出形式的选择和输出方向的选择。输出形式有脉冲宽度调制和状态输出两种。脉冲宽度调制是对控制回路数据点输出值进行调制，使之输出一个脉冲宽度随控制回路输出值变化的脉冲信号。状态输出就是一般的 ON，OFF 状态。它可受数字复合数据点、逻辑点和组态了位置比例运算的常规控制点的驱动。

⑥ 脉冲序列输入处理功能。脉冲序列输入处理器接收透平、涡街、椭圆齿轮流量计等仪表的频率信号，频率范围为 0～20kHz。PI 处理器可进行工程单位的转换，报警检查，数字滤波和数据有效性检查等处理。

（2）控制功能。过程管理器的连续控制、逻辑控制和顺序控制等功能是由控制处理器中的软件功能模块实现的，这些软件功能模块称为数据点。过程管理器共有八种类型的数据点，即常规 PV 点、常规控制点、数字复合点、逻辑点、过程模件点、数值点、状态标志点、定时器点。常规 PV 点和常规控制点用于实现连续控制，数字复合点和逻辑点用于实现逻辑控制，过程模件点用于实现顺序控制。数值点、状态标志点、定时器点是 PM 的内部数据点。

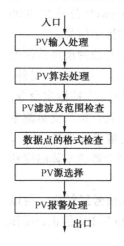

入口
PV输入处理
PV算法处理
PV滤波及范围检查
数据点的格式检查
PV源选择
PV报警处理
出口

图 3.7　常规 PV 点
的功能框图

① 常规 PV 点（Regulatory PV，Reg PV）。常规 PV 点是对模拟输入信号进行多功能运算的数据点，与模拟量输入处理器（AI）相比，增加了一个算法处理功能，其处理顺序如图 3.7 所示。常规 PV 点算法处理有数据采集，流量补偿，三者取中值，高低选和取均值，求和，具有超前滞后补偿的可变纯滞后，累积，通用线性化，计算等九种。

数据采集（Data Acquisition，DATAACQ）用来采集 PV 处理过程中的中间结果，供其他数据点和算法使用，如可采集到经过 PV 算法处理后的 PV 值，PV 滤波处理后的 PV 值或 PV 源选择之后的 PV 值。流量补偿（Flow Compensation，FLOWCOMP）用于对理想液体、理想气体、水蒸气和采用容积法测得的气体流量进行流量补偿。三者取中值（Middle of Three Selector，MIDOF3）是在三个输入信号中取中位值进行输出。当两个信号输入时，可按算法的不同输出高值、低值或平均值。高低选和取均值（High Selector，Low Selector，Average，HILOAVG）是在 6 个输入信号中，选择最高值、最低值或取平均值。求和（SUMMER）是对 6 个输入信号进行适当放大后再累加。具有超前滞后补偿的可变纯滞后（Variable Dead Time with Lead-Lag Compensation，VDTLDLG）用于前馈控制中的超前—滞后时间补偿。根据不同的参数设置，便可得到纯滞后、可变纯滞后、超前—滞后、带纯滞后的超前—滞后等四种不同类型的补偿算式。累积（Totalizer）用来进行一定时间范围内的 PV 值累加。通用线性化（General Linearization）可对非线性输入进行 12 段折线处理。计算（Calculator）是允许用户自编多达 40 个字符的计算程序，对 6 个输入值进行计算。它有 5 级套叠表达式，可产生 4 个中间运算值，供其他数据点和算法使用。

② 常规控制点（Regulatory Control，Reg Ctl）。常规控制点将来自模拟输入数据点或常规 PV 数据点的信号，按指令算法进行运算，并将计算结果通过模拟输出数据点送至现场控制阀。常规控制点有手动（MAN）、自动（AUTO）、串级（CAS）和后备串级（BCAS）等四种操作方式。控制算法包括 PID、带前馈的 PID、具有积分外反馈的 PID、位置比例、比值控制、斜坡和保持算法、自动/手动操作、增量加法器、切换开关、超驰选择器等十种。如图 3.8 所示是常规控制点的功能框图。

PID 算法提供了相互影响型和互不影响型两种形式的 PID 算式。相互影响型算式与气动仪表的 PID 算式相似，它的比例、积分、微分项是相互影响的。互不影响型 PID 算式与理想 PID 算式相似，它的比例、积分、微分项各自独立设置，互不影响。

带前馈的 PID（PID with Feedforword，PIDFF）算法是在 PID 算法中加入前馈控制信号，用于前馈—反馈控制系统，前馈信号取自常规 PV 点中超前—滞后环节的输出端，可组成相加型或相乘型前馈控制。

具有积分外反馈的 PID（PID with External Reset Feedback，PIDERFB）用于防止积分饱和。PID 算法采用来自外部的积分反馈信号，即积分的信号来自另一数据点或其他输出值。

位置比例（Position Proportional，PORSPROP）就是通常所说的时间比例算法，数字输出的脉宽与偏差信号成比例，用于驱动两位式或步进式执行机构。

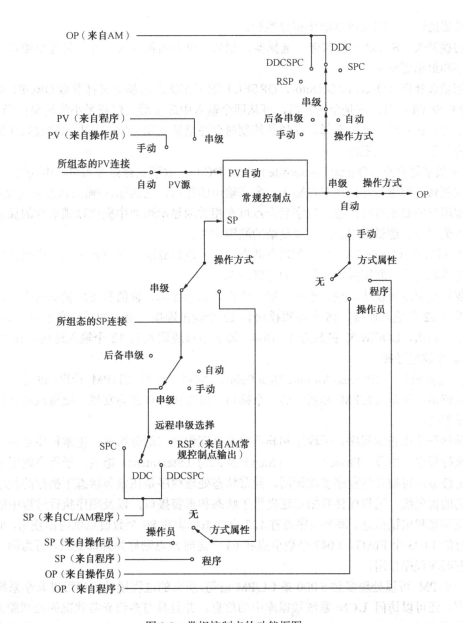

图 3.8 常规控制点的功能框图

比值控制（Ratio Control，RATIOCTL）算法常与 PID 算法配合，实现流量比值控制。

斜坡和保持（Ramp Soak，RAMPSOAK）算法常用于实现程序控制。它有 12 段"斜坡"和 12 段"保持"可供交替组合，常用于顺序升（降）温控系统和批量顺序控制系统。

自动/手动操作（Auto Manual，AUTOMAN）算法用来实现无扰动切换。在 PID 最终输出之前可加该切换开关，在"自动"或"串级"方式时，控制输出等于前一拍的输出加控制增量值；在"手动"方式时，控制输出由操作人员或用户程序给出。

增量加法器（Incremental Summer，INCRSUM）算法用于计算四个输入增量之和，每个输入先乘以比例因子，再相加，常用于多冲量控制。当几个前馈信号同时加到同一 PID 输出端时，需经增量加法器求得 PID 的最终输出。该输出被送往超驰选择器时，可构成超驰控制系统；在未被选择时，增量加法器的输出跟踪超驰选择器的输出，而 PID 的输出又跟踪增量加法器的输出，因此可以防止积分饱和。

切换开关（Switch）是四选一选择器，相当于单刀四掷开关。开关位置由操作人员、用户程序和组态逻辑确定。

超驰选择器（Override Selector，ORSEL）的工作状态由超驰选择参数 OROPT 确定。当 OROPT 为 OFF 时，它是个选择器，可从四个输入中选出最大值或最小值输出；当 OROPT 为 ON 时，它才进行超驰选择。在超驰控制时要注意防止积分饱和，即在超驰高（低）选时注意进行下（上）限限幅。

③ 数字复合点（Digital Composite Point，DC）。数字复合点是为泵、电动机、电磁阀、电动控制阀等间歇装置提供多点输入、多点输出的接口，它的输入/输出状态是完全独立的，可以按用户的要求进行组态。数字复合点可在相关的显示画面中提供联锁条件的显示，还可与其他数字点、逻辑点组合，实现复杂的联锁逻辑。

④ 逻辑点（Logic Point）。逻辑点共有 26 种逻辑算法，它与数字复合点组合使用，可以实现逻辑运算、联锁报警及复杂的逻辑功能。

逻辑点由逻辑模块、输入连接、输出连接、状态标志、数值及用户说明构成。逻辑点最多可以有 12 个输入连接、16 个逻辑模块和 12 个输出连接。每点的具体容量由 LOGMIX 参数确定。例如，LOGMIX 参数为 12-16-4，即表示该逻辑点有 12 个输入连接、16 个逻辑模块和 4 个输出连接。

⑤ 过程模件点（Process Module Data Point）。它用于运行 CL/PM 程序，既是 CL/PM 程序的驻留地，又是 CL/PM 和系统的一个接口。过程模件点是为常规、批量或混合控制的应用而设置的。

顺序程序由正常程序、子程序和异常状态处理程序三部分组成。正常程序是在正常条件下的执行程序，由段（Phase）、步（Step）及语句（Statement）组成。子程序则用于执行某一特定任务，可被其他程序多次调用。异常状态处理程序是在紧急状态下执行的程序，它具有最高的优先级。过程模件数据点还提供了状态和报警接口，以及顺序执行过程中的各种状态改变信息和出错信息。每个程序点有 127 个状态标志和 80 个数值点供内部使用，而 PM 本身拥有的 1 023 个 FIAG、2 047 个数值点和 64 个定时器点则称为外部变量，可为同一 PM 内的所有顺序程序使用。

一个 PM 可以处理多达 5 000 条 CL/PM 语句。所有的过程模件程序可以共享系统的公共数据库，还可以访问 UCN 系统数据库中的信息，并且具有多级异常状况的处理能力。

⑥ 数值点（Numeric Point）。数值点是 PM 的内部数据点，用来存储一些批量或配方的数据或计算中间结果，每个 PM 有 2 047 个数值点。数值点不需要位号名，可用! BOX-nn（i）或$N-MxxNyy.nn（i）表示。数值数据点只能被组态为半点，只有被操作员或一个顺序程序访问时，其参数值才会变化。

⑦ 状态标志点（Flag Point）。状态标志点是 PM 的内部数据点，用来反映过程的状况，在过程中并不处理，也不占据 PU（处理单元）和 MU（内存单元），只是在被程序或操作员操作时才改变状态。每个 PM 可有 1 023 个 FLAG，其中 FLAG（1）～FLAG（128）具有报警功能。FLAG 有三种表示形式，第一种是位号。第二种是"! UCN 节点号·FLAG 序号"，如"! 06·FL（270）"，代表 06 号 PM 的第 270 个 FLAG。第三种是"$NIM 的 LCN 节点号·UCN 节点号·FLAG 序号"，例如"$NIM01·N06·FL（350）"，表示 LCN 上 1 号节点 NIM 所连 UCN 上的 06 号 PM 第 350 个 FLAG 。

⑧ 定时器点（Timer Point）。定时器点是 PM 的内部数据点，是用来计时的数据点，供操作员或顺序程序进行定时操作时使用。定时器以系统时钟为计时基准。每个 PM 中有 64 个定时器点，同一 LCN 上的任一 PM 均可访问这些点。要使用某定时器点，操作员或程序应将一个预定的计时时间装入 SP（最大设定范围是 32 000min 或 32 000s），将参数 COMMAND 置于 START，定时器便开始工作，定时器点的工作状态由 COMMAND 控制。

（3）报警功能。PM 具有完备的报警功能和丰富的报警操作参数，使操作员能得到及时、准确又简洁的报警信息，从而保证安全操作。

PM 中的报警参数组态，包括报警类型、报警限值和报警优先级，见表 3.1。设置这些参数主要是为了使操作员能从众多的报警信息中分出轻重缓急，便于报警信号的管理和操作。

表 3.1　报警组态参数

分　类	内　容
报警类型	绝对值报警（PV）、偏差报警（DEV）、速率报警（RO）
报警限值参数（TP）	上限（HI）、上上限（HH）、下限（LO）、下下限（LL）
报警优先级控制参数（PR）	报警优先级参数、报警链中断参数、最高报警选择参数

报警优先级控制参数表示报警限值参数的优先级别，因此它是与报警限值参数相对应的。例如，PV 上限报警参数"PVHITP"，它的报警优先级控制参数就是"PVHIPR"。报警优先级的划分见表 3.2。送往操作站的报警信号，可选择三种不同的驱动触点，使系统以不同的声响和灯光报警。

表 3.2　报警优先级的划分

序号	优先级名称	报警信号显示区域
1	危险级 EMERGENCY	在所有的报警总貌画面中显示
2	高级 HIGH	在区域报警画面和单元报警画面中显示
3	低级 LOW	只在单元报警画面中显示
4	报表级 JOURNAL	只在报表中记录，不送操作站
5	不需要报警级 NOACTION	不显示

与报警参数相对应的还有许多报警状态标志参数，如 PVLOFL，PVHHFL 等。这些状态参数指示数据点处在何种报警状态，对软件设计非常有用，它可用于逻辑点、顺序程序或紧急联锁。

报警链中断参数（Contact Cut Out，CONTCUT）用于给出主要报警源。由于某一关键变量的报警，而引发出一系列报警时，CONTCUT 参数能及时切断一系列次要的报警信号，为操作员提供正确的关键报警信息，从而使操作员作出正确的处理。例如，某反应器由于进料流量的报警，引发了液面、温度、压力等一系列的报警。如果全部报警，必然使操作员眼花缭乱。现在有了 CONTCUT 参数，可以把继发的一系列报警都切断，只给出流量报警信号，十分简洁明了。而且，被切断的液面、温度、压力等报警信息，仍可在报警日志中记录和显示。

最高报警选择参数 HIGHAL（Highest Alarm Detected）在某一个数据点的几个报警参数同时处于报警状态时，会确定最危险的那一个报警参数，在报警画面中显示。这种情况常见于同时组态了 PV 值报警、PV 变化率报警、BADPV（PV 坏值）报警的场合。

3.4.2 先进过程管理站

先进过程管理站（Advanced Process Manager，APM）具有与 PM 相似的结构形式，但在 I/O 接口、控制功能、内存容量和 CL 语言等方面，都较 PM 有很大改进，使过程数据采集和控制更加灵活方便。

1. 先进过程管理站的构成

先进过程管理站由先进过程管理模件（APMM）和输入/输出子系统（I/O SUBSYSTEM）两部分组成。先进过程管理模件由先进通信处理器和调制解调器、先进 I/O 链路接口处理器及先进控制处理器三部分组成，它们分别用以实现通信处理、I/O 子系统接口处理和控制处理的功能。所采用的微机，除了接口处理器采用 80C31 外，其余均为 M68000。I/O 子系统由冗余的 I/O 链和最多 40 个 I/O 处理器组成。APM 提供了 11 种 I/O 处理器，其中八种与 PM 相同，三种是新扩展的。新增的 I/O 处理器分别是数字输入事件顺序（DISOE）、串行设备接口（SDI）和串行接口（SI）处理器。数字输入事件顺序处理器可提供高分辨率的事件顺序监视，串行设备接口处理器可直接与现场的串行通信设备相连，串行接口处理器提供与MODBUS 子系统的通信接口。APM 机柜如图 3.9 所示。

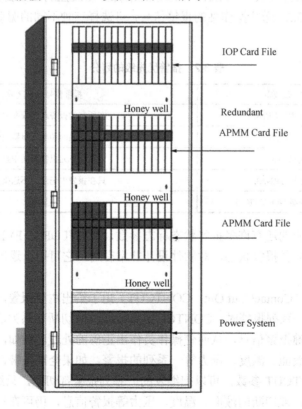

图 3.9　APM 机柜

2．先进过程管理站的功能

先进过程管理站的功能和过程管理站相似，主要表现在输入/输出处理功能、控制功能和报警功能等三个方面。与 PM 相比，APM 的控制功能增加了设备控制点、数组点、数字输入事件顺序处理等数据点。

（1）输入/输出处理功能。APM 的输入/输出处理功能大部分与 PM 相同，这里主要介绍三个新增加的数据点功能。

① 数字输入事件顺序（Digital Input Sequence of Events，DISOE）。这是一个专用的数字输入处理器，它提供了按钮和状态输入（最短时间为 40ms），状态输入时间死区报警，输入的正/反作用，PV 源选择，状态输入的状态报警，事件顺序监视（分辨率为 1ms）等功能。它和一般的数字输入处理器相比，少了积算功能，但对事件顺序的监视分辨率高于一般数字输入处理器分辨率（25ms）。

② 串行设备接口（Serial Device Interface，SDI）。SDI 提供采用 EIA-232 或 EIA-485 串行通信的现场设备与 APM 的接口，使这些设备的输出信号可直接进入 I/O 的数据库，参与 APM 的计算和控制。SDI 共有两个接口，每个接口 8 点。从现场设备采集的数据可在 US 上显示，用于高级控制、分析处理和报表制作。当然也可将 APM 的目标值写入现场设备。

③ 串行接口（Serial Interface，SI）。SI 提供与 MODBUS 子系统通信的接口，每个串行接口最多支持两个现场端子板（FTA），每个 FTA 有一个 MODBUS 的接口，最多有 16 个数组点。串行接口支持 MODBUS 的 RTU 协议，既可用 EIA-232，又可用 EIA-422/485 进行通信。利用 16 个数组点，SIFTA 最多可访问 8192 个标志量或 256 个实数，或 512 个整数及 1 024 个字符。数组点的值可在 US 上显示，也可作为高级控制策略的一部分。

（2）控制功能。APM 的控制功能是依靠各种数据点来完成的，APMM 共有 12 种数据点，包括常规 PV 点、常规控制点、复合数据点、逻辑点、过程模件点、数值点、状态标志点 16384、计时器点、设备管理点、数组点、时间变量点、字符串点。其中前八种数据点与 PM 基本相同，只是逻辑点的可选容量有所增加。本节重点介绍后四种数据点。

① 设备管理点（Device Control Point）。设备管理点是在同一位号下将数字复合点和逻辑点结合在一起，使操作者不仅能看到设备状态的变化，而且能看到引起联锁的原因，为离散设备的管理提供了极大的方便，这为泵、电动机、位式控制阀提供了强有力的操作界面。APM 设备管理点的最大容量为 160 点。

② 数组点（Array Point）。数组点是 APM 内部变量的逻辑组，可以用于存储计算变量或批量控制的配方数据，也可作为控制策略、本地数据采集和历史数据存储的数据源。每个 APM 最多可组态 256 个数组点，每个数组点容量是 1 023 个标志量、240 个数值量、240 个字符串变量、240 个时间变量。数组点的另一部分作为串行接口的通信数据。对于处理周期为 1s 的 APM，一次最多可访问 80 个串行输入数组点；对于 1/2s 周期的 APM，每次只能访问 40 个数组点，依次类推。

③ 时间变量点（Timer Point）。时间变量点允许 CL 程序访问时间和日期信息，用来进行时间和日期的加减运算，时间变量点也允许按日期、时间执行 CL 程序。如果让逻辑算法访问日期和时间信息，还可构成控制计划进度表。APM 的时间变量点最多可达 4 096 个。

④ 字符串点（String Point）。字符串变量的加入，提高了 CL 程序的灵活性，字符串变量有 8，16，32，64 个字符的不同选择，都可由 APM 的 CL 语言修改。

3.4.3　高性能过程管理站

高性能过程管理站（High-performance Process Manager，HPM）是 Honeywell 公司先进的一体化解决方案（TPS）系统的控制平台，它的功能完善，鲁棒性、安全性、通用性均能满足过程控制的要求。HPM 结构形式与 APM 相似，但在 I/O 接口、控制功能、内存容量和 CL 语言等方面都较 APM 有更大改进，功能更强。它改进了电子部件和软件设计，采用全新、结构紧凑的通用控制网络接口，点处理能力提高了 5 倍，增加了许多新的控制算法，CL 语言有许多改进；增加了对 PV 的扫描，改进了输入/输出链路的性能，具有更大的用户内存；具有输入/输出仿真能力，可以选择 7 槽或 15 槽卡件箱，数据点分配表可以在线灵活修改。

1. 高性能过程管理站的构成

高性能过程管理站由高性能过程管理模件（HPMM）和输入/输出子系统（I/O SUBSYSTEM）两部分组成。高性能过程管理模件由通信处理器、I/O 链路接口处理器和控制处理器三部分组成。其结构框图如图 3.10 所示。HPM 采用两个 68040 处理器作为通信处理器和控制处理器，用 80C32 作为 I/O 链路处理器。

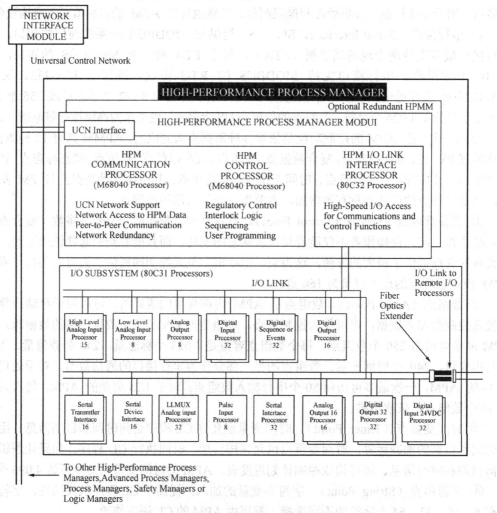

图 3.10　高性能过程管理站结构框图

HPM 通信处理器具有很强的网络通信能力，实现诸如网络数据存储、对等通信的功能，同时对现场过程控制器产生的报警信息进行精确的时间标记。HPM 控制处理器完成常规控制、逻辑控制、顺序控制的功能，同时为用户提供了编程工具，因为网络数据的通信和输入/输出分别由其他的处理器完成，所以控制器可以充分发挥它强大的功能，专门完成控制策略。

I/O 链路接口处理器是 HPMM 和 I/O 子系统的接口。I/O 子系统包括冗余的输入/输出链路和多达 40 对冗余的 I/O 处理器，这些 I/O 处理器完成所有的现场 I/O 信号的数据采集和控制功能。

控制功能都是在 HPMM 内完成的，数据采集和信号调制功能均在 I/O 处理器卡完成。为了增加控制的安全性，模拟输入/输出卡、开关量输入/输出卡也可以选择冗余配置。

2. 高性能过程管理站的功能

高性能过程管理站的功能和先进过程管理站相似，主要表现在输入/输出处理功能、控制功能和报警功能等三个方面。

HPM 的 I/O 子系统中 I/O 处理器的类型与 APM 相类似，其中八种与 PM 相同，三种是新扩展的，分别是数字输入事件顺序（DISOE）、串行设备接口（SDI）和串行接口（SI）。数字输入事件顺序处理器可提供高分辨率的事件顺序监视，串行设备接口处理器可直接与现场的串行通信设备相连，串行接口提供与 MODBUS 子系统通信的接口。但是它的输出通道有所增加，模拟量输出有 8 通道和 16 通道两种，数字量输出也有 16 点和 32 点两种可供选用。HPM 最多可处理 800 个处理单元。

HPM 的 HPMM 提供了大量的控制功能模块，用户可以对这些功能模块任意组合，满足各种过程自动化的需要。I/O 扫描、常规控制、逻辑控制，以至更先进的控制功能，均可在 HPM 中实现。控制功能包括复杂的常规控制方案、联锁逻辑功能和面向过程的高级控制语言（CL/HPM）。CL/HPM 是 Honeywell 在过程管理站（HPM）上运行的控制语言的改进版，它采用顺序结构的方式，适合于批量或综合应用的需要。这种控制语言最关键的特点是与本地 HPM 的所有数据点共享数据，并且与 UCN 上的其他设备共享数据。

从概念上说，HPMM 的功能可以分成不同类型的功能槽（Slot）。每个功能槽都是用户可组态的 HPMM 处理能力和内存的体现，用户可对每个功能槽分配一个位号。

在 TPS 中，一个带位号的功能槽叫做一个数据点，点细目画面、操作组画面和用户流程图画面均可以显示数据点的结构。

所有的输入/输出信号都在 I/O 卡上被转化为工程量，送到 HPMM 进行数据通信和作为控制功能模块的输入。HPM 的功能结构如图 3.11 所示。

高性能过程管理站的控制功能大部分与 APM 相类似，其常规控制点算法比 APM 增加了三种，分别是乘法器/除法器、带位置比例的 PID 和常规控制求和器。这里主要介绍这三种新增加的常规控制点算法功能。

（1）乘法器/除法器（Multiply Divide，MULDIV）。乘法器/除法器常被用于串级和超驰控制系统中，它有三个输入信号，每个输入信号都先进行比例加偏置运算，然后再从五个乘除运算方程中选择一个进行运算，对计算结果也可选择进行比例加偏置运算后再输出。

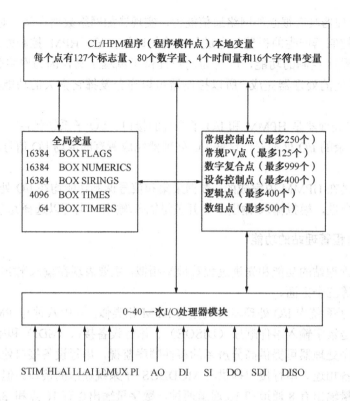

图 3.11　HPM 的功能结构图

（2）带位置比例的 PID（PID Position Proportional Controller，PIDPOSPR）。带位置比例的 PID 算法用于串级控制系统。它是 PID 和 POSPROP 的组合。其中，主控制器采用 PID 算法，而副控制器则采用位置比例算法，也就是说它的执行机构也必须是两位式的。

（3）常规控制求和器（RegCtl Summer）。常规控制求和器用于求四个输入信号的和。求和之前，每个信号可进行一次比例加偏置运算，对最后的结果还可进行一次比例加偏置的运算。当只有一个输入信号时，只对最后结果进行比例加偏置的运算。

HPM 还有其他一些控制功能，包括写保护功能、报警系统功能和安全功能等。

① 写保护功能。HPM 具有写保护的功能，给用户的应用软件增加安全措施。当这个功能被激活时，HPM 的任何数据库都不能被操作员、工程师组态，对等通信的写功能和 LCN 的写功能所改变。

② 报警系统功能。HPM 支持 TDC-3000 丰富的报警功能。当报警发生时，在操作员站的操作员键盘 LED 上就可观察到报警的发生，或者在显示画面上可以看到这些报警信息，报警还可以输出到与操作员站接点连接的报警器。报警按照区域和单元划分，操作员能收到自己负责的区域和单元的报警。对 HPM 的模拟信号和开关量信号均可组态几种类型的报警，每种类型的报警均可组态为不同的等级，使操作员获得不同的报警声响，做出不同的反应。

③ 安全功能。HPM 具有许多安全特点，能保证系统最大程度安全运行。HPM 总体结构有非常高的容错性，通信介质冗余，HPMM 和 I/O 卡件可选冗余，自诊断措施，随时诊断运行状况和故障，HPM 全部的电路板均可带电插拔，保证了系统安全性。

无论设计还是系统的总体结构，HPM 都具有极高的容错性。例如，元件数量的减少，从总体上提高了系统的可靠性和可用性；采用包括耐高温元件在内的 CMOS 技术和高密度的器件结构，关键的功能都由独立的电路完成；每个输出回路均有 D/A 转换器，采用并行供电，即使在电源调制器出现故障时，控制输出也能维持。

通信介质的冗余（如 I/O 链路和 UCN），HPMM 冗余可选，提供了 1∶1 的热备份，故障发生时可自动切换。HLAI，STI 和 AO 也可选择冗余，增强了关键控制回路的安全性。

因为在产品设计时就特别考虑了冗余选择，因此完全支持主模件到备份模件的自动切换，不需要用户编程；在线诊断功能确保主、副模件均正常运行；1∶1 的冗余最大限度发挥了系统的可靠性，而且简化了系统的电缆连接和组态；系统电源冗余，确保电源系统的可靠性。

HPM 采用了大量的自诊断功能，随时诊断运行状况和任何故障。故障又分为硬故障和软故障。HPM 的状态不但在面板上有 LED 显示，而且在 GUS 上的标准状态显示画面中也可以看到。

HPM 的任何电路板均可带电插拔，大大方便维修。更换 AO 或 DO 时，手操器可维持输出。总而言之，HPM 具有极其优良的安全性能和可靠的控制性能。

3.4.4　逻辑管理站

逻辑管理站（Logic Manager，LM）是具有快速逻辑控制功能的现场控制装置，主要用于顺序控制和紧急联锁。

1. 逻辑管理站的构成

逻辑管理站由逻辑管理模件（LMM）、控制处理器、I/O 链路处理器及 I/O 模件等组成，结构如图 3.12 所示。LM 中的处理器、控制模件、通信电缆、I/O 模件等可采用冗余结构。

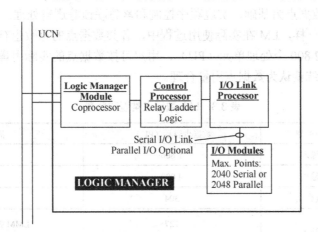

图 3.12　逻辑管理站结构框图

（1）逻辑管理模件（Logic Manager Module，LMM）。逻辑管理模件用于管理 UCN 接口，支持 UCN 对 LM 的数据访问，实现各种通信。LM 的梯形逻辑程序可由程序装载器、操作终端、操作管理站或 PC 加载到 LM 中，也可保存在历史模件 HM 中，通过 UCN 下装。LM 也采用冗余的结构，但它只支持串行 I/O 子系统。

（2）控制处理器。控制处理器的作用是执行梯形逻辑运算，连续快速地采集过程数据，存储 I/O 数据，基本扫描周期 50ms。它包括内存模件（MM）、寄存器模件（RM）、处理器模件（PM）、系统控制模件（SCM）和 I/O 控制模件（IOCM）等。

内存模件是存放梯形逻辑程序的存储器，存储容量为 24KB，可扩展到 32KB，这是 LM 中唯一的存储器。寄存器模件是逻辑控制器的 I/O 数据表。LM 和 LMM 之间的数据通信都是通过该数据表完成的。处理器模件执行存储于 MM 中的控制程序，并进行数学运算和数据传送。系统控制模件是处理器模件的扩充功能模块，协调处理各功能模件的工作。I/O 控制模件协调逻辑管理模件与系统之间的数据通信，可控制 2 048 个 I/O 点。

（3）I/O 链路处理器及 I/O 模件。I/O 链路处理器及 I/O 模件用于对串行或并行的数据进行处理。I/O 链路处理器是控制处理器和 I/O 子系统的接口，用于采集并行/串行 I/O 子系统的数据，输出控制信号。I/O 模件用于处理来自现场的数据，并将控制信号送到现场。处理器和远程 I/O 之间的接口分别是串行连接模块（SLM）和并行连接驱动模块（PLDM）。每个 LM 至少有一个 SLM 模块，串行通信符合 EIA-422 通信协议，通信波特率是 115.2KBps。最大的传输距离为 300m。PLDM 可通过多位开关，控制处理器模块的状态。不论逻辑管理器选用串行或并行方式，PLDM 都会在 I/O 系统的管理上起作用。因此，无论采用串行或并行通信方式，都必须选用 PLDM 模块。

2．逻辑管理站的功能

逻辑管理站（LM）的功能特性主要表现为快速地执行逻辑程序，大范围的数字量、布尔代数和联锁逻辑处理；简单的梯形逻辑编程方法，可与 UCN，PISN 中的各单元模件进行通信。逻辑管理站提供了在 UCN 网络上高速逻辑控制功能，在 UCN 上 LM 与 HPM，APM 可以实现一对一对等通信，共享 UCN 网络数据；支持通过 LCN 上的 AM 或上位计算机进行的高级控制策略，数据存储在 HM 内。

逻辑管理站以数据点为基础，实现顺序控制和紧急联锁等逻辑处理。数据点的类型和容量见表 3.3。同 PM 一样，LM 在实际使用过程中，各类数据点的总数也有一定的容量限制，一个 LM 最多可有 2 800 个处理单元（PU），用户可按数据点的实际用量计算出 PU 总数，只要小于 2 800，系统就认为数据点用量合理。

表 3.3 LM 数据点类型和容量

序号	数据点类型	数据点容量（PU）	备　　注
1	数字输入	1 866	
2	数字输出	4 000	
3	数字复合点	304	
4	模拟输入	127	LMM 扫描周期为 1s
		254	MM 扫描周期为 0.5s
5	模拟输出	482	LMM 扫描周期为 1s
		965	MM 扫描周期为 0.5s
6	链接	14	
7	状态标志	1 024	
8	数值点	1 024	
9	时间点	700	

表 3.3 中的九类数据点的功能和处理过程与 PM 类似，与 PM 不同的是，LM 的数据点要同寄存器模块（RM）中数据库的 I/O 点建立起对应关系。这是通过 LM 数据点组态表中的 PCADDRESS 参数来实现的，用户只要在 PCADDRESS 栏内填写数据点在 RM 中的地址，就建立起两者的对应关系。

LM 与应用模件（AM）和计算机通信，利用 AM 具备的复杂计算功能、标准算法和专用软件，可实现先进的控制策略。LM 数据库梯形逻辑程序可以保存在历史模件（HM）中，能够通过 HM 恢复 LM 的数据库。

3.4.5　故障安全控制器

故障安全控制器（Fail Safe Control Safety Manager，FSC）是一种具有高级自诊断功能的生产过程保护系统。它采用微处理器构成的容错安全停车系统，极大地保护了设备和人身的安全。FSC 是根据德国 DIN/VDE 安全标准专门研制的系统，它既得到 TUV 的 AK1～AK6 的应用认证，也得到了美国新制定的 UL—1998 安全标准的认证。

1．故障安全控制器的构成

故障安全控制器由 FSC 安全管理模块（FSC-SMM）和 FSC 控制器两大部分组成。FSC 控制器由控制处理器、I/O 模块、通信模块和电源模块等部件组成，为便于操作，FSC 控制处理器还可与 FSC 用户操作站相连，结构如图 3.13 所示。这些模块都安装在带有导轨的机箱中。I/O 模块安装在 I/O 机箱，而 FSC-SMM、控制处理器、通信模块和电源模块等安装在主机箱中，两者之间通过垂直总线（V-Bus）相连。主控制机箱内部是通过系统总线相连的，为此在主控制机箱内还装有垂直总线驱动器（VBD）。一个 VBD 可驱动十个 I/O 机箱，每个 I/O 机箱内部由水平总线驱动器（HBD）控制。

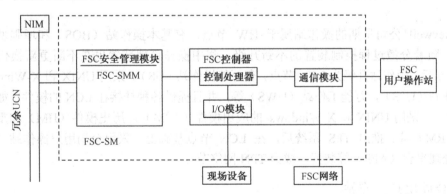

图 3.13　故障安全控制器结构图

FSC 是 UCN 的节点，它可与 UCN 上的 PM 系列管理器（PM，APM，HPM）、逻辑管理器（LM）通信，也可经网络接口模块（NIM）与 LCN 上的历史模件（HM）和应用模件（AM）进行程序的存取。

2．故障安全控制器的功能

FSC 主要用于生产过程的联锁控制、停车控制和装置的整体安全控制，具体的应用场合如火焰和气体检测控制；锅炉安全控制；燃气轮机、透平机、压缩机的机组控制；化学反应器控制；电站、核电站控制等。

（1）安全管理模块（Safety Manager Module，SMM）。安全管理模块允许 FSC 系统通过串行通信链路与 UCN 设备进行点对点通信，或经 NIM 与 PIN 上的模件进行通信。每个 FSC 可容纳 4 个通信模块、8 条通信链路，具体执行数据交换、采集，处理来自 FSC 的信息，采集和处理来自 UCN 的信息等三方面的任务。

数据交换是指在 SMM 数据库和 FSC 控制处理器的数据库之间交换数据。SMM 采集和处理来自 FSC 的信息，转换成 TPS 的数据类型，进行工程单位转换，报警处理和报告，诊断状态报告，点对点通信和其他 UCN 功能。SMM 采集和处理来自 UCN 的信息，并转换成适当的形式，传送到 FSC。

（2）控制处理器。控制处理器执行逻辑图组态的控制程序，并将执行结果传输到输出接口。控制处理器对 FSC 硬件做连续测试，一旦发现故障，诊断信息立即通过 SMM 在 US 上报告。它可确保过程的安全控制、系统扩展的控制及过程设备的诊断。

（3）I/O 模块。I/O 模块是连接各种规格数字量和模拟量的接口模块，所有的 I/O 模块与现场信号之间都采用光隔离。故障安全 I/O 模块，支持 FSC 系统的自诊断功能，用于安全监测和控制。当系统监测到硬件或现场设备发生故障时，自动地将系统输出设置为安全状态。

（4）通信模块。FSC 的通信模块包括 FSC 网络的通信模块和 FSC 用户操作站通信模块两部分。通过 FSC 网络的通信模块可与其他的 FSC 系统进行通信。FSC 用户操作站通信模块，允许用户在操作站上对 FSC 的参数及其属性进行组态，用功能逻辑图进行应用程序的设计，控制程序的下载，进行系统状态的监视、维护和测试。

3.5 TPS 系统的集中操作管理装置

Honeywell 公司早期的操作站属于 HW 节点，有基本操作站（BOS）和增强型操作站（EOS）。随着分散过程控制装置的不断升级，集中操作管理装置也在不断更新换代。推出 TDC-3000 后，操作站升级为 LCN 节点，有万能操作站（US），采用 UNIX 和 X-Windows 的万能操作站（U^{X}S），万能工作站（UWS）等，并且提供各种挂接在 LCN 的模件，如应用模件（AM），采用 UNIX 和 X-Windows 的应用模件（A^{X}M），历史模件（HM）和重建归档模件（ARM）等。推出 TPS 系统后，在 LCN 节点基础上，采用全局用户操作站（GUS）和应用处理平台（APP）等装置，成为 TPN 网络节点。

3.5.1 全局用户操作站

1. 全局用户操作站的构成

全局用户操作站（GUS）通过 LCNP 或者 LCNP4 接口与 TPN（LCN）网络连接，通过 Ethernet 10/100 Base T 与 PIN 网络连接。GUS 以 Intel Pentium Pro 母板为基础，外设电子组件以 PCI 总线或 ISA 扩展总线为基础。所有存储物质和可移动介质设备(除了软驱)遵从 SCSI 格式，GUS 提供了多种外设升级的选择。GUS 有两个处理器的高性能操作站（Pentium IV 处理器，主频 24GHz，内存 512MB，硬盘 40GB，带 48XCD ROM 及 32 位的 Motorola 处理器），21 in，1 280×1 024 分辨率的 CRT（带触摸屏功能高分辨率彩色显示器），256 种颜色逼真的三维图形显示，标准的窗口操作方式，中文显示及语音、图像功能，支持多媒体，可插入实物相片做背景显示或设备显示，极快的屏幕响应，画面可拉大、缩小，多窗口及滚动操作，具有安全视窗功能。GUS 应用环境效果如图 3.14 所示。GUS 能满足操作人员、管理人员、系统工程师及维护人员的各种要求。

图 3.14　全局用户操作站应用环境

操作人员通过 GUS 对连续和非连续生产过程进行监视和控制，信号报警和报警打印，趋势打印和显示，日志和报表打印，流程图画面显示和系统状态显示等操作。

工程师通过 GUS 完成网络组态，建立过程数据库、流程图画面，编制自由报表和控制程序。

维护人员通过 GUS 完成系统硬件状态显示，进行系统故障诊断，出现故障时显示和打印需要的信息。

GUS 操作站功能齐全，内容丰富。操作站具有彩色动态流程画面、报警一览画面、整体观察画面、控制分组画面、调整画面、趋势画面、过程报告画面等。操作站具有汉字功能，可显示、打印报表，操作员可以在多窗口的彩色动态流程画面上进行过程的一切监视、控制等功能；配有薄膜键盘，只要用手一触就可以调出所需要的画面，真正实现显示丰富，操作方便，管理有序，记录准确的目标。

2．全局用户操作站的功能

全局用户操作站（GUS）继承了 US 的显示、操作、工程组态等全部功能，同时提供了先进的视窗式人机接口技术，通过窗口管理软件 Safe View，实现对显示环境的管理，使重要的画面不被其他画面覆盖，并可选定每屏的窗口数、窗口位置、窗口移动的限制等。

GUS 通过网卡直接与工厂信息网（PIN）相连，使它同时具有工厂信息网络的客户站的功能，操作员从一个显示屏幕上既可以监视生产过程，又可以及时地得到相关的生产管理数据和调度指导信息。

GUS 是真正的 32 位 Windows 标准设计，具有 Windows NT 操作环境的全部优点。它的网络功能包含于操作系统中，是真正的网络操作系统。它不仅允许内装的网络软件安装或卸载操作系统，而且也允许其他的网络软件安装或卸载操作系统，具有较好的互操作性。它提供方便的建立和运行客户/服务器模型下的分布式应用程序的机制，包括远程过程调用

（RPC）、多种应用程序接口（API）等。NT 的 I/O 系统的各种驱动程序，均可由动态链接库（DLL）在系统运行期间动态地安装或卸载，系统开放性好。

GUS 还具有清晰的三维画面、直观的显示、简便的操作；对象链接和嵌入（OLE）功能，使显示画面与应用软件直接连接；支持"拖曳"功能，能方便地重复调用现有图形和程序，生成新的显示图形，还具有国际化语言支持能力。

（1）工厂过程流程图显示画面。这是与工厂过程流程图直接相关的画面，如图 3.15 所示。通过这些画面，操作员可以监视连续和离散过程，控制过程变量，改变控制模式，调整程序的执行状态和执行方式，观察过程趋势，处理过程和程序报警。

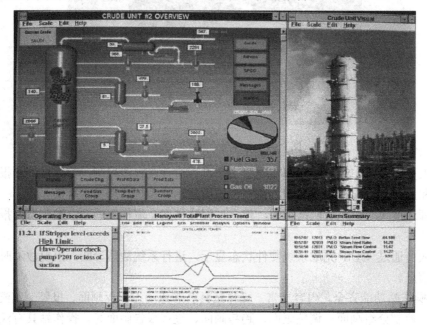

图 3.15　工厂过程流程图显示画面

（2）系统显示画面。这些画面提供 TPS 本身各个模件的运行状态和在线诊断信息。通过这些画面，操作员可以监视 PIN 各设备、UCN 上各个过程控制器的运行状态和在线诊断信息；重新分配操作站、区域、单元和外部设备之间的关系；存储基本数据（Checkpoint），以便必要时重新安装各设备；停止或重新启动 PIN 各节点和过程控制器，将数据库装载到 PIN 各节点和各个过程控制器，处理 TPS 系统报警。

（3）相关信息显示画面。这些过程和系统的相关画面允许操作员选择要监视和打印的报表和历史数据，对各个单元、LCN 模件和过程控制器进行点列表，对区域、单元、操作组和用户画面进行列表，依据点的参数特性进行列表，如列出所有被禁止报警的点。

（4）系统智能报警管理功能。在事故出现引起某一点及与之相关的一系列点的报警时，系统能自动识别事故报警点，而抑制其他由于联锁而引起的报警点。这样显示在操作员面前的是真正的事故点，能够帮助操作员迅速地采取正确操作，消除事故，这就是系统的智能报警功能。智能报警画面如图 3.16 所示。

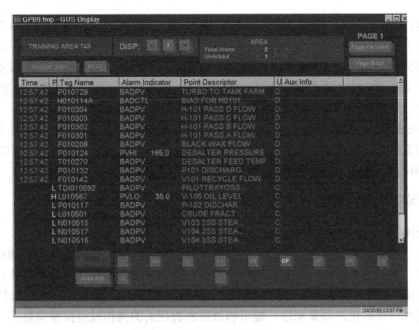

图 3.16　智能报警画面

只使用极少的操作屏，TPS 的操作员就可能很方便、安全地驾驭很复杂的工艺过程。使用 TPS 的智能报警管理功能，现场工程师就能够赋予操作员较大的权限，同时又具有较高安全性，减少可能存在的危险；操作步骤固定且可重复，这样可以提高装置的效率，降低维护费用；降低人为错误的机会，提高装置人员、设备及环境条件的安全性；缩短装置事故的恢复时间。

TPS 系统能提供一套显示、选择和控制逻辑功能，使操作员可以在大量的数据中找出异常现象的原因。

（5）全局性数据库（Global Database）。在与之竞争的所有集散控制系统中，Honeywell 的 TPS 是唯一具有分散数据库的系统。Honeywell 称之为全局性数据库。

对于用户来讲，系统看起来就像是一个建立在控制系统之上的单独的一个计算机，而实际上它由许多独立的微处理器组成，并且相互之间有高速的令牌传递网络相连。如果工程师要对数据库中的某参数进行修改，则系统中所有用到这一点的系统功能将很快地自动用新的值来代替。此外，当一个点被重新设定到不同的控制器或 I/O 模件时，不必对整个系统的显示、控制策略、应用程序、各种报告等大量参数进行修改。

系统组态可以在线进行，并且可在一个网络上的任一工程师站完成。系统是一个虚拟的系统，不允许定义重复点号。这一特点给管理这一系统的配置和操作带来许多方便。

由于使用全局性数据库，使其资源共享，不同的操作站（GUS）可以同时组态，相互认可，这对安全生产至关重要。操作站（GUS）的数据画面为数据叠盖的方式。因此，操作站（GUS）具有望远镜的功能，使 GUS 没有标签量、动态点及画面的限制，其容量是无限的。

对于系统的管理者来说，系统的备份也非常容易。历史模件（HM）自动地对系统的现场数据进行"Checkpoints"（默认为 4h），去备份系统数据库，从而使系统得以保留最新的现场数据。这样明显地避免了做许多数据库精确记录的需要。

（6）系统组态。多个操作站可同时组态，系统组态采用的是智能化的填表形式，表格根据选项逐级展开，避免不必要的选择，大大提高组态效率。组态数据可以直接下装到各数据拥有者中（Data Owner），比如 AM，HM，NIM，HPM，LM 等，也可以以文件形式存储在 HM 的硬盘上或 GUS 的硬盘上。可产生一个模板点，再利用模板建点法（Exception Build），建立大量的同类型点，大大节约组态时间。组态在线帮助信息，对任何一个选项都有详细的说明。组态命令页中的各项命令提供了丰富的功能，比如列表、查询、文件，可显示、打印、上装、下装、读/写，均可提高组态效率。

（7）Windows 2000 环境的特有功能。对象链接与嵌入技术（OLE），用户可方便地将图形、数据和文字等拼接在一起；支持汉字系统和多窗口显示，开放数据库链接（ODBC），保证了单一的应用程序访问多种数据库。

3. 全局用户操作站的基本操作

GUS 的键盘分为操作员键盘和工程师键盘。

操作员键盘是聚酯薄膜覆盖防溅型平面按压式键盘，如图 3.17 所示。当某键按下时，会有声响反馈，设计密封性好，防尘和防液体溢洒。操作员键盘的右半部分是系统已经定义好的功能键和辅助键，左半部分是可供用户组态定义的功能键。在用户组态定义的功能键上方，有一个黄色和一个红色液晶显示灯，提示和该控制键相关的操作过程报警信息。

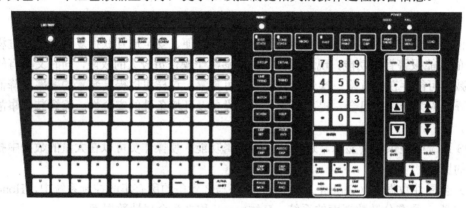

图 3.17　操作员键盘

工程师键盘大致分为标准的字母键、数字键、编辑键、功能键、属性键、功能切换键和重复功能键，如图 3.18 所示。

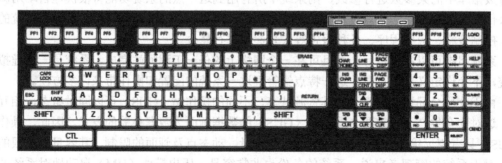

图 3.18　工程师键盘

操作台集成式键盘包括操作员控制盘、固定的鼠标球、全能操作键盘、软键功能区和键锁，如图 3.19 所示。

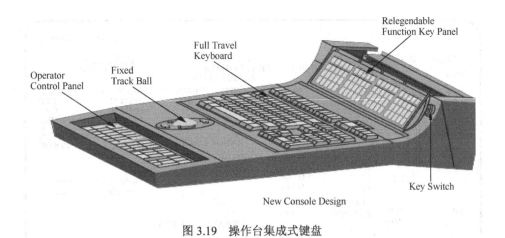

图 3.19　操作台集成式键盘

4．全局用户操作站的各种组态画面

全局用户操作站有多种组态画面，包括组细目显示画面、细目显示画面、流程图画面、含趋势子图的流程图画面、区域趋势画面、组趋势画面、小时平均值画面、区域报警摘要画面、报警信号器画面、DCS 系统状态画面、系统菜单画面、工程师主菜单画面、DCS 系统维护画面等。

①　组细目显示画面。组细目显示画面显示操作参数，操作员能够修改。该画面最多显示 8 点的信息，如图 3.20 所示。

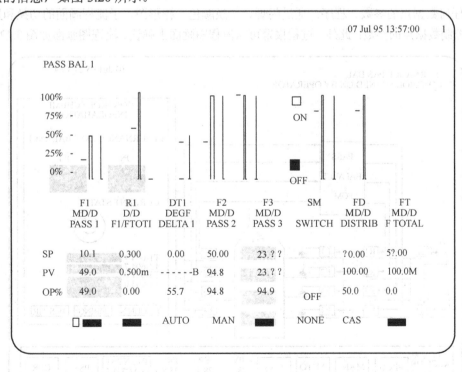

图 3.20　组细目显示画面

②　细目显示画面。同组细目显示画面相比，细目显示画面能够显示信号点或者过程模件更多的可用信息量。通常细目显示画面内包含几页的信息量，如图 3.21 所示。

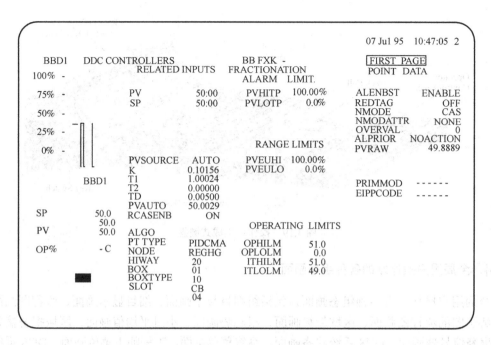

图 3.21　细目显示画面

③ 流程图画面。在 GUS 上组态流程图画面，使操作员能够直接利用这些画面监视和控制工艺过程。从流程图画面来管理连续或者间歇的工艺操作；通常在流程图画面上可以监视和控制到任何数据点的参数、程序；通过闪烁、变换颜色、棒形图、子流程画面的切换和数值等操作，控制数据点的参数；此外，过程报警可从流程图画面上确认。流程图画面如图 3.22 所示。

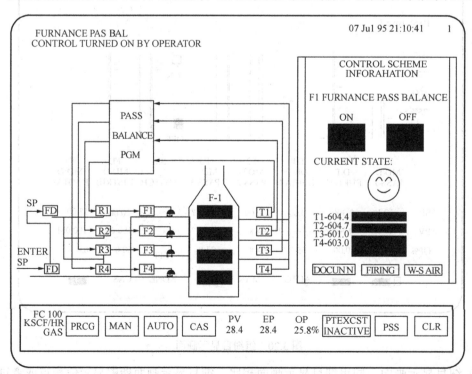

图 3.22　流程图画面

④ 含趋势子图的流程图画面。在现有的流程图画面内，能够插入子画面，实现重要变量的实时趋势显示，这是流程图画面的另一种便捷特性。通常这些画面包括趋势、工艺曲线、批量处理、配方、平均值、操作员信息、报警处理信息及效率运算等重要变量。这种特性使操作员不用切换到其他流程画面，就能够处理与其他工艺过程相关的参数。在图 3.22 中位于右侧的趋势子画面是添加上的，操作员可随时删除，如图 3.23 所示。

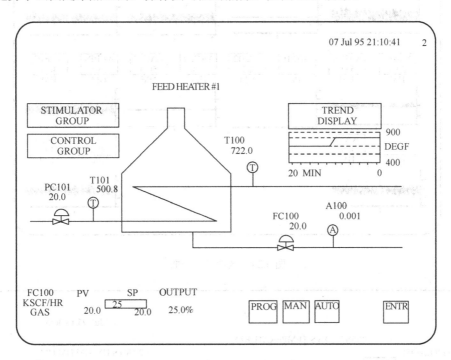

图 3.23   含趋势子图的流程图画面

⑤ 区域趋势画面。区域趋势和单元趋势画面显示过程变量（PV）的历史数据，最多有 24 个模拟量数据点。这些画面含 12 套坐标轴，每套坐标轴显示 1～2 个趋势笔。当一套坐标轴使用两个趋势笔时，趋势曲线用不同的颜色区分。时间基准可组态成 2h 或 8h，如图 3.24 所示。

⑥ 组趋势画面。当操作员从组画面上选择趋势功能时，组趋势画面取代了组画面的棒图部分。组趋势部分最初表示最多 8 个趋势组 PV 值的历史数据，然后从右侧空白处连续地更新 PV 变化。这些趋势画面显示 1～2 套坐标轴，每套坐标轴最多 4 个趋势笔，每个趋势笔采用不同的颜色。操作员对趋势图可操作、控制的内容包括 8 个时间段（在窗口的 X 轴上选择），用源指示自动选择数据源，手动源改变每个趋势笔的轨迹，通过时间窗口的前移或者后移，查找历史数据，变量（Y 轴）的范围可修改，如图 3.25 所示。

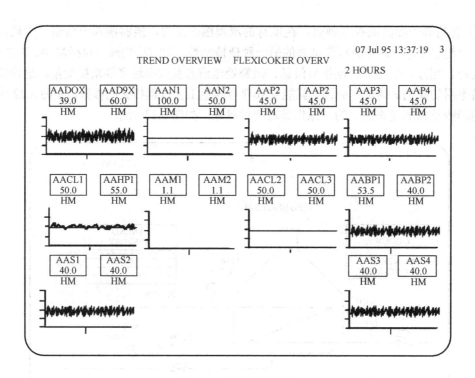

图 3.24　区域趋势画面

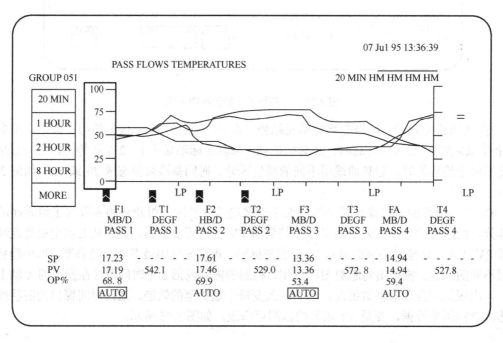

图 3.25　组趋势画面

⑦ 小时平均值画面。小时平均值画面类似于组趋势画面，可从组画面上调出。用 PV 平均值的列表形式，使小时平均值画面取代组画面上的棒图部分，显示组画面上每个数据点的最新 8h 的值，如图 3.26 所示。

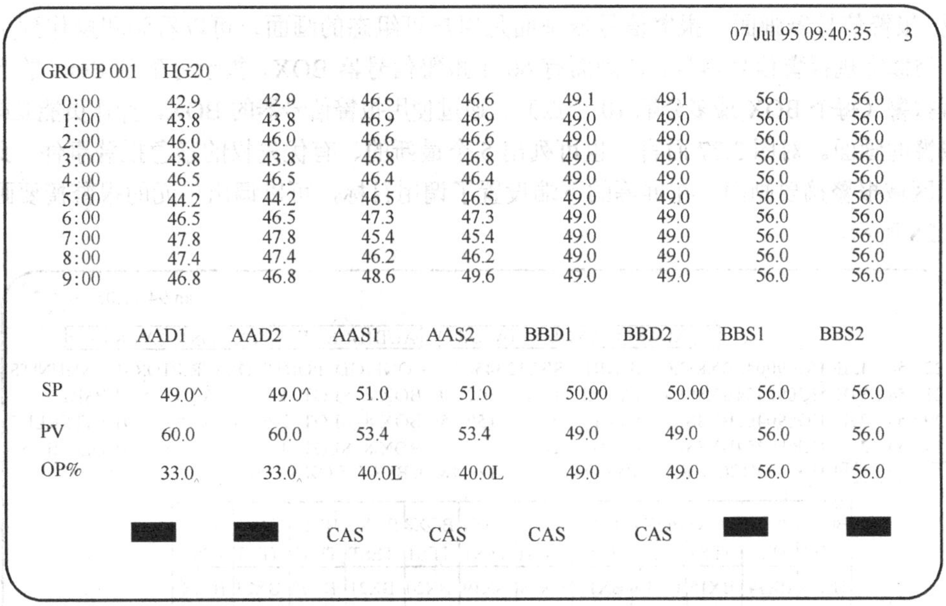

GROUP 001	HG20						
0:00	42.9	42.9	46.6	46.6	49.1	49.1	56.0	56.0
1:00	43.8	43.8	46.9	46.9	49.0	49.0	56.0	56.0
2:00	46.0	46.0	46.6	46.6	49.0	49.0	56.0	56.0
3:00	43.8	43.8	46.8	46.8	49.0	49.0	56.0	56.0
4:00	46.5	46.5	46.4	46.4	49.0	49.0	56.0	56.0
5:00	44.2	44.2	46.5	46.5	49.0	49.0	56.0	56.0
6:00	46.5	46.5	47.3	47.3	49.0	49.0	56.0	56.0
7:00	47.8	47.8	45.4	45.4	49.0	49.0	56.0	56.0
8:00	47.4	47.4	46.2	46.2	49.0	49.0	56.0	56.0
9:00	46.8	46.8	48.6	49.6	49.0	49.0	56.0	56.0

	AAD1	AAD2	AAS1	AAS2	BBD1	BBD2	BBS1	BBS2
SP	49.0^	49.0^	51.0	51.0	50.00	50.00	56.0	56.0
PV	60.0	60.0	53.4	53.4	49.0	49.0	56.0	56.0
OP%	33.0	33.0	40.0L	40.0L	49.0	49.0	56.0	56.0
	▬	▬	CAS	CAS	CAS	CAS	▬	▬

图 3.26　小时平均值画面

⑧ 区域报警摘要画面。区域报警摘要画面列出了在某区域 GUS 站（最多储存 600 条报警信息）上，检测到的最多 100 条最新的、有优先权的紧急事件和高优先权的报警事件。20 条这样的报警事件列为 1 页，可以总共列出 5 页的区域报警摘要画面。在区域报警摘要画面上包含可供选择的功能有报警优先权的过滤和排列、冻结、报警声音抑制和报警失效。此外，分配到 GUS 站的全部单元名都出现在屏幕的下端，可以单击调出单元的报警摘要画面，如图 3.27 所示。

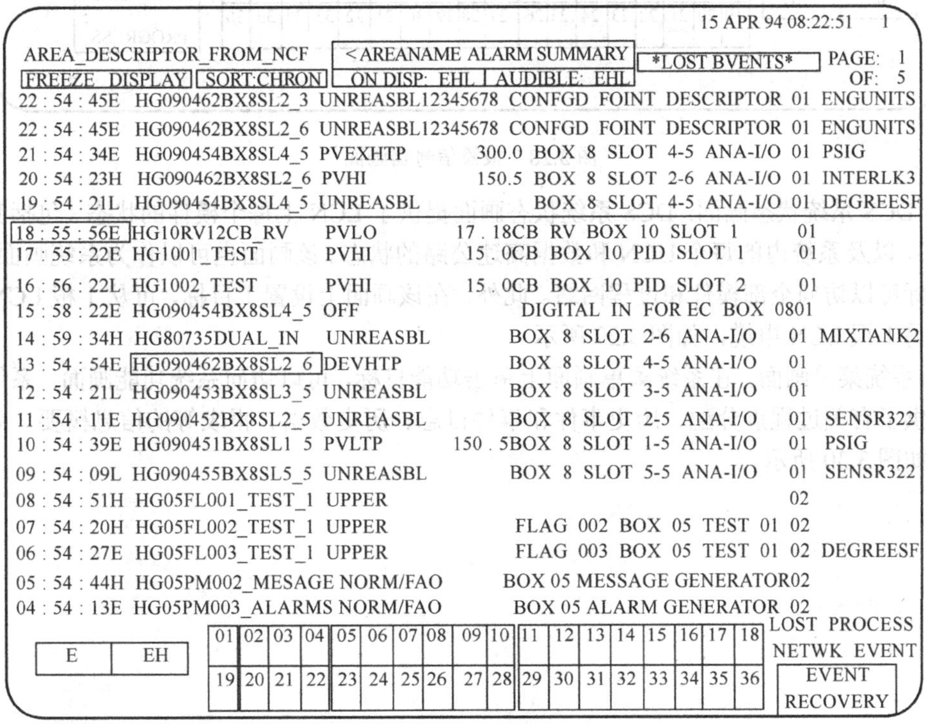

AREA_DESCRIPTOR_FROM_NCF		<AREANAME ALARM SUMMARY>	*LOST BVENTS*	PAGE: 1
FREEZE DISPLAY	SORT:CHRON	ON DISP: EHL ｜ AUDIBLE: EHL		OF: 5

```
22 : 54 : 45E  HG090462BX8SL2_3  UNREASBL12345678 CONFGD FOINT DESCRIPTOR 01 ENGUNITS
22 : 54 : 45E  HG090462BX8SL2_6  UNREASBL12345678 CONFGD FOINT DESCRIPTOR 01 ENGUNITS
21 : 54 : 34E  HG090454BX8SL4_5  PVEXHTP      300.0 BOX 8 SLOT 4-5 ANA-I/O 01 PSIG
20 : 54 : 23H  HG090462BX8SL2_6  PVHI         150.5 BOX 8 SLOT 2-6 ANA-I/O 01 INTERLK3
19 : 54 : 21L  HG090454BX8SL4_5  UNREASBL           BOX 8 SLOT 4-5 ANA-I/O 01 DEGREESF
18 : 55 : 56E  HG10RV12CB_RV     PVLO         17.18CB RV BOX 10 SLOT 1       01
17 : 55 : 22E  HG1001_TEST       PVHI         15.0CB BOX 10 PID SLOT 1       01
16 : 56 : 22L  HG1002_TEST       PVHI         15.0CB BOX 10 PID SLOT 2       01
15 : 58 : 22E  HG090454BX8SL4_5  OFF                DIGITAL IN FOR EC BOX 0801
14 : 59 : 34H  HG80735DUAL_IN    UNREASBL           BOX 8 SLOT 2-6 ANA-I/O 01 MIXTANK2
13 : 54 : 54E  HG090462BX8SL2_6  DEVHTP             BOX 8 SLOT 4-5 ANA-I/O 01
12 : 54 : 21L  HG090453BX8SL3_5  UNREASBL           BOX 8 SLOT 3-5 ANA-I/O 01
11 : 54 : 11E  HG090452BX8SL2_5  UNREASBL           BOX 8 SLOT 2-5 ANA-I/O 01 SENSR322
10 : 54 : 39E  HG090451BX8SL1_5  PVLTP        150.5BOX 8 SLOT 1-5 ANA-I/O 01 PSIG
09 : 54 : 09L  HG090455BX8SL5_5  UNREASBL           BOX 8 SLOT 5-5 ANA-I/O 01 SENSR322
08 : 54 : 51H  HG05FL001_TEST_1  UPPER                                      02
07 : 54 : 20H  HG05FL002_TEST_1  UPPER              FLAG 002 BOX 05 TEST 01 02
06 : 54 : 27E  HG05FL003_TEST_1  UPPER              FLAG 003 BOX 05 TEST 01 02 DEGREESF
05 : 54 : 44H  HG05PM002_MESAGE  NORM/FAO           BOX 05 MESSAGE GENERATOR02
04 : 54 : 13E  HG05PM003_ALARMS  NORM/FAO           BOX 05 ALARM GENERATOR 02
```

		01	02	03	04	05	06	07	08	09	10	11	12	13	14	15	16	17	18	LOST PROCESS
E	EH	19	20	21	22	23	24	25	26	27	28	29	30	31	32	33	34	35	36	NETWK EVENT

LOST PROCESS NETWK EVENT / EVENT RECOVERY

图 3.27　区域报警摘要画面

⑨ 报警信号器画面。报警信号器画面是用户可组态的画面，可以看到和操作到更多的信息，类似常规报警信号器盘。该画面有 60 个报警信号器 BOX，指示分配到 BOX 的点发生的过程报警（每个 BOX 最多分配 10 个点）。通过使用报警信号器的 BOX，操作员能立即调出含有报警的画面。对图 3.27 而言，也可列出 5 个最新的、有优先权的紧急报警事件。此外，类似于区域报警摘要画面，在屏幕的下端设置了调用目标，可以调出单元的报警摘要画面，如图 3.28 所示。

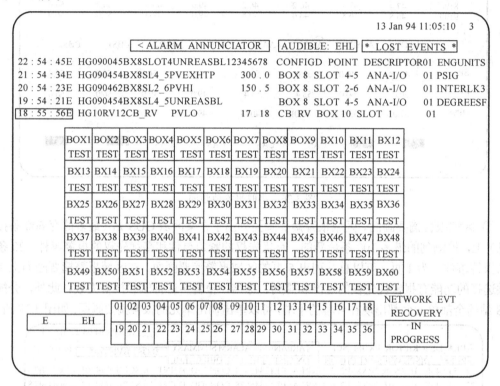

图 3.28　报警信号器画面

⑩ DCS 系统状态画面。DCS 系统状态画面提供了 LCN 上每个模件的状态（包括其他操作员站），以及系统内的每个 UCN 和数据高速公路的状态。该画面也可以作为系统画面菜单，单击目标可以访问全部模件和过程网络。此外，在该画面上设置了目标，可从 1 根 LCN 电缆切换到另 1 根 LCN 电缆，如图 3.29 所示

⑪ 系统菜单画面。在系统菜单画面上单击功能目标，可以访问系统功能画面。系统功能画面提供了有关过程点分配、历史事件和事件日志、历史数据、报表等的信息概要。系统菜单画面如图 3.30 所示。

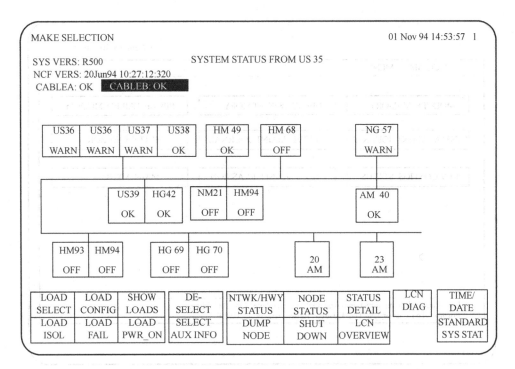

图 3.29　DCS 系统状态画面

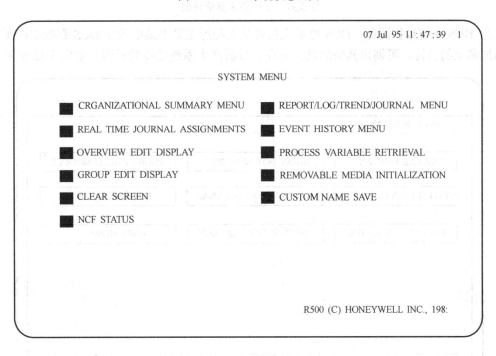

图 3.30　系统菜单画面

⑫ 工程师主菜单画面。工程师主菜单画面列出与工程师有关的功能，可以从工程师属性的主菜单画面进入；如果 GUS 内有万能属性的软件，则任何时间都可从工程师键盘上调用。选中这些功能后，工艺工程师能修改这些功能的各种特性，如图 3.31 所示。

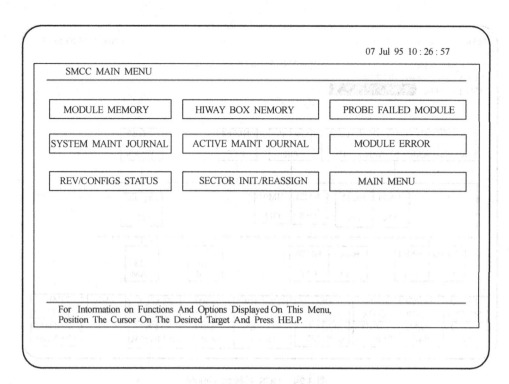

图 3.31 工程师主菜单画面

⑬ DCS 系统维护画面。DCS 维护人员可从工程师主菜单画面调出 DCS 系统维护画面。单击屏幕上的目标，可调出其他的功能画面，分析产生系统故障的原因，如图 3.32 所示。

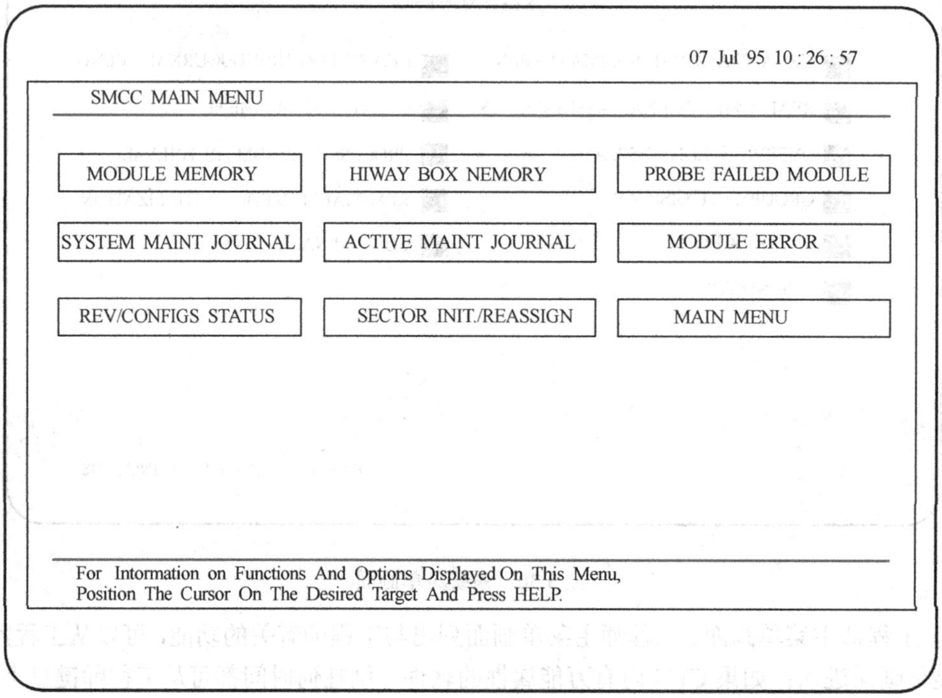

07 Jul 95 10 : 26 : 57

SMCC MAIN MENU

MODULE MEMORY	HIWAY BOX NEMORY	PROBE FAILED MODULE
SYSTEM MAINT JOURNAL	ACTIVE MAINT JOURNAL	MODULE ERROR
REV/CONFIGS STATUS	SECTOR INIT./REASSIGN	MAIN MENU

For Intormation on Functions And Options Displayed On This Menu, Position The Cursor On The Desired Target And Press HELP.

图 3.32 DCS 系统维护画面

3.5.2 应用模件

1. 应用模件的构成

应用模件（Application Module，AM）的硬件构成包括微处理器卡、LCN 接口卡、LCN 输入/输出卡、存储器卡等，可分为冗余和非冗余两种结构。用户可根据自己的需要对硬件进行选择，冗余的必须配置 68020 以上微处理器，且最少配 2 MB 的 RAM。AM 的冗余包括硬件的冗余和软件的冗余。当处于工作状态的 AM 硬件出现故障时，备用的 AM 就自动接替它的工作，切换过程所用时间不超过 5s。

2. 应用模件的功能

应用模件是 LCN 节点，它并不与过程设备直接相连，所以进行的是上位控制，先从分散过程控制装置读取过程变量，经高级控制和运算处理后，再将结果写入分散过程控制装置，通过它的输出通道去控制现场的执行机构。AM 的主要功能包括控制和计算功能及通信功能。

（1）控制和计算功能。AM 与 PM 系列过程管理站一样，是由各种类型的数据点来完成其控制功能的。AM 中的数据点包括常规点、标志点、数字点、时间点、计算点、开关点和用户数据点。AM 的常规数据点的处理顺序，包括 PV 处理和控制处理两大部分，与 PM 的常规 PV 点和常规控制点的处理过程类同。PV 处理部分中 PV 的算法主要有数据采集、流量补偿、三者取中值、高选/低选取均值、加法、乘法/除法、乘积的和、具有超前滞后的可变纯滞后、累加、统计计算、通用线性化和 CLPV 算法等。控制处理部分中控制算法主要有常规 PID、带积分外反馈的 PID、增量加法器、超前滞后、自动/手动、加法器、乘法除法、比值、选择超驰、开关、斜坡保持和 CL 控制算法。

（2）通信功能。由于 LCN 上模件 AM 所处的特殊位置，它与 LCN，UCN，HW 三条网络上的所有设备均可进行直接的读/写，而且还能充当系统中不同网络设备之间通信的中介。

3.5.3 先进应用模件

先进应用模件（Application Module W/UNIX/X-Windows，A^XM）是高性能、高集成的应用模件。它具有上位的先进控制、优化控制等功能。A^XM 也是连接 TCD-3000 系统和 UNIX 系统的桥梁。

A^XM 的硬件主要由硬盘驱动器（HDDT）、工作站接口板（WSI2）和 LCN 节点处理器等组成。与 U^XS 相似，A^XM 也采用双重的处理器。WSI2 包括 RISC 协处理器，用于和 UNIX 系统相连，而 LCN 节点处理器，则用于和 TDC-3000 系统连接。它们所采用的软件分别是 HPUX 和 AMCL06（CL 的增强版）驱动软件。

在 A^XM 中使用的软件环境是 Open USE，它包括增强的 CL/AM、安全性、协处理开发资源、开放数据定义和存取 Open-DDA（Open Data Definition and Access）。Open-DDA 软件为控制应用工程师提供了标准的定义和存取过程数据的方法，所采用的语言是通用的 FORTRAN，ANSI C 或 C++。用户可以通过定义 LCN 节点参数的映像作为程序的局部变量，在程序的任一位置用简单的命令对 LCN 上的数据进行读写操作。也可对局部变量设置测试值，进行变量测试。因此，Open-DDA 也能作为测试和开发的应用环境。

由于 A^{X}M 不是操作站，它没有键盘，需要通过操作站或终端来完成组态。与 U^{X}S 相似，它也不能采用冗余结构。

3.5.4　应用处理平台

应用处理平台（Application Process Platform，APP）是基于 AM 的 PIN 节点，是 TPS 系统中基于 Windows NT 的开放式应用上位机。它使用开放系统的标准技术，即分布式组合对象模型（DCOM）、对象链接和嵌入技术（OLE）、面向过程控制的对象链接和嵌入技术（OPC）。APP 将 AM 的全部功能提升到开放式的操作环境，并为用户和第三方开发自己的应用软件，提供了一种安全、标准的控制系统数据的访问工具。APP 也采用双处理器结构设计，其硬件平台的配置与 GUS 相同。

3.5.5　历史模件

历史模件（HM）是 LCN 的模件之一，是系统软件、应用软件和历史数据的存储地，可以和 LCN 上的任何一个节点实现一对一通信。历史模件是一个具有大存储量的模件，可被 LCN 网上所有的模件所使用。如其名所表示的，它是 TPS 系统的储存单元，硬盘存储量为 1.8GB，容量巨大。历史模件具有强大的处理能力，可用来建立大量易于检索的数据供工程师和操作员使用。

历史模件还可存储系统所有的历史事件，如过程报警、系统状态改变、操作过程和系统变化，以及错误信息。

此外，历史模件还存储显示文件、装载文件、顺序文件、控制语言、逻辑管理站梯形逻辑程序和组态源文件等系统文件，确认断点（CHECKPOINT）文件及在线维护信息等。断点保护（CHECKPOINT）功能是指 HM 自动定时或手动存储整个系统网络上的所有信息，在停电或系统故障后可以迅速、准确地恢复整个系统，对生产过程不造成任何影响。这对于工业生产来讲是非常重要和必须的。

1. 历史模件的构成

历史模件的硬件由 LCN 接口卡、HPK2-2 带有 2MB 内存的 68020 CPU、WDC/SPC 温盘（Wren）控制器/灵活外设控制器和温盘构成。每个 HM 可以有一个或两个温盘，如果选择两个温盘，则有冗余和非冗余两种选择，对非冗余温盘，容量增加一倍。

2. 历史模件的系统软件

历史模件的系统软件由两部分组成：初始化特性的系统软件和在线属性的系统软件，分别存放于 QHMI 和 QHMO 卷中，两种属性的系统软件不能同时驻留于 HM 中。

当系统运行初始化特性软件时，利用 US 工程师属性的操作功能可以对 HM 进行初始化。HM 初始化的过程就是将温盘进行格式化，在 HM 中建立用户卷。初始化后，原来温盘中的所有数据都将丢失。在初始化属性的环境中，HM 中的文件只能通过节点号路径进行通信，例如，PN：43＞VDIR＞FILE.X.X，其中 43 是 HM 的节点号。当系统运行初始化属性的系统程序时，HM 的状态显示"INIT"。

当系统运行在线属性系统软件时，系统状态显示"OK"或"DISKPROB"，这时系统可以进行在线历史数据存储；当 HM 掉电时，系统可利用在线属性软件自启动；在在线环境中，系统以 NET＞VDIR＞FILE.X.X 的方式进行读/写。

3. 历史模件的功能

历史模件主要用来存储系统软件、应用软件和过程历史数据。

① 系统软件。系统软件是支持系统进行正常工作的软件。在系统启动时，应将所有的系统软件复制到历史模件中，以便在需要时由硬盘向各模件装入相应的系统软件，也可以用软盘或者卡盘进行系统软件的装入。

② 应用软件。应用软件是指用户编制的应用数据库、控制语言和用户操作画面等。为了方便操作和维护，这些应用软件应该存放在 HM 中的用户自行定义的用户卷中或用户目录中。一般地说，应用软件应分为 3 个卷目存储于 HM 中，即 CL 源程序卷、用户操作画面卷和用户数据库卷。

③ 过程历史数据。HM 可自动进行数据的采集并将历史数据存储于 HM 中。数据采集是一切历史数据操作的基础，如趋势显示、打印，报表的显示、打印，历史事故的记录等。

3.5.6 重建归档模件

ARM（Archive Replay Module）是把 PC 集成到 PIN 上，用于对 PIN 上的数据进行重建、采集和对数据进行分析的模件。它可采集的数据有实时的 PIN 数据、HM 上连续生产过程的历史数据、所有的实时日报表和 HM 上的 ASCII 文件。

3.6 应用组态

应用软件组态就是在 TPS 系统硬件和系统软件的基础上，将系统提供的功能模块用软件组态的形式连接起来，以达到对生产过程进行控制的目的。归纳起来，应用组态可参照如图3.33 所示的步骤进行。

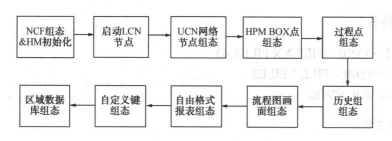

图 3.33 应用组态步骤

3.6.1 常用操作命令

1. 磁盘格式化

CR　$F1＞VOL -FMT -MF 30000-BS 1717

2. 设置卷描述

SVD　$F1＞VOL NEW DESCRIPTOR

3. 列文件属性

```
LS    NET>VDIR>*.*
LS    NET>VDIR>*.LS
LS    NET>VOL>*.*-A
LS    $F1>VDIR>*.*
```

4. 列卷

```
LV    NET
LS    $F1-D
```

5. 打印或显示文件内容

```
PR    NET>VDIR>FILE.XX
```

6. 改变文件和目录描述

```
MFD   NET>VDIR>FILE.XX NEW DESCRIPTOR
```

7. 数据输出

```
DO    $P2
DO    NET>VDIR>FILE.XX
```

8. 建立目录

```
CD    $F1>VOL DIR
CD    NET>VOL DIR
```

9. 改文件名

```
RN    NET>VDIR>FILE.XX FILE2 -D
RN    $F1>VDIR>FILE.* FILE2
RN    $F1>VOL NVOL
```

10. 复制文件

```
CP    NET>VDIR>FILE.XX $F1>VDIR>FILE2 -D
CP    NET>VDIR1>*.* NET>VDIR2>=  -D
```

11. 设置用户路径

```
SP    NET>VDIR
```

12. 写保护和解保护文件

```
PT    NET>VDIR>*.*
UNPT   NET>VDIR>FILE.*
```

13. 删除文件

DL　NET＞VDIR＞FILE.XX

DL　NET＞VDIR＞*.* -D

14. 磁盘复制

FCOPY　$F1　$F2

15. 复制卷

CPV　NET＞VOL　$F1＞VOL –D –A

命令处理器（Command Processor）是用于到历史模件（HM）和磁盘读写数据的命令处理系统。它的命令格式如图 3.34 所示。

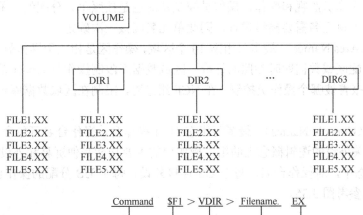

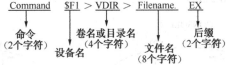

图 3.34　命令处理器的命令格式

图中的设备名可用 8 个字符进行描述，NET 是指所有 HM，当 HM 具有初始化属性时表示为 PN:nn（nn：HM 节点号），$Fn 指磁盘（$n=1,2,3,4,…,19,20$）。

一个磁盘只能建一个卷（Vol），单盘或单盘冗余的 HM 上可建 15 个卷（其中必须有一个是 LOCAL 卷）。63 个目录/卷，9 995 个文件/卷，卷名及目录名是唯一的。Honeywell 的卷和目录名以&或!开头。

3.6.2　网络组态文件组态

网络组态文件 NCF（Network Configuration File，NCF）组态是对一个系统进行操作特性和操作环境的定义。在整个组态工作中必须首先进行 NCF 组态，因为 NCF 包含了每个 LCN 节点所需的信息。

1. 定义用户系统的特性

用户系统定义内容包括单元名、区域名、操作站名和 LCN 硬件（地址和节点类型）等。

2. 操作范围（系统宽值）

系统的操作范围包括为不同功能提供所需键锁和历史数据采集的班时间。

3. HM 存储分配

HM 存储空间分配项目有连续历史组、系统存储文件、用户存储文件等。

NCF 文件组态后，被下装到每个 LCN 节点，并成为节点数据库的一部分。NCF 文件是 LCN 上每一个节点共同的数据库文件。

4. NCF 组态描述

① 单元名（Unit Names）。单元名主要目的是给定义好的操作单元命名。NCF 组态最多可组态 100 个单元，单元名由 1～2 个字符组成。单元是相关点的集合，报警、历史组等均以单元为基础，被操作员监视和操作，操作员控制功能也是按照单元分配的。单元描述可在线修改，增减或修改单元名需要离线进行，因此单元名应该一次确定。

② 区域名（Area Names）。最多可组态 10 个区域，操作区是相应于操作员所负责的区域，区域名是系统分配区域数据库时参照的标准。区域数据库限制操作员的操作范围，限制哪个单元可报警，该报警被哪个操作员控制。在 NCF 组态时，限制在区域数据库定义时区域包含的单元内。

③ 操作台（Console Names）。最多可组态 10 个操作台，操作台名可包含 24 个字符。操作台是 US 和相关外设的逻辑概念上的组，操作台的主要功能是使屏幕和外设共享。

在 NCF 组态中，对操作台名、每个 US 连接外设、每个 US 分配的操作台和 LCN 节点进行了说明，可参考图 3.35。

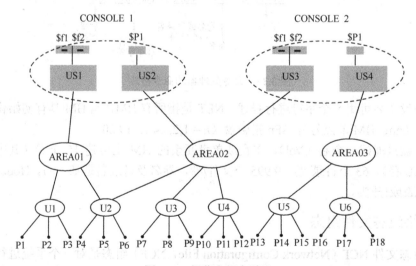

图 3.35　操作台组态说明

在 LCN 上可挂有不同功能的节点，实现对过程网络的监控、数据采集、文件管理、复杂控制等功能，而 NCF 组态就是对 LCN 网络各节点的物理特性进行组态，例如各节点的地址和外设等。

④ 系统宽值（System Wide Values）。系统宽值是对系统本身及应用软件的一些特性参数

的组态，主要包括 System ID（系统 ID 号），Clock Source（时钟源），User Average Period（用户平均采样周期），Shift Data（班报表），Console Data（操作台数据），Software Options（软件特许使用权），Tag Name Options（位号使用权）。

⑤ 卷组态（Volumn Configuration）。卷组态就是对历史模件（HM）进行格式化和用户卷的划分，以最大限度地合理利用 HM。一般 HM 的最佳利用率为 92%～95%。卷组态主要内容包括 Volumn Configuration Menu Display（卷组态菜单显示画面），Program Image（程序镜像），Checkpoint（检查点），Area（区域），Continuous History（连续历史组），Journals（杂志），CL Storage（CL 语言存储）和 User File Storage（用户生成的组态文件）。

5．检查并安装 NCF 数据

Check NCF 是对所输入的 NCF 数据进行检查，并生成 NCFnp. ER 文件。

① 检查单元名、区域名。

② 检查 LCN 节点组态，包括检查每个操作台的 US 数量及每个操作台的打印机数量，每个过程网络只能分配给一个 NIM。

Check NCF 后，没有错误则可安装 NCF。NCF. WF 是 1 个工作文件，组态数据在安装之前都存在 NCF. WF 中。安装 NCF 期间，NCF. WF 被复制并重命名为 NCF. CF。当 NCF. CF 完成安装，系统自动将 NCF. WF 删除，并利用安装时间作为 NCF. CF 的版本号。

用新的&ASY 启动 LCN 节点，设置系统时间，新的 NCF. CF 文件装载到每个节点。

6．网络组态

网络组态有 ON-LINE 组态和 OFF-LINE 组态两种模式。

ON-LINE 模式通常用于改变和调整组态参数。当 NCF 文件安装时，数据向 LCN 上的全部节点广播，允许新的 NCF 同旧的 NCF 并存，允许用户逐个节点 SHUTDOWN 和逐个节点以新的 NCF 启动。

OFF-LINE 模式要求同一时间内将所有的节点 SHUTDOWN 和在同一时间内以新的 NCF 启动所有的节点，因为新的 NCF 在下装时给出一个系统时间，为了让所有的节点时间同步，必须同时启动所有的节点。在 OFF-LINE 模式下，不允许不同版本的 NCF 文件同时存在。首次组态系统时，应该为 OFF-LINE 模式。

3.6.3　NIM 组态

NIM 既是 LCN 节点，又是 UCN 节点。LCN 网络上的地址设定，在 K4LCN 板上，遵守 LCN 网络地址的设定规则；UCN 网络上的地址设定，在 MODEM 板上，地址设定规则与 HPMM 相同，即 JUMPER OFF 有效，JUMPER OFF 的数目为奇数，主备地址相同且为奇数，NIM 地址必须低于 UCN 上的其他节点。UCN 网络上可挂接 32 对冗余的装置，通常将 1～8 号地址分配给 NIM，9～64 号地址分配给其他装置。

1．UCN 节点组态

（1）术语 PED（Parameter Enter Display）。PED 指在 UCN 节点上进行的和建点有关的各种组态操作。

（2）UCN 数据点的名称。$NM xx（UCN 网络号）　　　N yy（UCN 节点地址）

（3）组态内容。

① 网络号（Network Number，1～20）。

② 节点地址（Node Number，1～64）。

③ 节点类型（Node Type，NIM，PM，APM，HPM，LM，SM）。

如果节点类型为 NIM，则需进行如下设置。

④ 节点分配（Node Assignment，THIS NIM　REMOTNIM）。

⑤ 下载目标（Load Scope，ONLY NIM　NIM AND HPM）。下载目标是指组态数据被下载到 NIM 或者 NIM 和 HPM。

⑥ 信息文本条数（Number of Message Text Items，0～15）。

⑦ SOE 时间同步（SOE Time Synchronization，DISABLE　ENABLE）。如果有 DISO 卡，UCN 需要时间同步，HPM 与 LCN 时钟同步。

（4）组态数据的保存和下载步骤。

① 在 PED 画面上，按 COMMAND 键，可调出建点命令画面。

② Write 操作将 PED 画面上的组态数据写到中间数据文件里，中间数据文件后缀为 DB。

③ Load 操作将 PED 画面上的组态数据安装到 NIM 和 HPM 内存，在 PED 画面上可按 CTRL＋F12。

④ Read 操作将中间数据文件中的数据点读到 US 的 PED 画面上。

⑤ Reconstitute 操作将 NIM 和 HPM 内存中的数据点读到 US 的 PED 画面上。

2．NIM 组态操作

① 在主菜单上选择 NETWORK INTERFACE MODULE。

② 按 HELP 键，调出帮助画面，读一遍，按 CANCEL 键，跳过。

③ 选择 UCN NODE CONFIGURATION。

④ 注意在状态行有 UNENTERED 信息出现，在存文件之前按 ENTER 键。

⑤ 按 CTRL＋F11，切换到 TAB 光标控制方式。按 TAB 键可从一个 TARGET 移到另一个 TARGET。

⑥ 输入下列数据。

NTWKUNM	01
NODENUM	01
NODETYP	NIM
NODEASSN	THIS NIM
LOADSCOP	NIMANDPM
NMSGTXT	3
MSGTXT（1）	OUTOFSER
MSGTXT（2）	ONERPORT
MSGTXT（3）	PROD500
TIMESYN	ENABLE

⑦ 按 ENTER 键，直到 UNENTERED 消失。

⑧ 按 COMMAND 键，调出建点命令画面，选择 WRITE TO IDF，将组态数据写到中间数据文件。

⑨ 参考路径。REFERENCE PATHNAME： NET＞S###＞、PATHNAME FOR IDF：UCN###。

⑩ PED 画面重新出现，注意状态行的点名，$NM01N01。

⑪ 如果 NIM 冗余，需要建第二个网络节点。

NTWKUNM   01

NODENUM   02

NODETYP   NIM

NODEASSN   THIS NIM

⑫ 输入数据后，按 CTRL＋F10，第 2 个点的数据被写到中间数据文件，命令格式：NET＞S###＞UCN###.DB。

⑬ 按 ENTER 键，回到 PED 画面。

3. NIM 组态数据的下装

① 在 SYSTEM STATUS DISPLAY 上，选中 NIM，调出 NIM 的 NODE STATUS。

② 在 NODE STATUS 上选 LOAD/DUMP、选 MANUAL LOAD、选 OPERATOR PROGRAM、选 HM 作为 PROGRAM SOURUCE，选 EXECUTE COMMAND、选 ALTERNATE SOURUCE 作为 DATA SOURUCE，选有&C6 的驱动器号，选 EXECUTE COMMAND，按 ENTER 键则开始安装下装。

③ NIM 装载完成之后，应呈现 OK 状态。

④ 从 SYSTEM STATUS DISPLAY 调用此 NIM 的 UCN STATUS DISPLAY，应该看到该 UCN 上无节点，因为网络数据点没有被组态下装。

⑤ 下面的工作是将网络数据点下装到 NIM。首先调出工程师主菜单，再调出 COMMAND DISPLAY（选 BUILDER COMMAND）。

⑥ 选 LOAD MULTIPLE 输入下列信息，将 UCN 组态的 IDF 文件 UCN###下装进 NIM。

REFERENCE PATHNAME：   NET＞S###

SELECT WITH OVERITE：   不选

PATHNAME FOR IDF：   UCN###

PATHNAME FOR SELECTION LIST： 空

⑦ 按 ENTER 键，当显示信息 OPERATION COMPLETE 时，回到工程师主菜单，查看 NIM 网络数据点的位置，并保存到 HM 内。

3.6.4 控制功能组态

控制功能组态为过程管理站建立各类功能模块，包括输入/输出模块、运算模块、连续/逻辑/顺序控制模块和程序模块，并将它们组织起来，以构成所需的控制回路。

1. 组态方式

控制功能组态方式可分为填表方式、语言方式和图形方式。

① 填表组态方式是对 Honeywell 公司早期产品的组态方式，HW 上的 MC 或 AMC 就是采用填写组态字的方式。这种方式需要组态工程师对组态字的含义十分熟悉，组态很不方便。

② 语言组态方式使用类似于高级语言的组态语言，语法简单而针对性强，使用时先根

据控制方案编写组态程序，再编译和装载。语言组态方式能完成比较复杂的控制组态，但不够形象直观，开发有一定难度。

③ 图形组态方式是采用图形模块与窗口参数相结合的一种组态方式，它的基本图素是输入、输出、运算、控制等功能模块。组态时先从模块库中调出所需的模块至显示器屏幕，然后进行模块间的连接，最后调出该模块的参数窗口，用户只要在这个有输入项含义提示的相关菜单中，直接送入数据和变量，即可构成所需的控制系统。这种"所见即所得"的组态方式，可自动形成组态文件，并下装到分散控制设备，执行既定的控制功能。

图形组态方式不仅直观形象，一目了然，而且使用方便，因此，该方法是目前普遍采用的组态方法。

各种功能模块的组态顺序，应是先输入/输出模块，再运算模块和控制模块。这是因为输入/输出模块既担负着与现场信号的连接任务，还需供其他组态模块调用。

2．输入/输出模块组态

输入/输出模块的组态内容大致包括定义输入/输出数据点的位号和对点的描述，确定模块在系统中的位置，确定数据点的各项特性等三方面内容。

（1）对输入/输出数据点的描述。对输入/输出数据点的描述包括确定点的描述符、点的关键字和点的形式。前两项主要用于对点的解释和说明，它的描述符应力求简洁明了。点的形式是指数据点的参数在参数表中显示的形式，若为"FULL"（全点），则显示点的全部信息，包括描述性参数和与报警有关的参数；若为"COMPONENT"（半点），则表示该数据点只是作为其他数据点的输入或输出值，描述性参数和与报警有关的参数都消失。在控制回路中，一般只有常规控制点选"FULL"，并作为主要操作界面，其他的输入/输出等模块均选"COMPONENT"。

（2）确定数据点在系统中的位置。确定数据点在系统中的位置包括约定其硬件位置和所属的单元。硬件位置必须确定模块所在 UCN 节点的名称、该节点所在的 UCN 号、UCN 节点号、I/O 卡件类型、卡件号、通道号等。

（3）确定数据点的各项特性。输入数据点的特性包括信号的输入处理特性、输入正/反方向、工程单位、量程、报警限值和报警优先级、报警允许状态等。输出数据点的特性内容较少，包括输出的正/反方向、输出的折线处理等。

3．运算模块组态

常用的运算模块有代数运算、信号选择、数据选择、数值限制、报警检查、计算公式和传递函数模块等七类。它的组态步骤是先在显示器屏幕上调出所需的算法模块，然后单击该模块框图，打开参数表窗口，逐项填写。主要内容包括位号、算法名称、所在控制网络的位置、输入和输出信号，以及相应的运算常数。由于运算模块各不相同，用户必须认真研究，仔细填写。

4．控制模块组态

控制模块分为反馈控制、逻辑控制和顺序控制三类，每一类都有相应的组态方式。如果说输入/输出模块是构成控制回路的基础，那么控制模块就是构成控制回路的核心。

（1）反馈控制模块组态。反馈控制模块以常规 PID 控制模块为核心，结合运算模块和输入/输出模块，即可构成单回路、串级、前馈、比值、选择性、分程、纯滞后补偿和解耦等控制。现以单回路 PID 控制为例，说明反馈控制回路的组态。

单回路 PID 控制的组态如图 3.36 所示，它由输入模块、PID 模块和输出模块组成。

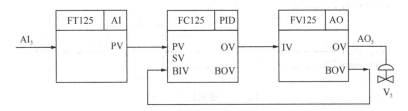

图 3.36 单回路 PID 控制的组态图

这是一个流量控制系统，由模拟量输入模块 FT125、PID 控制模块 FC125 和模拟输出模块 FV125 组成。FT125 的输入信号取自 HPM 的 5 号模拟量输入卡件的 AI_5 通道，经 A/D 转换、滤波、信号检查、开方处理、流量补偿、报警检查、量程变换等输入处理后的 PV 信号，送 PID 模块的 PV 端。PV 信号由 PID 控制模块进行控制运算，输出 OV 送至模拟输出模块 FV125 的输入端 IV，经正/反方向选择和折线处理后输出 OV 值，经 D/A 转换，最后从模拟输出模块的 AO_5 输出，去操纵控制阀 V_5。其中 BOV 和 BIV 分别是反算输出和反算输入。把模拟输出模块的 BOV 端和 PID 控制模块的 BIV 端互连，主要用于手动到自动的无扰动切换。BOV 端的输出值是根据当前的 OV 值反算其输入端 IV 应具有的数值，此值送到 PID 的 BIV 端，当系统从手动切换到自动的瞬间，PID 的输出 OV 自动等于 BIV 值，也就是等于模拟输出模块的 IV 值，从而实现了无扰动切换。

反馈控制模块的组态内容包括定义常规控制点的位号和对常规控制点的描述，确定模块在系统中的位置，确定模块的各项特性和控制模块的输入/输出参数。需要说明的是，组态参数中的模块号是指 HPM 的常规控制点的序号，最多可达 250 个模块。

控制模块的特性参数包括工程单位、PV 量程上/下限、设定值上/下限、设定值、小数点位置、PV 跟踪选择（跟踪或不跟踪）、控制作用方向（正作用、反作用）、比例增益、积分时间、微分时间、正常操作方式（手动、自动、串级）、操作方式属性等。其中正常操作方式属性是确定允许改变正常操作方式的主体是"操作员（Oper）"还是"程序（Prog）"。

控制模块的输入参数，在本例中就是测量值 FT125.PV，输出参数就是输出值 FV125.OV。

（2）逻辑控制模块组态。逻辑控制模块组态常用的方式有梯形图、逻辑图和指令表三种。梯形图组态方式是先调出触点、线圈等逻辑元件，再将它们用连线连接起来，并填写元件名。逻辑图组态方式是先调出逻辑模块，再进行模块之间的连线，并填写输入或输出变量名。指令表组态方式，是将逻辑图或梯形图用相应的指令来描述，形成指令表或程序。指令表组态方式因为缺乏直观性，已较少采用。

在 HPM 中，逻辑控制是以逻辑图方式进行组态的。它有三类组合式逻辑控制点可供选用。每一类的输入变量数、逻辑块数量和输出变量数不同。

图 3.37 所示是某 HPM 逻辑控制系统关系示意图，图中 L1，L2，L3 为"或"门的输入，SO_1 为"或"门的输出；SO_1，L4，L5 为"与"门的输入，SO_2 为"与"门的输出。SO_1 用于控制 DO 111.SO，SO_2 用于控制 DO 112.SO。组态内容除了指出逻辑点的工位号、逻辑点描述，确定逻辑模块在系统中的位置等基本项目外，还应给出逻辑点的类型、输入/输出变量的参数名。对内部的逻辑块，则应按运算次序进行编号，确定其逻辑算法名称和对应输入的参数名称。至于输出，因直接与下游逻辑块的输入或最终输出点相连，所以不必进行组态。

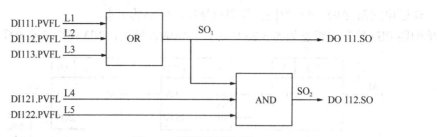

图 3.37　逻辑控制关系

（3）顺序控制模块组态。顺序控制是按照时间顺序、逻辑顺序或混合顺序逐步进行各阶段信息处理的控制方法。在顺序控制中兼有反馈控制、逻辑控制和输入/输出监控的功能。在 PM 系列分散过程控制装置中，可通过各类数据点的组合使用来实现一般的顺序控制。例如，可用数字输入信号启动定时器进行计时，然后通过程序改变常规控制器的操作方式，使控制器进入自动控制，待变量达到设定值的时候，用控制回路的 PV 报警标志作为数字复合点的输入，以操纵阀门。对于具有逻辑关系的顺序程序，可通过逻辑点与数字复合点组合，实现复杂的逻辑控制。对于更复杂的顺序控制，则要借助于 CL 语言编程实现。

3.7　TPS 系统在工业生产装置上的应用

3.7.1　工艺简介

线性低密度聚乙烯装置（LLDPE）采用低压气相法流化床聚合工艺，以聚合级乙烯为原料，丁烯-1 为共聚单体，氢气为分子量调节剂，使用改进的 Z-N 催化剂，通过液相预聚合和气相流化床聚合，生产出颗粒状（或粉料）的聚乙烯产品。

线性低密度聚乙烯装置包括原料精制，催化剂制备，预聚合，聚合，溶剂回收，造粒及风送序，包装码垛等工序，其工艺流程如图 3.38 所示。

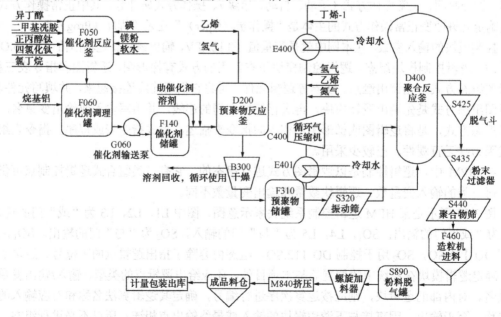

图 3.38　线性低密度聚乙烯装置工艺流程简图

原料精制工序的作用是将界区外来的乙烯、丁烯-1、氢气和氮气等原料，进行精制处理，脱除原料里的杂质和水分。催化剂的制备是在催化剂制备反应釜内正己烷溶剂中，按照时间顺序依次加入镁等 8 种化学品，制成粗催化剂，再经过淘析、浓度调理，到达生产 HDPE 和 LLDPE 的催化剂要求，储存在中间罐内，由催化剂注入程序控制，加入到预聚合反应器内。

预聚合工序的主要任务是为聚合反应提供合格的预聚物，反应原理为 $nC_2H_4 \xrightarrow{M_{10}(M_{11})} C_2H_{4n}$，利用封闭回路中的热氮气，将预聚物悬浮液中的溶剂蒸发、干燥，使其化为干粉，而蒸发出去的己烷冷凝回收。

聚合工序的主要任务是将经过精制处理的原料（乙烯、丁烯-1、氢气等）引进流化床反应器，在预聚物和催化剂的作用下，在一定的温度和压力条件下进行气相聚合，一部分转化为一定熔流指数和密度的聚合物；未反应的气体经过分离、冷却，由循环气压缩机送回流化床反应器循环使用，并在循环回路中补充聚合反应所消耗的反应物；生成的聚乙烯粉料由侧线或者底部抽出后，经过二次脱气、调理送至挤压、造粒工序。

溶剂精馏与回收工序的主要任务是将界区来的装置使用过的正己烷送入己烷精馏塔精馏，脱除水分和重组份（氯丁烷、细粒催化剂等），供催化剂制备、预聚合反应、预聚合干燥系统使用。

挤压、造粒和均化工序将聚合工序送来的聚乙烯粉料，经过连续式混炼机、齿轮泵、水下切粒机组进行挤压造粒，通过均化合格后聚乙烯进入成品料仓。

包装码垛工序将聚乙烯粒料经电子秤称重、缝包、自动液筒式流作业后，码跺成品入库。

3.7.2 系统配置

某厂线性低密度聚乙烯装置的控制系统主要由集散控制系统（DCS）和成套设备机组的 PLC 控制系统（如乙烯压缩机、循环气压缩机及挤压机等）两部分组成。其中 DCS 系统负责采集全装置的工艺数据的模拟量信号和数字量信号，完成对工艺变量的 PID 常规控制、测量指示和装置的信号报警及联锁。

1．系统构成

LLDPE 装置的 DCS 采用美国 Honeywell 公司的 TPS/HPM 系统，配置 5 台冗余的 HPM，5 台 GUS 站，1 台工程师站，1 台 HM 站及配套的打印机、辅助操作台等。系统结构如图 3.39 所示。

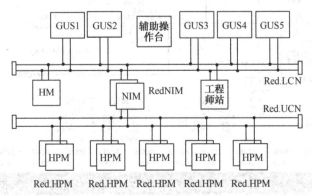

图 3.39　DCS 硬件配置

2. 卡件规模

LLDPE 的 I/O 总数约 1 700 多点，应用程序有 15 个，功能顺序表 128 个（LCP FST），卡件数量大，其规模见表 3.4。

表 3.4　HPM 卡件规模

序号	点的类型	1 号站	2 号站	3 号站	4 号站	5 号站	合计
1	AI	69	64	93	35	160	421
2	AO	28	28	23	20	15	114
3	DI	238	204	133	227	—	802
4	DO	122	97	50	126	—	395
5	PI	3	2	2	3	—	10

3.7.3　主要控制方案

1. 反应器温度控制

LLDPE 装置的反应器 D400 的温度是控制熔体流动速率的一个辅助被控变量。当反应温度超过安全操作温度时，可能会使树脂在反应器内结块。当反应温度过低时，容易使共聚单体丁烯-1 熔于树脂中，会堵塞反应器内的分布板。所以必须将反应温度控制在安全操作范围内。反应器温度控制方案如图 3.40 所示。

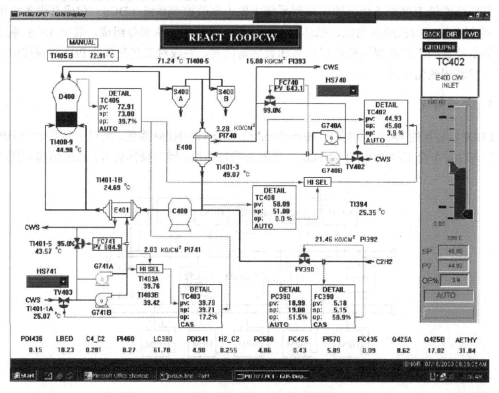

图 3.40　反应器温度控制方案

反应器温度控制方案采用两个串级控制系统。第一个为反应温度（T405）与循环气压缩机入口载热体循环气温度（T402）的串级控制系统；第二个为反应温度（T405）与循环气压缩机出口载热体循环气温度（T403）的串级控制系统。

在第一个串级控制系统中，反应器温度控制器（TC-405）的输出与压缩机入口温度控制器（TC-408）的输出，通过高选择器（HI SEL）将输出送至副控制器（TC-402）作为 TC-402 的外设定值，TC-402 的输出操纵冷却水控制阀（TV-402）；在第二个串级控制系统中，反应器温度控制器（TC-405）的输出作为压缩机出口温度控制器（TC-403）的外设定值，压缩机出口温度测量信号 TE403A 和 TE403B 通过高选择器，其输出信号送至副控制器（TC-403），作为 TC-403 的测量值，控制器（TC-403）的输出操纵冷却水控制阀（TV-403）。由于循环气直接带出反应器内的反应热，因此，本控制方案对控制反应器内温度变化是比较及时的，而两个串级控制回路对调温水流量进行控制，能及时克服调温水流量的变化对反应温度的影响。反应器温度控制方案是通过 DCS 系统的各种算法模块的组态来实现的，如图 3.41 所示。

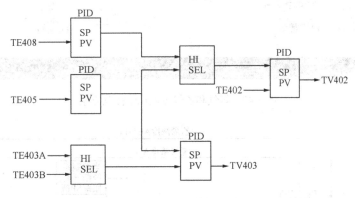

图 3.41　反应器温度控制方案组态

2. 氢气与乙烯浓度比值控制

熔体流动速率是 LLDPE 产品质量控制的重要变量之一，工艺要求严格控制。生产上熔体流动速率主要依据反应物中氢气和乙烯浓度的比值来控制，如图 3.42 所示。

为了得到反应器中反应物的氢气和乙烯浓度，在循环气压缩机出口采集循环气样品，经过气相色谱仪分析各种气体成分，得出乙烯浓度和氢气浓度，并将这些信号送到 DCS 系统中，利用除法运算模块得出氢气和乙烯浓度的比值，然后乘以乙烯流量（FC370）信号，其积作为氢气流量控制器的设定值，如图 3.43 所示。

所要求的氢气/乙烯浓度比，是由操作人员输入的，或者由熔体指数控制系统设定。氢气的浓度（AH$_2$）由色谱仪连续测定，控制的目的是使 AH$_2$ 的测量值等于氢气浓度的设定值。SPH$_2$＝SPRH$_2$C$_2$×AETHY，其中 AETHY 是乙烯的浓度。通过氢气注入阀 FV370 控制 H$_2$ 量，以提高氢气的浓度。

氢气浓度控制系统是由两个回路组成的。第一回路控制器产生与之串级的第二回路控制器的设定值，来控制氢气的流量，以满足氢气流量控制要求。两个回路可同时接通和断开。

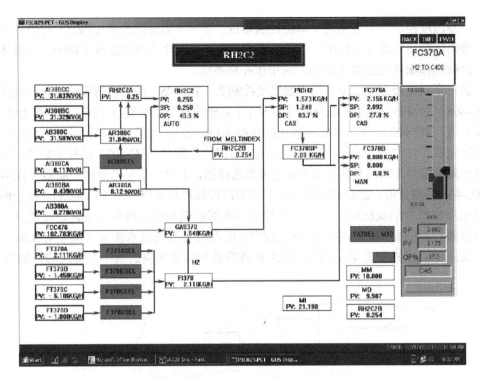

图 3.42　氢气和乙烯浓度比值控制方案

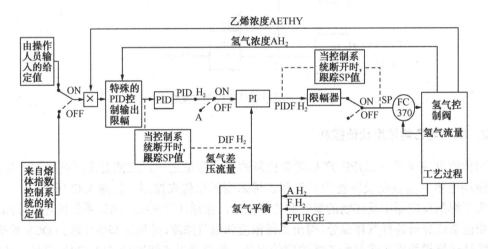

图 3.43　氢气浓度控制系统

第一回路与色谱仪同步工作。当控制系统断开时，氢气与乙烯浓度比的设定值 $SPRH_2C_2$ 就跟踪 $AH_2/AETHY$ 比的测量值和计算值，同时第二回路的设定值也跟踪氢气流量的测量值和计算值。第一回路的控制算法是：

$$\Delta PIDH_2 = G\left(-\Delta MV + \frac{E\Delta t}{t_i} - t_d \Delta D\right) t_i$$

式中　$\Delta PIDH_2$——氢气 PID 的增益；

　　　ΔMV——氢气 PID 输出的变化量；

　　　ΔD——偏差的导数。

该算法对因设定值突然变化而引起的 $PIDH_2$ 的变化率，以及因设定值较大的变化而引起的氢气浓度的变化率，也有限制作用，使氢气浓度的变化率限定在 1%/h 左右。

第二回路的算法：$DIFH_2 = FH_2 - PURGEH_2$

式中　FH_2——氢气的注入量；

　　　$DIFH_2$——差压法测量的氢气流量；

　　　$PURGEH_2 = FPURGE \times AH_2/100$。

当该回路断开时，氢气的流量可由操作人员控制。FC370 的流量设定值等于 PIDFH₂，但限定在 0～100%之间，第二回路的输出跟踪氢气的流量，以避免在控制系统接通（投用）时产生剧烈的波动。

本 章 小 结

Honeywell 公司研制的 DCS 先后经历了 TDC-2000，TDC-3000，TPS 和 PKS 的历史演变，学习和理解 TDC-3000，TPS 系统的基本结构和功能，是掌握 Honeywell 公司 DCS 的基础。

① LCN（TPN）网络是 TDC-3000，TPS 系统的开放性主干网，具有独特的技术性能。通信协议符合 IEEE 802.4 开放系统互连参考模型，标准总线拓扑结构，广播式的通信方式，令牌存取通信控制，串行传输速率为 5Mbps。通信电缆为 75Ω 同轴电缆，75Ω 终端电阻，冗余设置。一段 LCN 同轴电缆的最大长度为 300m，可挂接 40 个节点设备。用光缆和 LCNE 卡扩展，一段光缆最大长度为 2 000m，一条 LCN 网络最长可扩展到 4 900m，最多可挂接 64 个节点设备。

② 在 LCN（TPN）上可挂接多种网络模件，如 US，HM，AM，NIM，GUS 等，以实现对工业过程的监视操作、文件管理、历史数据采集、检测存档，同时也可实现与其他计算机网络的通信。LCN 网络的节点设备主要有万能操作站（US）、万能操作站（U^{X}S，带 HP 工作站的 US）、全局用户操作站（GUS，基于 Windows NT 的 US）、万能工作站（UWS，办公室环境的 US）、历史模件（HM）、应用模件（AM）、网络接口模件（NIM）、计算机接口（CG）、工厂网络接口模件（PLNM）、LCN 网络接口模件（NG）、数据高速通道接口模件（HG）、PLC 接口模件（PLCG）和应用模件（A^{X}M，带 HP 工作站的 AM）等。

③ UCN 网络是面对过程的控制网络，在 UCN 网络上可挂接多种过程管理器，可实现对温度、压力、流量和液位等过程变量的数据采集、常规控制以及先进控制。

UCN 网络的基本技术性能为：与 MAP，IEEE 802.4 和 ISO 标准通信协议相兼容的令牌传送，载带总线网络；串行通信信号，传输速率为 5Mbps；通信电缆为 75Ω 同轴电缆，75Ω 终端电阻，冗余设置；一条 LCN 可挂接 20 条 UCN 网络；支持点对点的通信；一条 UCN 网络可挂接 32 对冗余节点。

UCN 网络的节点有高性能过程管理站（HPM）、过程管理站（PM）、先进过程管理站（APM）、逻辑管理站（LM）、安全管理站（SM）。

④ TDC-3000，TPS 系统是一个将用户商业信息和装置控制系统有机集成在一起的统一平台，是高度开放、安全可靠的工业网络控制系统，是将各种核心技术（Windows NT 操作系统、OLE 公共软件和 ODBC 公共数据库技术）无痕迹地结合起来的系统。

⑤ PKS 系统是 Honeywell 公司最新的过程控制系统的系列解决方案，能满足各种自动化应用要求。PKS 系统的网络由控制网络-容错以太网（FTE）和工厂信息网（PIN）组成。控

制网上挂有 C200 控制器、故障安全控制器（FCS）、工程师工作站（ESW）、操作员工作站（OPS）、应用工作站（APP）和 eServer 过程服务器。工厂信息网（PIN）是实现工厂管理、商业运作的计算机网络。

容错以太网（FTE）的容错软件特点是在 FTE 节点间有四个通信路径，允许有一个通信路径发生故障，检测速度快，恢复时间短（1s），可以在线增加和减少节点，对应用 PC 完全透明，允许正常的以太网节点接入，完全分布式的结构，没有主节点，100Mbps 高速通信性能，传输介质为同轴电缆或光缆。容错以太网可以构成全厂性的网络，在中央控制室设置骨干网交换机，下连各单元组的交换机。

⑥ 操作员站（HMI）硬件采用标准的工业 PC 工作站，操作员键盘提供 12 个可编程序功能键。操作员站下载 Honeywell 最新开发的人机接口技术，称为 HMI Web。采用 Web 技术和 HTML 语言，可以观察标准 Web 浏览器或用户站的窗口。HMI Web 提供超过 300 页的标准系统显示画面，包括菜单显示、报警摘要、事件摘要、趋势、操作组、点细目、总貌、系统状态、组态、回路整定、诊断和维护、摘要显示等。

⑦ 工程师站（EWS）在系统中的作用是服务器，通常进行冗余配置。它配备 PKS 服务器软件、Microsoft Windows 2000 服务器软件和控制组态生成、显示生成、快速生成组态软件，从暂存器组态整个系统。eServer 过程服务器基于分布式体系结构和 HMI Web 技术。eServer 过程服务器获取企业的实时信息，不需要复制数据库或重新制作流程图画面，用户就能够通过浏览器窗口方便地调用过程流程图。eServer 过程服务器是一个强力 OPC 服务器，配备 PKS eServer 服务器软件，可从网络远方的操作员站上看到诸如所有的应用和实时数据、所有的趋势/组/系统显示/操作显示、报警和事件显示历史数据、邮件及分组报表等信息。

⑧ 应用工作平台（APP）是一个强力 OPC 服务器，通常硬件采用 DELL 公司的服务器，配备 Honeywell 不同的软件，可以构成不同的应用工作站，如先进控制，资产和异常状态管理，虚拟工厂仿真等。

⑨ 现场控制装置采用 PlantScape C200 控制器，该控制器集成了 Honeywell 三十年的开发经验和技术。控制器具有许多特点，如集成连续和离散过程控制的稳态和动态功能模块，强力和高速离散输入和逻辑，冗余和非冗余组态选择，50ms 和 5ms 控制执行环境等，集成 FF 现场总线、HART 和 Profibus 设备。C200 控制器冗余配置需要两个控制器底板，安装相同的部件。与 C200 控制器配套的过程输入/输出组件 PMIO 采用了 TPS 系统的 IOP 和 FAT 组件。

⑩ HPM 的卡件箱可分为 7 槽 HPMM 卡件箱、15 槽 HPMM 卡件箱和 15 槽 IOP 卡件箱。HPM 的连接电缆有 UCN 电缆（冗余）、电源电缆（冗余）、I/O 链路电缆（冗余）、FTA 电缆（冗余）、冗余驱动器电缆等。HPMM 卡件由两块卡件组成，其中通信/控制卡实现与 UCN 的网络通信、控制算法以及运算功能，I/O 链路卡实现 IOP 与 HPMM 之间的数据传输。一个 HPMM 能配置 40 块冗余的输入/输出卡（I/O）卡。输入/输出卡的作用是实现过程检测数据采集及控制、运算结果的输出。IOP 卡的类型有 11 种，见表 3.5。

表 3.5　IOP 卡类型

序号	IOP	点数和信号类型
1	高电平模拟量输入卡（HLAI）	16 点，4～20mA
2	低电平模拟量输入卡（LLAI）	8 点，热偶或者热电阻
3	模拟量输出卡（AO）	8 点，16 点，4～20mA

序号	IOP	点数和信号类型
4	数字量输入卡（DI）	32 点，24Vdc，120，240Vac
5	事件记录数字量输入卡（DISOE）	32 点，24Vdc
6	数字量输出卡（DO）	16 点，32 点
7	脉冲输入卡（PI）	8 点
8	多通道低电平卡（LLMUX）	32 点
9	串行装置接口卡（SDI）	EIA232/485
10	串行接口卡（SD）	EIA232/485
11	智能变送器接口卡（STI）	16 点

FTA（Field Termination Assembly）连接现场信号，支持 IOP 冗余（部分卡件卡型）实现信号隔离、转换和浪涌保护，FTA 的型号与 IOP 卡相对应，有三种尺寸类型。

⑪ HPM 过程点类型主要分两类，其中一类是内部仪表点（软件模块），例如常规控制 PV 点、常规控制点、数字混合点、逻辑运算、设备控制点、过程模块点、数组点、布尔量寄存器、实型量寄存器、计时器、字符串量寄存器、时间量寄存器等；另一类是输入/输出处理器（IOP），例如模拟量输入点（AI）、模拟量输出点（AO）、开关量输入点（DI）、开关量输出点（DO）。

⑫ GUS 通过 LCNP 或者 LCNP4 接口与 LCN（TPN）网络连接，通过 Ethernet 10/100 Base T 与 PIN 网络连接，以 Intel Pentium Pro 母板为基础，外设电子组件以 PCI 总线或 ISA 扩展总线为基础。GUS 功能齐全，内容丰富。GUS 能满足操作人员、管理人员、系统工程师及维护人员的各种要求。

⑬ 应用软件组态就是在 TPS 系统硬件和系统软件的基础上，将系统提供的功能模块用软件组态的形式连接起来，以达到对生产过程进行控制的目的。

系统组态的步骤为：LCN NCF 组态，HM 初始化，UCN 节点组态，BOX 点组态，过程点组态，制作流程图，建立历史组，建立自由格式报表和自定义键文件，建立区域数据库。

NCF 组态是对一个系统的操作特性和操作环境进行定义。在整个组态工作中必须首先进行 NCF 组态，因为 NCF 包含了每个 LCN 节点所需的信息。单元名主要是给定义好的操作单元命名。NCF 组态最多可组态 100 个单元，单元名由 1~2 个字符组成；最多可组态 10 个区域，操作区是相应于操作员所负责的区域，区域名是系统分配区域数据库时参照的标准；最多可组态 10 个操作台，操作台名可包含 24 个字符，操作台是 US 和相关外设的逻辑概念上的组。

网络组态有 ON-LINE 组态和 OFF-LINE 组态两种模式。ON-LINE 模式通常用于改变和调整组态参数。当 NCF 文件安装时，数据向 LCN 上的全部节点广播，允许新的 NCF 同旧的 NCF 并存，允许用户逐个节点 SHUTDOWN 和逐个节点以新的 NCF 启动。OFF-LINE 模式要求同一时间内将所有的节点 SHUTDOWN 和在同一时间内以新的 NCF 启动所有的节点，因为新的 NCF 在下装时给出一个系统时间，为了让所有的节点时间同步，必须同时启动所有的节点。

NIM 既是 LCN 节点，又是 UCN 节点。LCN 网络上的地址设定，在 K4LCN 板上，遵守 LCN 网络地址的设定规则；UCN 网络上的地址设定，在 MODEM 板上，地址设定规则与 HPMM 相同，即 JUMPER OFF 有效，JUMPER OFF 的数目为奇数，主备地址相同且为奇数，

NIM 地址必须低于 UCN 上的其他节点。UCN 网络上可挂接 32 对冗余的装置，通常将 1～8 号地址分配给 NIM，9～64 号地址分配给其他装置。

思考题与习题

1. TPS 系统中的网络类型有哪几种？

2. 从下列节点中选出哪些是 TPN（LCN）网络上的节点，哪些是 UCN 网络上的节点。GUS，HPM，NIM，APM，US，HM，AM，A^XM，LM，SM，PM，NG，CG，PLNM，U^XS，APP。

3. 根据下面的配置要求，画出 TPS 系统的结构图。

1 条 TPN（LCN）网，1 条 UCN 网，1 条 PCN（PIN）网，1 台 HM，1 对冗余的 NIM，2 台 GUS，2 个 HPM，1 个 SM，2 台 NT 工作站，1 台 NT 服务器，1 个 APP。

4. 一条 LCN 上最多可有多少个 HM？

5. 怎样区分 HM 上的用户卷和 Honeywell 卷？

6. 解释下列有关 NCF 组态的名词含义：NCF，NCF.WF，NCF.CF，ENTER NCF，CHECK NCF，INSTALL NCF，LOAD NCF，UNIT，AREA，CONSOLE，NODE。

7. 画出冗余的 HPM 的结构框图。

8. 一个 HPMM 最多能安装多少块主 IOP（输入/输出处理器卡）和多少块后备 IOP？IOP 卡件类型有多少种？写出卡件名称及其处理的信号类型。

9. UCN 的网络设备是什么？

10. 如何设定 NIM 地址？

11. TPS 系统组态的基本步骤是什么？

第4章

CENTUM-CS 集散控制系统

知识目标

- 了解 CENTUM-CS 系统整体结构和主要特点;
- 掌握 CENTUM-CS DCS 基本硬件组成和各部分作用;
- 了解 CENTUM-CS DCS 控制站及操作站的构成;
- 掌握 CENTUM-CS 组态软件的基本用法;
- 掌握操作站实时监控画面的调用方法;
- 了解系统的维护和调试方法;
- 结合实例理解 CENTUM-CS DCS 在工业生产装置中的应用。

技能目标

- 能够熟练使用 CENTUM-CS 组态软件;
- 能够对系统实现实时监控;
- 能够对系统进行必要的调试和维护;
- 能够对系统软件进行安装;
- 结合实例掌握系统项目的生成及组态内容。

自 1975 年以来,日本横河机电株式会社(Yokogawa)陆续研制出的 DCS 系列产品有 YEWPACK MARK II,CENTUM V,μXL,CENTUM XL,CENTUM CS 等;20 世纪 90 年代中期,又推出了基于 Windows 系统的 CENTUM-CS 1000 及 CENTUM-CS 3000 等控制系统,其人机接口的工作平台为用户更熟悉的、易于操作和使用的 Windows NT 环境,组态和监控界面也为窗口式的管理方式,从而将 DCS 功能同 Windows 系统的易于操作性相结合。

4.1 系统概述

综合生产管理与控制系统 CENTUM-CS 3000(Concentral Solution 3000),是横河公司的企业技术解决方案(Enterprise Technology Solutions,ETS)概念的最重要产品之一,是一套可靠、稳定、开放的新一代的集散控制系统,它采用了最新的开放式网络技术"Open Network Technologies"和经现场证明的具有高可靠性的硬件和软件。

CENTUM-CS 3000(以下简称 CS 3000)系统结构十分灵活,可根据用户的需要配置不同规模的系统。CS 3000 拥有传统 DCS 所具有的功能和特点,同时支持 HART 和基金会现场总线,不但可以和横河前几代系统进行数据通信,而且还可以与其他 DCS,PLC,ESD 厂家的系统进行数据通信。它通过与工厂上层管理系统(包括 PIMS,LIMS,以及 ERP 等)的连接,可以完全实现工厂一体化管理,使工厂各个部门及时了解到现场的生产情况。

4.1.1　系统构成

最小配置的域中包括一个 FCS 和一个 HIS。最大配置的域中可以包含 HIS，FCS，BCV 等设备，总共最多 64 个站，其中 HIS 最多 16 个。

CS 3000 系统是由操作站、现场控制站、工程师站、通信总线、通信网关等部分组成的，如图 4.1 所示。

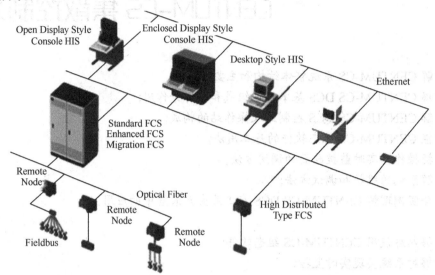

Desktop Style HIS—桌面型操作站；Enclosed Display Style Console HIS—嵌入型台式操作站；

Open Display Style Console HIS—开放型台式操作站；Standard FCS—标准型现场控制站；

Enhanced FCS—增强型现场控制站；　High Distributed Type FCS—高分散型现场控制站；

Migration FCS—迁移型现场控制站；Remote Node—远程节点；

Fieldbus—现场总线；Ethernet—以太网；Optical Fiber—光缆

图 4.1　系统结构图

① 操作站（Human Interface Station，HIS）用于系统运行、操作和监视。操作站采用微软公司的 Windows 2000 或 Windows XP 作为操作系统，使用横河公司指定的工业用高性能计算机，因此系统工作站具有很强的安全性和可靠性。

② 现场控制站（Field Control Station，FCS）用于过程 I/O 信号处理，具有模拟量连续控制、顺序控制、逻辑运算、批量控制等实时控制运算功能。

③ 工程师站（Engineering Work Station，EWS）用于系统设计组态、仿真调试及操作监视。工程师站采用 Windows 2000 或最新的 Windows XP 作为操作系统，使用横河公司指定的高性能计算机。

④ ESB 总线（Extended Serial Backboard Bus）是控制站内中央主控制器 FCU 与本地 I/O 节点之间进行数据传输的双重化实时通信总线。其网络拓扑结构为总线型，通信速率为 128Mb/s，每台控制站可连接 14 个 I/O 节点，最大通信距离为 20m。

⑤ ER 总线（Enhanced Remote Bus）是控制站内本地 I/O 节点与远程 I/O 节点之间进行数据传输的双重化实时通信总线。其网络拓扑结构为总线型，通信速率为 10Mbps，每台控制站可从本地节点连接 8 个远程 I/O 节点，最大通信距离 20km。

⑥ 通信网关 ACG（Communication Gateway）用来将系统的控制总线和以太网相连接。

⑦ OPC 系统集成网关 SIOS（System Integration OPC Station），用来将系统控制总线 Vnet/IP 与子系统中的以太网相连接。

⑧ Vnet/IP 控制总线是进行操作监视及信息交换的双重化实时控制网络。整个网络采用星型结构，兼容 Vnet 和 TCP/IP 协议。通信速率为 1Gbps，通信距离最大为 20km，连接站数为 64 站/域，256 站/系统。由于增加了控制网络的开放性，更多的非 CEMTUM 网络设备可以直接挂接在控制网络上。

4.1.2 系统特点

CS 3000 是一个功能齐全的系统。它综合了各种控制、各种管理、各种自动化。操作站的硬件采用 PC；系统软件采用中文版的最新的 Windows 2000 或 XP 作为操作系统；应用软件采用动态数据交换机制（Dynamic Data Exchange，DDE）和用于过程管制的对象链接与嵌入技术（OLE for Process Control，OPC），它可以直接同用户的上位管理信息系统（MIS）、Internet 及企业内部的局域网连接和通信，还可以直接使用 PC 的各种应用软件 MS-Excel 和 Visual Basic 等，此外，还可以与其他多种子系统现场总线等进行通信。CS 3000 与以往的 CENTUM 系列控制系统相比，具有一些新的特点。

1．系统性能更加增强

CS 3000 开创了大规模集散控制系统的新纪元，与前几代横河公司的 DCS 相比，系统功能有了很大的提高，是一个真正安全、可靠、开放的集散控制系统。CS 3000 的外形如图 4.2 所示。

图 4.2 CS 3000 外形

2．网络结构更加开放

CS 3000 采用 Windows XP 标准操作系统，支持 DDE/OPC，既可以直接使用 MS-Excel 和 Visual Basic 编制报表及程序开发，也可以与在 UNIX 操作系统上运行的大型 Oracal 数据库进行数据交换。此外，横河公司提供的系统接口和网络接口，可用于与不同厂家的系统、产品管理系统、设备管理系统和安全管理系统进行通信。

3．可靠性进一步增强

独家采用了 4CPU 冗余容错技术（pair & spare 成对热后备）的现场控制站，实现了在任何故障及随机错误产生的情况下进行纠错与连续不间断的控制；I/O 模块采用表面封装技术，具有 1 500V AC/min 抗冲击性能；系统接地电阻小于 100Ω等多项高可靠性尖端技术，使系统具有极高的抗干扰、耐环境等特点，适用于运行在条件较差的工业环境。

4. 控制总线通信速率进一步提高

CS 3000 采用横河公司的 Vnet/IP 控制总线标准，该控制总线速率可高达 1Gbps，满足了用户对实时性和大规模数据通信的要求；在保证可靠性的同时，又可以与开放的网络设备直接相连，使系统结构更加简单。横河公司已经将该总线标准提交 IEC 组织，希望能成为下一代控制系统的总线标准。

5. 控制站的功能更加增强

控制站 FCS 采用高速的 RISC 处理器 VR5432，可进行 64 位浮点运算，具有强大的运算和处理功能；可以实现诸如多变量控制，模型预测控制，模糊逻辑等多种高级控制功能；主内存容量高达 32MB。

6. 输入/输出接口类型更加丰富

CS 3000 有丰富的过程输入/输出接口，支持各种工业标准信号，并且所有的输入/输出接口都可以冗余。

7. 工程效率高效

CS 3000 采用 Control Drawing 图进行软件设计及组态，使方案设计及软件组态同步进行，最大限度地简化了软件开发流程；提供动态仿真测试软件，有效地减少了现场软件调试时间。工程人员可以在更短的时间内熟悉系统。

8. 扩展性更强

CS 3000 具有构造大型实时过程信息网的拓扑结构，可以构成多工段、多集控单元、全厂综合管理与控制的综合信息自动化系统。

9. 兼容性更好

CS 3000 与横河公司以往的系统可通过总线转换单元方便地连接在一起，实现对既有系统的监视和操作，更好地保护用户投资利益。

4.2 现场控制站

现场控制站 FCS（Field Control Station）是整个 CS 3000 的控制核心，用于过程 I/O 信号输入/输出及处理，完成连续控制、顺序控制、实时运算等实时控制功能。FCS 所有的模件都采用集成度高，散热量低的固态电路及表面封装技术，防尘、抗干扰能力强，适合各种恶劣的运行环境。模件的编址与物理位置的对应关系简单明了，容易掌握。模件带电插拔不会引起本模件故障，也不会影响其他模件的正常工作。模件插拔都有导轨和连锁装置，防止损坏或引起故障。模件通用性强，种类规格少，有效地减少了备品、备件的费用支出。FCU 为现场控制站的中央控制单元，在 DCS 领域率先采用了可靠性极高的 4 个 CPU 的 "pair & spare"和 "Fail Safe" 结构设计，实现了完全的容错冗余，解决了过去的单纯双重化方式下不能解决的问题。

4.2.1 硬件构成

CS 3000 系统的 FCS 有标准型、扩展型和紧凑型。标准型、扩展型 FCS 可进一步分成两类：一类使用 RIO（Remote I/O），由 RIO Bus 连接；另一类使用 FIO（Field Network I/O），由企业服务总线（Enterprise Service Bus，ESB/Enterprise Remote，ER）连接，其机柜外形如图 4.3 所示。根据 FCU 主存大小的不同又分为 16MB 标准型 FCS（LFCS/KFCS）和 32MB 扩展型 FCS（LFCS2/KFCS2）。本章主要介绍两类标准型 FCS 硬件构成。标准型 FCS 主要由一个现场控制单元 FCU、数个节点（NODE）、连接总线（RIO Bus 或 ESB Bus/ER Bus）、输入/输出（I/O）卡件等组成。

图 4.3 FCS 机柜外形

在图 4.3 中，左边机柜为 RIO 总线标准型 FCS——LFCS，右边机柜为 FIO 总线标准型 FCS——KFCS。

1. 中央控制单元 FCU 构成

FCU 机箱的硬件构成如图 4.4 所示。卡件上 LED 指示灯显示了 FCS 的工作状态。

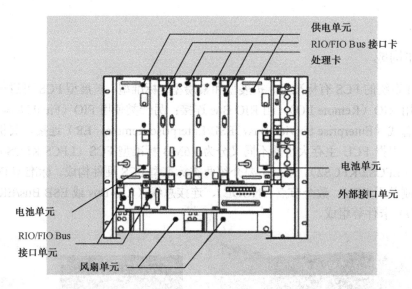

图 4.4　FCU 机箱的硬件构成

CTRL 为处理卡运行状态指示灯，绿灯亮表示处理卡正在运行，灯灭表示处于后备状态。COPY 数据复制时绿灯亮，复制结束绿灯灭。HRDY 绿灯亮表示硬件自诊断正常，RDY 绿灯亮表示硬件和软件运行正常。

2. RIO 标准型 FCS

RIO 标准型 FCS 的硬件配置如图 4.5 所示。一个 FCU 最多连 8 个 NODE，机柜正面和反面分别能安装 3 个 NODE 单元。正面安装的 NODE 因为有 FCU，所以只能安装 4 个 IOU（I/O Unit），机柜反面和扩展柜安装的 NODE 可以连 5 个 IOU。I/O 通信 Bus 用于 FCS 处理器与 NODE 间的连接，它的传输速率为 2Mbps；传输介质为双绞线或光缆，双绞线的传输距离为 750m，光缆的传输距离为 20km。

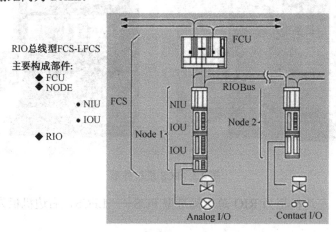

图 4.5　RIO 标准型 FCS 的硬件配置

3. FIO 标准型 FCS

FIO 标准型 FCS 的硬件配置如图 4.6 所示。一个 FCU 最多连 10 个 NODE，若连接远程

NODE，则最多不能超过 9 个。每个 NODE 单元有 12 个槽位，左边 8 个为 I/O 模件槽位，右边 4 个是 Bus 接口模件和供电模件槽位。模件需要冗余配置时，只能是 I01-I02，I03-I04，I05-I06，I07-I08 相互后备。

FIO 型 ESB Bus，传输速率为 128Mbps；传输介质为专用电缆 YCB301，最大传输距离 10m。FIO 型 ER Bus，传输速率为 10Mbps；传输介质为专用电缆 YCB141/YCB311T 同轴电缆，最大传输距离 10m。NODE 的作用是将输入/输出设备（I/O）模件的数据传送给 FCU，同时将 FCU 处理数据传送到输入/输出设备（I/O）模件。ESB Bus 为 I/O 通信 Bus，用于 FCU 处理器与本地 NODE 间的连接。ER Bus 为 I/O 通信 Bus，用于与本地 NODE 与远程 NODE 间的连接。

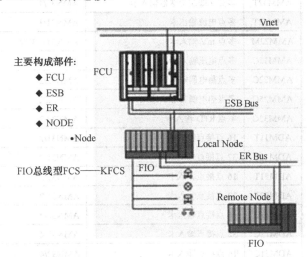

图 4.6　FIO 标准型 FCS 的硬件配置

4.2.2　卡件功能

现场控制站的两种卡件 RIO 和 FIO 不能相互通用。

RIO 型 FCS 控制站卡件有模拟量 I/O 卡件、多点模拟量 I/O 卡件（端子型/连接器型）、继电器 I/O 卡件、多点控制模拟量 I/O 卡件（连接器型）、数字量 I/O 卡件、通信模件、通信卡件等 7 类。不同的 I/O 卡件必须安装在不同的插件箱中，安装个数也有要求。RIO 型卡件如表 4.1 所示。

表 4.1　RIO 型卡件

卡件名称	型　　号	卡件说明	插件箱/卡件个数	连接方式
模拟量 I/O 卡件	AAM10	电流/电压输入卡（简捷型）	AMN11，12/16	端子
	AAM11/11B	电流/电压输入卡/BRAIN 协议	AMN11，12/16	
	AAM12	mV、热电偶、RTD 输入卡	AMN11，12/16	
	APM11	脉冲输入卡	AMN11，12/16	
	AAM50	电流输出卡	AMN11，12/16	

卡件名称	型 号	卡件说明	插件箱/卡件个数	连接方式
模拟量 I/O 卡件	AAM51	电流/电压输出卡	AMN11, 12/16	端子
多点控制模拟量 I/O 卡件	ACM80	多点控制模拟量 I/O 卡（8I/8O）	AMN34/2	连接器
继电器 I/O 卡件	ADM15R	继电器输入卡	AMN21/1	端子
	ADM55R	继电器输出卡	AMN21/1	
多点模拟量 I/O 卡件	AMM12T	多点电压输入卡	AMN31, 32/2	端子
	AMM22T	多点热电偶输入卡	AMN31, 32/2	
	AMM32T	多点 RTD 输入卡	AMN31/1	
	AMM42T	多点 2 线制变送器输入卡	AMN31/1	
	AMM52T	多点电流输出卡	AMN31/1	
	AMM22M	多点 mV 输入卡	AMN31, 32/2	
	AMM12C	多点电压输入卡	AMN32/2	连接器
	AMM22C	多点热电偶输入卡	AMN32/2	
	AMM25C	多点热电偶带 mV 输入卡	AMN32/2	
	AMM32C	多点 RTD 输入卡	AMN32/2	
数字量 I/O 卡件	ADM11T	16 点接点输入卡	AMN31/2	端子
	ADM12T	32 点接点输入卡	AMN31/2	
	ADM51T	16 点接点输入卡	AMN31/2	
	ADM52T	32 点接点输入卡	AMN31/2	
	ADM11C	16 点接点输入卡	AMN32/4	连接器
	ADM12C	32 点接点输入卡	AMN32/4	
	ADM51C	16 点接点输入卡	AMN32/4	
	ADM52C	32 点接点输入卡	AMN32/4	
通信模件	ACM11	RS-232 通信模件	AMN33/2	连接器
	ACM12	RS-422/RS-485 通信模件	AMN33/2	端子
	ACF11	现场总线通信模件	AMN33/2	端子
	ACP71	Profibus 通信模件	AMN52/4	D-sub9 针连接器
通信卡件	ACM21	RS-232 通信卡件	AMN51/2	连接器
	ACM22	RS-422/RS-485 通信卡件	AMN51/2	端子
	ACM71	Ethernet 通信模件	AMN51/2	RJ-45 连接器

FIO 型 FCS 控制站的 AI/AO 与 DI/DO 均可实现双重化。FIO 型卡件分为模拟量 I/O 卡件、数字量 I/O 卡件、通信卡件等 3 类。FIO 型卡件如表 4.2 所示。

表 4.2 FIO 型卡件

型 号	卡件说明	卡件 I/O 通道	连接方式		
			压接端子	KS 电缆	MIL 电缆
AAI141	AI 卡（4～20mA，非隔离）	16	●	●	●
AAV141	AI 卡（1～5V，非隔离）	16	●	●	●
AAV142	AI 卡（−10～＋10V，非隔离）	16	●	●	●
AAI841	AI/AO 卡（4～20mA I/O，非隔离）	8AI/8AO	●	●	●
AAB841	AI/AO 卡（1～5V AI/4～20mA AO，非隔离）	8AI/8AO	●	●	●

型　号	卡件说明	卡件 I/O 通道	连接方式		
			压接端子	KS 电缆	MIL 电缆
AAV542	AO 卡（−10～＋10V，非隔离）	16	●	●	●
AAI143	AI 卡（4～20mA，隔离）	16	●	●	●
AAI543	AO 卡（4～20mA，隔离）	16	●	●	●
AAV144	AI 卡（−10～＋10V，隔离）	16	●	●	●
AAV544	AO 卡（−10～＋10V，隔离）	16	●	●	●
AAT141	TC/mV 输入卡（TC：JIS R，J，K，E，T，B，S，N/mV：−100～150mV，隔离）	16	●	—	—
AAR181	RTD 输入卡（RTD：JIS PT100，隔离）	12	●	●	●
AAI135	AI 卡（4～20mA，通道隔离）	16	●	●	●
AAI835	AI/AO 卡（4～20mA I/O，通道隔离）	4AI/4AO	●	●	●
AAT145	TC/mV 输入卡（TC：JIS R，J，K，E，T，B，S，N/mV：−100～150mV，通道隔离）	16	—	●	●
AAR145	RTD/POT 输入卡（RTD：JIS PT100/POT：0～10kΩ，通道隔离）	16	—	●	●
AAP135	脉冲输入卡（0～10kHz，通道隔离）	16	●	●	●
AAP149	兼容 PM1 脉冲输入卡（0～6kHz，通道隔离）	16	—	●	●
ADV151	DI 卡（24V DC，4.1mA）	32	●	●	●
ADV551	DO 卡（24V DC，100mA）	32	●	●	●
ADV141	DI 卡（100～120V AC，4.7mA）	16	●	●	●
ADV142	DI 卡（220～240V AC，6.2mA）	16	●	●	●
ADV157	DI 卡（24V DC，4.1mA，仅支持端子型）	32	●	—	—
ADV557	DO 卡（24V DC，100mA，仅支持端子型）	32	●	—	—
ADV161	DI 卡（24V DC，2.5mA）	64	—	●	●
ADV561	DO 卡（24V DC，100mA）	64	—	●	●
ADR541	继电器输出卡（24～110V DC/100～240V AC）	16	●	—	—
ADV859	兼容 ST2 数字输入/输出卡（通道隔离）	16DI/16DO	—	●	●
ADV159	兼容 ST3 数字输入卡（通道隔离）	32	—	●	●
ADV559	兼容 ST4 数字输出卡（通道隔离）	32	—	●	●
ALR111	RS-232C 通信卡	2 端口	—	●	●
ALR121	RS-442/RS-485 通信卡	2 端口	—	●	●
ALE111	Ethernet 通信卡	1 端口	—	●	●
ALF111	Foundation 现场总线通信卡	4 端口	—	●	●
ALP111	PROFIBUS-DPV1 通信卡	1 端口	—	●	●
ASI133	带内置安全栅 AI 卡（4～20mA，隔离）	8	●	—	—
ASI533	带内置安全栅 AO 卡（4～20mA，隔离）	8	●	—	—
AST143	带内置安全栅 TC/mV 输入卡（TC：JIS R，J，K，E，T，B，S，N/mV：−100～150mV，通道隔离）	16	●	—	—
ASR133	带内置安全栅 RTD/POT 输入卡（RTD：JIS PT100/POT：0～10kΩ，通道隔离）	8	●	—	—
ASD143	带内置安全栅 DI 卡（兼容 NAMUR，隔离）	16	●	—	—

4.3 操作监视站

4.3.1 硬件构成

操作站采用的是世界一流品牌 DELL 计算机,并采用先进的 Windows XP 作为操作平台。它由主机、显示器及横河公司专用操作员键盘、鼠标、VF701 通信卡组成。操作站硬件配置要求如表 4.3 所示。

表 4.3 操作站硬件配置要求

序　号	名　称	型号或规格	数　量
1	CPU	Pentium 300MHz/800 MHz 或更快（对 Windows 2000/XP 系统）	1
2	内存	128MB/256MB 或更大（对 Windows 2000/XP 系统）	1
3	硬盘	4GB 或更大	1
4	显示器	1 024×768 或更高分辨率；256 色或更高	1
5	软驱	3.5in	1
6	CD-ROM		1
7	鼠标		1
8	键盘		1
9	串口	9 针	1
10	并口		1
11	USB 口		1
12	扩展槽	PCI 槽	1
13	Ethernet 网卡	10MB/100MB 自适应网卡	1
14	VF701 卡		1

其中,USB 口可配置一个或多个,用于连接操作员键盘或 USB 口设备；串口可配置一个或多个,用于连接操作员键盘；并口可配置一个或多个,用于连接打印机等；至少配置一个 PCI 扩展槽,用于安装控制总线网卡 VF701；VF701 卡用于将 PC 接入 Vnet/VLnet,使其成为工程师站或操作员站,以便安装 PCI 槽中的控制总线接口卡。在安装软件前,必须对VF701 卡上的两个 DIP 开关进行设置,一个是域号设置,一个是站号设置。操作站硬件构成如图 4.7 所示。

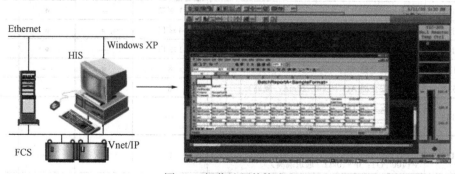

图 4.7 操作站硬件构成

4.3.2 基本功能

操作员可以通过键盘或鼠标对不同的流程图、控制面板、趋势图或报警信息等进行操作。这样可以大大提高一个 HIS 的利用率，同时提高操作效率。

在 HIS 的监视器上，操作员可以观察到所有挂在通信总线的各种硬件的配备状况，甚至可以观察到控制站上的某个 I/O 点的情况。屏幕的刷新速度快达 1s。

HIS 可以显示各种画面，如流程图、控制组、趋势等。它也可以监视设备，通过指令窗口发送指令，记录报警及其他事项和确认报警。

在 HIS 操作窗口的工具栏上，有过程报警指示和系统报警指示两个指示灯。当报警发生时，针对各个过程报警和系统报警发出报警信号。报警声音分为 7 种，分别对应不同级别的过程报警和系统报警。

在过程报警信息画面中可显示最新生成的报警信息。每个 HIS 可存储的报警信息量是根据 HIS 的硬盘空间大小而定的，系统可自动定期导出报警信息到 Excel 文件中，也可手动保存。

HIS 可显示系统状态画面。如果系统发生故障，通过自检测会产生系统报警信息，同时在系统状态画面中可实时显示报警的具体设备的状态，显示故障信息，方便维护人员维修。

4.4 通用操作

1. 画面调用

通过操作画面和操作员键盘，可进行相应的画面调用和操作监视。画面调用大致可分为两类：第一类是直接调用法，即通过系统信息窗口，直接输入窗口名和导航窗口；第二类是间接调用法，即通过功能块或分级窗口实现。

2. 画面切换

通过系统信息窗口和操作员键盘上循环切换按钮，可将操作监视的图形画面和 Windows 界面的显示顺序进行切换。还可以利用系统信息窗口上的窗口切换菜单和操作员键盘上相应的按键进行画面切换，来调用各种不同的窗口。

3. 操作应用

项目组态完成后的调试工作及现场实际使用，都将通过操作站实现相关操作。操作的主要方法有两种，一种是通过鼠标点选操作画面中系统信息窗上的各个窗口按钮；另一种是利用操作员键盘，完成相应的操作和维护。下面对系统信息窗口和操作员键盘的各个按键的作用做一简要介绍。

（1）系统信息窗口。系统信息窗口工具栏如图 4.8 所示，该窗口始终出现在屏幕最顶端，以方便日常操作。它能显示近期报警信息，调用相关操作界面，有些内容与 HIS 的日常维护密切相关。

图 4.8 系统信息窗口工具栏

系统信息窗口工具栏中的按钮分布从左至右依次为过程报警按钮、系统报警按钮、操作指导信息按钮、信息监视按钮、用户进入按钮、窗口切换按钮、窗口操作按钮、预设按钮、工具栏按钮、导航按钮、名字输入按钮、切换按钮、清屏按钮、消音按钮、全屏复制等。

① 过程报警按钮。单击此按钮可以调出过程报警窗口。出现过程报警信息后，按钮会有相应提示。若按钮呈红色并闪烁，则表示发生了过程报警，但其内容未被确认；若红色持续并不闪烁，则表示发生了过程报警，但其内容已被确认；常规颜色则表示没有发生过程报警。

② 系统报警按钮。单击此按钮可以调出系统报警窗口，包含整个系统硬件信息和软件更改的相关信息。出现系统报警信息后，按钮会有相应提示。若按钮呈红色并闪烁，则表示发生了系统报警，但其内容未被确认；若红色持续并不闪烁，则表示发生了系统报警，但其内容已被确认。

③ 操作指导信息按钮。单击此按钮可以调出操作指导信息窗口，并可对操作指导信息进行确认。出现操作指导信息后，按钮会有相应提示。若按钮呈绿色并闪烁，则表示出现操作指导信息，并且其内容未被确认；若绿色持续，则表示出现操作指导信息，并且所有内容已被确认。

④ 信息监视按钮。它用来监视和确认相关信息，如信息被确认后，图标上蓝色箭头将消失。

⑤ 用户进入按钮。通过此按钮可以进入用户身份的切换，以及密码的设置。系统默认三种用户名称，即操作员（OFFUSER）、操作班长（ONUSER）和工程师（ENGUSER）。出于安全的考虑，有的用户身份有密码保护，但操作员身份的用户不需密码保护。通过用户进入按钮可以修改密码，密码保护等同于操作员键盘上的钥匙保护。用户进入是以所选用户的身份，进入到操作界面。用户退出是将登录用户的身份注销，系统自动返回操作员（OFFUSER）身份下。用户权限为 S3 级别的工程师（ENGUSER），可在操作状态下具有关机的权限。

⑥ 窗口切换按钮。通过此按钮可调出各种类型画面的初始窗口，如总貌、控制组、趋势组、流程图等。它与操作员键盘上的操作键功能相同，如图 4.9 所示。

图 4.9 窗口切换按钮

⑦ 窗口操作按钮。通过此按钮可调出操作菜单的下拉菜单，可进行监视画面的相关操作，如图 4.10 所示。

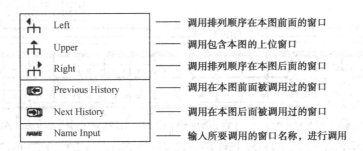

┪┠	Left	—— 调用排列顺序在本图前面的窗口
┰	Upper	—— 调用包含本图的上位窗口
┠►	Right	—— 调用排列顺序在本图后面的窗口
◄	Previous History	—— 调用在本图前面被调用过的窗口
►	Next History	—— 调用在本图后面被调用过的窗口
NAME	Name Input	—— 输入所要调用的窗口名称，进行调用

图 4.10　窗口操作按钮

⑧ 预设按钮。它用于调用在 HIS SETUP 中所定义的预设窗口菜单。

⑨ 工具栏按钮。它包含了用于调用各种图形窗口的相关按钮。

⑩ 导航按钮。用它可调出导航窗口，将软件组态中定义的图形窗口全部列出。若图形中出现报警，则该图形窗口的图标会通过颜色来进行表示。报警未确认，图标颜色全红；确认后，图标边框带有颜色。

⑪ 名字输入按钮。单击该按钮出现输入窗口，输入所要调用的窗口名称，即可调出所要的图形窗口或仪表面板。

⑫ 切换按钮。用它可将操作监视画面和 Windows 界面的显示顺序进行切换。

⑬ 清屏按钮。用它可清除屏幕上所有操作和监视画面窗口。

⑭ 消音按钮。用它可将系统发出的报警声音关闭。

⑮ 全屏复制。用它可对整个屏幕进行复制输出，可用图片文件存储，也可由打印机输出。

（2）操作员键盘。操作员键盘采用全封闭式防尘防水平面触摸键，可发出 7 种电子声音，有 9 针 RS-232 接口和 USB 接口两种。通过键盘左上角的方式选择钥匙，可选择 OFF（操作员）、ON（班长）和 ENG（工程师）等三种不同的安全级别，以确定操作者的权限。操作员键盘主要由五部分组成，如图 4.11 所示。

① 功能键区。利用 32 个功能键，可方便地调出流程图、仪表面板等操作和监视窗口，执行系统功能键的功能，启动/停止批量趋势数据。

② 窗口调用按键区。利用窗口调用键，可调出所需的各种不同的窗口界面，进行操作和监视。

③ 数据输入区。利用数据输入键，可对各种所需项目的数据进行输入，如 SV 值、MV 值。直接输入工位号或其他窗口名称，可分别调出仪表面板和所需窗口界面。

④ 操作控制区。利用操作功能键，可进行手动、自动、串级切换，并对相应值进行更改。

⑤ 其他键区。其他键用来进行报警确认和消音，信息的确认和删除，以及光标移动等操作。

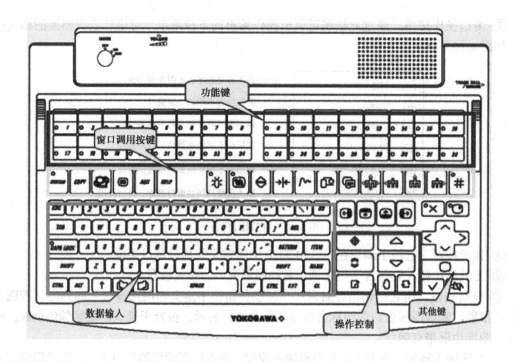

图 4.11　操作员键盘

4．数据输入

根据操作需要，数据输入有很多方法，如仪表面板的数据输入区、调整画面的数据区域、流程图的数据输入区等。在调整画面的数据区域可对除 PV 值以外的带"＝"号的项目数据值进行修改。单击仪表面板的数据输入区，利用出现的对话框可更改项目和输入相关数值。

数据输入操作如图 4.12 所示。

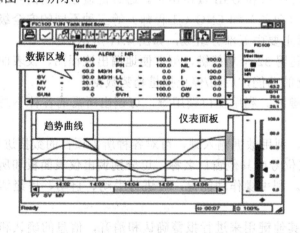

图 4.12　数据输入操作

5．仪表面板操作

仪表面板操作如图 4.13 所示。

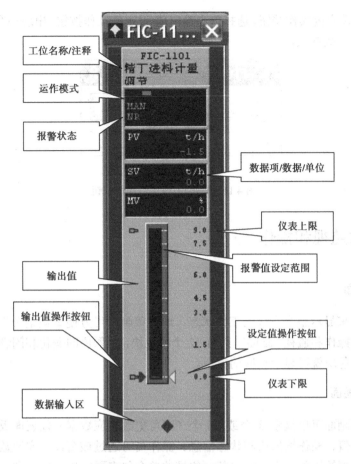

图 4.13 仪表面板操作

① 操作模式的变更。选中并单击操作模式，出现一对话框，可进行手动/自动/串级等操作模式的切换，如图 4.14 所示。

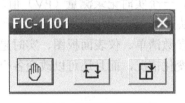

图 4.14 操作模式的变更

② 数据输入。进入如图 4.15 所示的数据输入界面，选择或输入需更改的数据项，更改数据后回车即可。

图 4.15 数据输入

③ 输出值/设定值操作按钮。选择单击输出值/设定值操作按钮，出现如图 4.16 所示界面，可渐进地改变相应数据项。

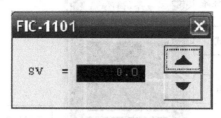

图 4.16　输出值/设定值操作按钮

4.5　画面的监视和操作

1．总貌画面

总貌画面用来显示整个系统的工作状态，通过该画面可方便掌握整个生产的全过程，实现对生产装置的操作和监视。画面中具有 32 个颜色块，用颜色的变化和闪烁来表示设备的操作状态，操作颜色块就可显示相应的窗口。

2．控制组画面

每个控制组画面可以显示 8 个或 16 个（不可更改相应数据）仪表面板。在仪表面板图中，可显示设定值、操作输出值和状态信息。操作员可通过该窗口，实现数据的设定、更改及运行方式的变更等操作，也可调出某一位号的单个仪表面板进行显示和操作。

3．调整画面

调整画面由一个仪表面板，一个实时记录测量（PV）值、给定（SV）值、输出（MV）值的趋势图，以及一个功能模块（Block）全部有关数据等三部分组成。它显示单个仪表的详细状态信息与过程数据，包括参数清单、仪表面板图、实时趋势图等。通过该画面不仅可以监视一个功能模块的相关参数变化情况，而且还可以改变各个相应数据的设定值。

4．趋势画面

趋势画面用来记录各种类型的过程变量的变化过程，并以不同颜色的曲线形式实时显示过程数据。操作员可通过键盘按钮、系统信息窗趋势组按钮，或直接输入趋势组窗口名调出该画面。每组有 8 个过程变量的数据显示，单击任意一个工位可调出某一位号的单个变量的趋势记录。

5．过程报警画面

过程报警画面按报警产生的时间顺序显示各功能块所产生的过程报警信息。当有报警发生时，会发出报警声音，同时将相关报警、信息、日期等显示出来。通过标记的闪烁来提醒操作人员注意，以便及时掌握生产过程与设备的工作状况。

6．操作指导画面

操作指导画面用来显示最近事件所产生的操作员指导信息，提醒或帮助操作员了解生产过程的每个阶段。操作员可通过确认键完成对信息的确认，用删除键删除已确认的信息。

7．流程图画面

流程图画面是工厂生产过程和控制系统的图形缩影，是装置过程的全动态模拟流程图，用来显示生产过程中的各种工艺变量和实时过程数据，展示真实的工艺流程和实际设备的工作状态，通过对该画面监视目标的操作，还可调出其他相应的操作监视窗口。用户可以通过流程图画面来监视、操作和控制生产过程。

8．系统状态总貌画面

系统状态总貌画面用来显示整个控制系统的各个 HIS 操作站和 FCS 控制站的总体状态，以便维护人员及时了解系统设备的运行状况，并对正在运行中的设备所出现的故障及时进行处理，从而达到维护整个系统的目的。

9．操作标签

操作标签的作用是通过对仪表功能块的挂牌操作，临时改变仪表的操作权限。当操作标签从仪表上摘除后，又恢复原有操作权限。挂牌操作仅仅起到提示的作用，目的是保护现场设备，同时也是为了保证检修人员的安全。可在项目组态的项目公共部分（COMMON）和操作站（HIS SETUP）进行定义，这两种方式以最后定义下装的为准。

10．功能键分配

在操作员键盘上，设置有 32 个功能键。为了方便操作员操作，可以自由定义功能键的功能。每一个功能键上有一个 LED 灯可以显示相关的报警状态，同时可以对功能键上的标签进行标注，以方便操作人员使用。通常在 HIS 组态［CONFIGURATION］---［FuncKey］中定义或在 HIS SETUP 的功能键窗口中临时定义，以最后下装为准。

4.6 工程师站

4.6.1 工程师站功能

工程师工作站采用 DELL 工作站计算机，用于系统组态和生成。工程师站提供了一个直观、有目标导向的用户界面，能够储存系统所有的组态数据，并将开发和综合的所有应用数据保存到数据库。这个数据库包括所有连接在网络上的站点、网络、工位号的定义、报警和故障的定义、控制方案的组成及流程图的制作。它通过 Windows XP 共享档案功能，进行并行工程组态，使多位工程师能够同时组态到网络上的一个数据库。此外，不同的工程师站所生成的数据也可以被综合到一个数据库里，工程师站上的虚拟测试功能也可以在离线的情况下确认所生成的程序。

4.6.2　CS 3000 系统软件安装

1. 安装前的确认工作

在安装前执行下列操作。

① 安装 CS 3000 软件前重新启动 PC。

② 如果正在运行病毒保护或其他驻留内存的程序，则退出运行。

2. 安装软件

重启 PC 后，登录到管理员账户。

① 将 Key-Code 软盘插入驱动器。

② 将 CS 3000 光盘插入 CD-ROM 驱动器。

③ 运行 Windows 浏览器，并在"CENTUM"目录下双击"SETUP"，"Welcome"对话框将随之出现。

④ 单击"Next"按钮或按"Enter"键。

⑤ 选择软件安装的目标路径。默认路径为 "C：\CS 3000"，使用"Browse"按钮可以更改路径。

⑥ 单击"Next"按钮或按"Enter"键，出现用户注册对话框。

⑦ 输入用户名和组织名。

⑧ 单击"Next"按钮或按"Enter"键，出现一个输入 ID 号的对话框。

⑨ 输入系统提供的 ID 号。如果是系统升级，则无须 ID 号。

⑩ 单击"Next"按钮或按"Enter"键，显示已安装的软件列表。

⑪ 单击"Next"按钮或按"Enter"键，显示一个对话框，询问是否有另一张 Key-Code 软盘。

⑫ 单击"No"按钮，或按"Enter"键，显示一个要安装的软件列表。

⑬ 如果电子文档许可被添加到 Key-Code 中，则会出现一个对话框，提示用户更换另一张光盘（电子手册）。依照提示更换光盘，屏幕出现安装确认对话框。

⑭ 单击"Yes"按钮，开始安装电子手册，这个过程大概需要 10min。

⑮ 安装完成后，出现一个对话框，询问是否还要进行 CS 3000 的安装。

⑯ 如果无须进行下一步安装，则单击"No"按钮或按"Enter"键。如果有必要，则将 CS 3000 光盘插入 CD-ROM 驱动器并单击"Yes"按钮。

⑰ 出现一个确认对话框，询问是否需要操作键盘。如果需要，则选择"Use operation keyboard"并选择操作键盘 COM 口（COM1 或 COM2），单击"Next"按钮或按"Enter"键；如果不需要，则直接单击 "Next"按钮或按"Enter"键。该步骤进行的设置也可在 HIS Utility 中修改或设置。

⑱ 出现一个系统参照数据库对话框，输入操作和监视功能使用的数据库所在的计算机名。一般情况下，该数据库在组态计算机中。

⑲ 单击"Next"按钮或按"Enter"键，出现一个对话框，提示安装 Microsoft Excel。该对话框是在已安装了报表软件包时，或在安装报表软件前未安装 Excel 时出现的。

⑳ 按"OK"键，显示安装 Acrobat Reader 软件提示对话框。该对话框仅在安装了

"Electronic Document"（电子文档）时出现。

㉑ 按"OK"键，显示一个对话框，通知用户安装结束，提醒用户取出软盘和光盘，并重新启动。依照提示取出软盘和光盘，并单击"Finish"按钮或按"Enter"键，安装结束。

3．安装电子文档

若安装了电子文档，则必须安装 Acrobat Reader。该软件包含在 CS 3000 的光盘中，安装过程如下。

① 将包含电子文档的光盘插入光驱 CD-ROM 中。

② 在光驱"Centum\Reader\English"目录下双击"AdbeRdr60-enu-full.exe"或"ar505enu.exe"，开始安装。

③ 在光驱"Centum\Reader\English"目录下双击"FINDER.exe"，开始安装。

④ 在光驱"Centum\Reader\English"目录下双击"SVGView.exe"，开始安装。

⑤ 安装 Microsoft Excel。

如果使用报表软件或 PICOT，则必须安装 Microsoft Excel。该软件不包含在 CS 3000 光盘中，应使用 Microsoft Office（或 Microsoft Excel）CD-ROM 安装。

4.6.3 系统项目生成

1．生成新项目

创建项目所必需的控制站（FCS）和操作站（HIS）。

2．定义项目公共项

① 定义仪表的操作标签。
② 定义用户的安全策略。

3．控制站定义

① I/O 卡件的定义。
② FCS 的常规控制部分定义。
③ FCS 的顺序控制部分定义。

4．操作站定义

① 操作站基本属性定义。
② 功能键定义。
③ 趋势定义。
④ 流程图定义。
⑤ 顺控请求信息定义。

5．进行虚拟测试

虚拟测试用于测试项目组态内容的正确性。

6. 项目下装

① 确认硬件地址的设置，网络正确连接。

② 下装项目公共部分。

③ 下装控制站部分。

④ 下装操作站部分。

7. HIS 的相关设置

进行 HIS SETUP 窗口的相关设置。

8. 现场联机调试

连接现场设备并进行调试。

9. 调整参数的存储

存储在调试过程中设置的调整参数。

10. 项目备份及存档

可用多种媒体进行项目备份，打印相关文件资料进行存档。

4.6.4 组态操作

生成 CS 3000 系统新项目时，顺序单击"开始"和"所有程序"，依据路径 Yokogawa CENTUM\System view\SYSTEM VIEW\FILE\Create New\Project，填写用户/单位名称及项目信息并确认，当出现新项目对话框时，填写项目名称（大写），确认项目存放路径。

在此项目建立过程中，自动提示生成一个控制站和一个操作站，依据系统配置，定义生成其余的控制站和操作站。

控制站建立方法是首先选择所建项目名称，顺序单击 File→Create New→FCS，然后选择控制站类型、数据库类型，设定站的地址。

操作站建立方法是首先选择所建项目名称，顺序单击 File→Create New→HIS，然后选择操作站类型，设定站的地址。

系统项目生成后，即可进行相应内容的组态。

1. 控制站的组态

① 项目公共部分定义（Common）。

② FCS 定义，如 FIO 型 1#控制站定义。

③ NODE 的定义。NODE 的定义路径为：FCS0101\IOM\File\Create New\Node，选择并确定 Node 类型和 Node 编号等相关内容。

④ 卡件的定义。卡件的定义路径为：FCS0101\IOM\Node1\File\Create New\IOM。

模拟量卡定义内容有选择卡件类型、卡件型号、卡件槽号和卡件是否双重化（必须在奇数槽定义）等。

数字量卡定义内容有选择通道地址、信号类型、工位名称、工位注释和工位标签等。

FIO 卡件地址命名规则为：%Znnusmm。

其中，nn——Node（节点号：01～10）；

u——Slot（插槽号：1～8）；

s——Segment（段号：1～4），除现场总线卡件外均为 1；

mm——Terminal（通道号：01～64）。

RIO 卡件地址命名规则：%Znnusmm。

其中，nn——Node（节点号：01～08）；

u——Unit（单元号：1～5）；

s——Slot（插槽号：1～4）；

mm——Terminal（通道号：01～32）。

⑤ FUNCTION__BLOCK（功能块及仪表回路连接）定义。功能块及仪表回路连接定义的路径为：FCS0101\FUNCTION__BLOCK\DR0001。

单回路 PID 仪表的建立步骤如下。

a. 单击类型选择按钮，选择路径 Regulatory Control Block\Controllers\PID。

b. 输入工位名称，单击此功能块，并单击鼠标右键进入属性，填写相关属性内容（如工位名称、工位注释、仪表高低量程、工程单位、输入信号是否转换、累积时间单位、工位级别等）。

c. 输入通道及连接。单击类型选择按钮，选择路径 Link Block\PIO，输入通道地址，然后进行连接。单击连线工具按钮，先单击 PIO 边框上"*"点，再双击 PID 边框上"*"点，然后存盘。

功能块及仪表回路连接定义如图 4.17 所示。

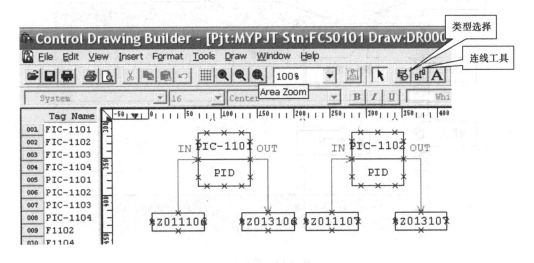

图 4.17　功能块及仪表回路连接定义

常规控制功能块用于不同的控制和计算，PID 控制模块带有自整定功能。组合各种控制和计算功能模块，可以组成各种复杂的模拟量控制回路。

⑥ 顺序控制模块。顺序控制能够根据预先指定的条件和指令一步一步地实现控制过程。应用时，条件控制（监视）根据事先指定的条件，对过程状态进行监视和控制；程序控制（步序执行）根据事先编好的程序执行控制任务。

顺序控制模块可以组态各种回路的顺序控制,如安全联锁控制顺序和过程监视顺序。

顺序控制表 Sequence Table 和逻辑流程图 Logic Chart 连接组合,可以组态形成非常复杂的逻辑功能,以实现复杂逻辑判断和控制,如图 4.18 所示。

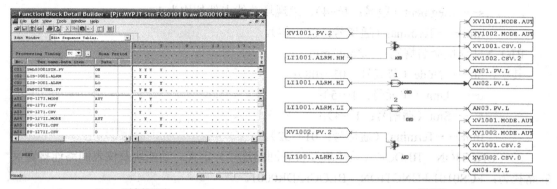

Sequence Table 顺序控制表　　　　　　　　　　　　　　　　Logic Chart 逻辑图

图 4.18　顺序控制

在顺控表中,通过操作其他功能块、过程 I/O、软件 I/O 来实现顺序控制。在表格中填写 Y/N(Yes/No)来描述输入信号和输出信号间的逻辑关系,实现过程监视和顺序控制。每一张顺控表有 64 个 I/O 信号,32 个规则。顺控表块有 ST16 顺控表块和 ST16E 规则扩展块两类。顺控表如图 4.19 所示。

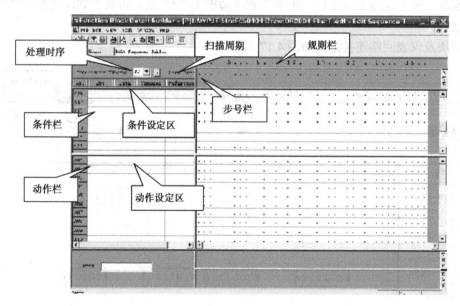

图 4.19　顺控表

Processing Timing(处理时序指定)。处理时序指定分为 I, B, TC, TE, OC, OE。I, B 表在 FCS 启动时执行,用来做初始化处理,为正常操作和控制做准备;TC, TE, OC, OE 表用于实现各种顺控要求。

扩展表不能单独使用,只作为 ST16 表扩展使用。当 ST16 表的规则栏、条件信号或操作信号不够用时,使用 ST16E 可扩展该表。使用时将 ST16E 表的名称填入 ST16 表下部的 NEXT 栏中即可。

顺控表必须置于 AUT（自动）方式，才能起作用。条件规则部分的红色、绿色，表示扫描检测状态；黄色表示未扫描。红色表示条件成立，绿色表示条件不成立。

⑦ 逻辑模块主要用于联锁顺序控制系统，通过逻辑符号的互连来实现顺序控制。

逻辑描述区是一个有 32 行（1～32）、26 列（A～Z）的矩阵，在次区域内通过使用逻辑元素符号来描述逻辑关系。逻辑模块 LC64 有 32 个输入、32 个输出和 64 个逻辑符号。处理时序可分为 I,B,TE,OE 四种，扫描周期可选基本扫描、中速扫描和高速扫描。

逻辑图模块的处理分为 3 个阶段：输入处理、逻辑运算处理和输出处理。

输入处理：对输入信号进行检测，判断条件信号状态的真假。

逻辑运算处理：依据输入信号的条件测试结果（真=1，假=0）进行运算。

输出处理：根据逻辑运算处理的结果决定状态输出。状态输出对动作目标执行状态操作，可对节点或其他功能块进行状态操作，传递命令，设定数据等。

常用逻辑操作元素有 AND（与），OR（或），NOT（非），SRS1/2-R（R 端优先双稳态触发器），SRS1/2-S（S 端优先双稳态触发器），CMP-GE（大于等于比较），CMP-GT（大于比较），CMP-EQ（等于比较），TON（上升沿触发器），TOFF（下降沿触发器），OND（ON 延时器），OFFD（OFF 延时器）。

开关仪表块有 SI/O-1（1 点输入/输出开关仪表块），SI/O-2（2 点输入/输出开关仪表块），SI/O-11/12（1/1 或 1/2 点输入/输出开关仪表块），SI/O-21/22（2/1 或 2/2 点输入/输出开关仪表块），SI/O-12P/22P（1/2 或 2/2 点输入/脉冲输出开关仪表块）。

顺控元素块有 TM（计时块），CTS（软计数块），RL（关系式），CTP（脉冲计数块）。

2. 操作站的组态

① 控制分组窗口的指定。控制分组窗口分为 8 回路和 16 回路两种，只有 8 回路能进行操作。窗口的定义路径为：HIS0164\WINDOW\CG0001。

② 总貌窗口的指定。每总貌窗口可设置 32 个块。窗口的指定路径为：HIS0164\WINDOW\OV0001。

③ 趋势窗口。趋势窗口数据采样间隔及存储时间见表 4.4。

表 4.4 采样间隔及存储时间

Scan Period	Recording Time
1 s	48 min
10 s	8 h
1 min	2 天
2 min	4 天
5 min	10 天
10 min	20 天

趋势的定义以块为单位。CS 3000 每操作站 50 块，每块 16 组，每组 8 笔。

新趋势块的生成路径为：HIS0164\File\Create New\Trend acquisition pen assignment...。趋势笔的分配路径为：HIS0164\Configuration\TR0001。常用数据项有 PV（CPV），SV 和 MV，例如 TIC101.PV，FIC101.SV 等。

功能键分配路径为：HIS0164\Configuration\FuncKey。功能键主要用来调出窗口和启动报表等。

4.6.5 系统测试

项目完成后，需要对软件及组态进行调试，以检验其正确与否。CS 3000 所提供的测试功能，可有效地对软件及组态进行调试。测试功能有两种类型，即虚拟测试和目标测试。项目为"默认项目/用户自定义项目"时，不带 FCS 为虚拟测试；项目为"当前项目"时，带 FCS 为目标测试。通常的调试应用虚拟测试。进入测试的方法为：单击开始\所有程序\Yokogawa CENTUM\SYSTEM VIEW，选择要测试的 FCS\FCS\TEST FUNCTION，等待系统自动完成测试窗口显示，连接文件和下载。进入测试后，就可以模拟现场进行调试。

4.7 CENTUM-CS 在工业生产装置上的应用

4.7.1 工艺简介

丁苯橡胶生产装置以丁二烯和苯乙烯为原料，按一定比例配置成碳氢相和水相，与各种制剂一起进入聚合釜，在 5～8℃温度下进行聚合反应，将转化率合格的胶浆送入脱气工序脱除未反应的单体，胶浆送往胶浆工序进行掺混，然后进入凝聚工序，与凝聚剂溶液、浓硫酸等混合后发生凝聚反应，析出的胶粒通过挤压机脱水后送入箱式干燥器进行干燥，再将合格胶粒经粉碎机与螺旋分料器分配送到自动称量系统，称重后进入压块机压块成形，胶块由皮带输送进行包装及标识，最后送成品库储存。

丁苯橡胶生产装置生产的产品用于制造各种橡胶制品，如胶管、胶带、轮胎、低压管、浅色橡胶制品等。

主要的工艺反应在聚合釜内完成，其流程如图 4.20 所示。

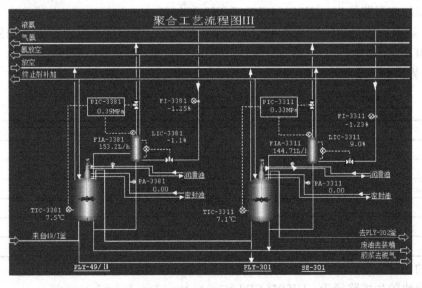

图 4.20　聚合工艺流程图

4.7.2　系统配置

在自动控制系统配置中，将 6a,6#聚合、6#脱气、7#罐区、7#凝聚工序的 800 多个监视点和控制点纳入 DCS。整个系统各类 I/O 点数为 AI 400 点，AO 200 点，DI 150 点，DO 80 点，PI 20 点。DCS 选用的是 Yokogawa 公司的 CENTUM CS 3000，用来监控全装置工艺流程，完成数据采集、过程控制、逻辑控制和快速连锁控制等功能。为保证系统的可靠性，方便操作和观察，监控装置配置五个操作站，其中一台作为工程师站，用于组态及修改相关数据；两个现场控制站采用双重化配置，系统的中央控制单元、网络总线、电源和通信模板等均进行双重化配置，操作站部分采用 DELL 计算机，配用 21in 彩色显示器。系统配备了两个控制站 FCS、四个操作站 HIS 及一个工程师站 EWS。

4.7.3　主要控制方案

1. 丁二烯与苯乙烯流量比值控制系统

在丁苯橡胶生产过程中，碳氢相中的丁二烯与苯乙烯要求保持一定的配比关系。当聚合转化率基本稳定时，苯乙烯量是一定的。生产过程中，要保证丁二烯与苯乙烯配比稳定，以精制丁二烯量为主动物料，对回收丁二烯、精制苯乙烯和回收苯乙烯流量进行比值控制。在一定配比条件下，各单体比值数将随单体温度、浓度及物性参数的变化而变化。回路连接如图 4.21 所示。

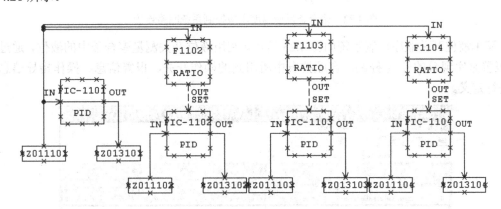

图 4.21　丁二烯与苯乙烯流量比值控制系统回路连接

图中，RATIO 为比值设定模块，具有比值运算功能。它的操作输出值 MV 是依据工艺变量的测量值 PV 和仪表设定值 SV（即比值系数）来进行计算的。

PID 为比例、积分、微分控制模块，依据现场过程测量值 PV 和设定值 SV 之间的偏差，进行比例、积分、微分运算，其运算结果操纵执行机构，以满足工艺控制要求。

MLD-SW 为手动/自动开关模块，是一种可以进行手动与自动切换的带开关的手操器。它通常用于带多个仪表的复杂回路的底层输出。当其处于手动状态时，MV 值可人为手动设置，其输出送至最终执行器；当其处于自动/串级状态时，MV 值来自控制器的输出，送到它的 CSV 端，最后将输出到最终执行器。

2. 串级控制系统

聚合釜反应温度的控制是通过控制列管内液氨蒸发压力来进行的。聚合釜反应温度控制采用聚合釜温度与液氨蒸发压力串级控制方式，使反应温度保持稳定。回路连接如图4.22所示。

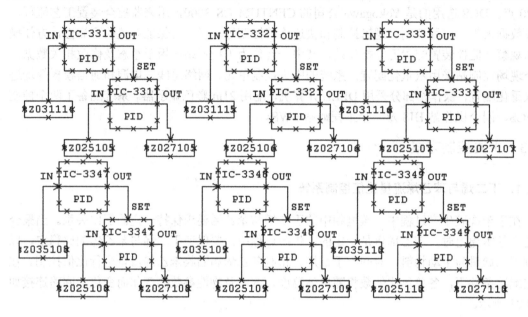

图4.22　聚合釜反应温度串级控制系统回路连接

简单液位开关顺序控制系统如图4.23所示。利用液位开关测量聚合釜中的液位，通过高/低报警来实现泵的开/停控制。在顺控表中所用到的操作开关、报警信息、操作指导信息均要进行定义。

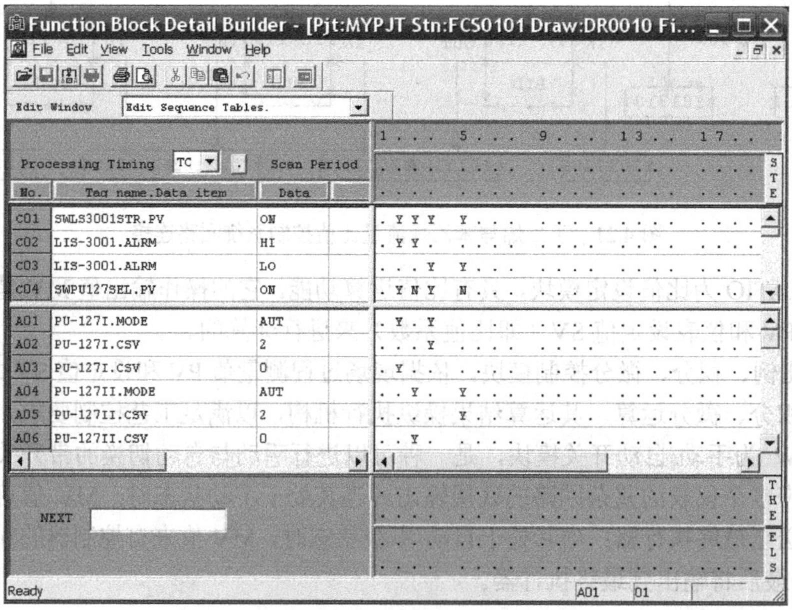

图4.23　简单液位开关顺序控制系统

操作开关定义路径为：

SYSTEM VIEW\项目名（如 MYPJT）\FCS01nn\SWITCH\SwitchDef/2/3/4 双击打开。每张顺控表中有 1 000 个开关位号。

报警信息定义路径为：

SYSTEM VIEW\项目名（如 MYPJT）\FCS01nn\MESSAGE\AN0101 双击打开。每张顺控表中有 500 个报警信息位号。

操作指导信息定义路径为：

SYSTEM VIEW\项目名（如 MYPJT）\FCS01nn\MESSAGE\OG0101 双击打开。每张顺控表中有 200 个操作指导信息位号。

本 章 小 结

本章对日本横河（Yokogawa）公司的 CENTUM-CS 3000 集散控制系统进行了简要介绍，内容包括整个系统的构成，控制站 FCS 和操作站 HIS 的组成及其功能，卡件的类型和地址命名规则，CENTUM-CS 3000 软件的安装，工程项目的生成与组态，FCS 组态内容，HIS 组态等。

思考题与习题

1. CENTUM-CS 3000 系统主要由哪些部分组成？
2. 分别叙述控制站 FCS 和操作站 HIS 的功能。
3. 控制站卡件地址的命名规则是什么？
4. 如何进入系统测试功能？
5. 功能键的作用是什么？如何在 HIS 上进行定义？
6. 如何调用仪表面板上的各种功能？
7. 系统信息窗由哪些部分组成？
8. 操作员键盘由哪几部分组成？各部分的作用是什么？
9. 控制站节点（NODE）的作用是什么？
10. 如何完成一个简单 PID 控制回路的组态？

第 5 章

JX-300X 集散控制系统

知识目标

- 了解 JX-300X 系统整体结构和主要特点;
- 掌握 JX-300X DCS 基本硬件组成和各部分作用;
- 了解通信系统的构成和特性;
- 了解 JX-300X DCS 专用组态软件包的组成;
- 掌握组态的概念和 JX-300X 组态软件的基本用法;
- 掌握流程图制作软件的特点及使用流程;
- 掌握实时监控软件的特点和使用;
- 了解系统的维护和调试方法;
- 结合实例理解 JX-300X DCS 在工业生产装置中的应用。

技能目标

- 能够根据生产工艺情况确定控制站卡件类型和数量;
- 能够熟练使用 SKey 基本组态软件对系统进行组态;
- 能够熟练运用 SCDraw 流程图制作软件绘制流程图;
- 能够对系统实现实时监控;
- 能够对系统进行必要的调试和维护。

JX-300X 集散控制系统是浙大中控技术有限公司于 1997 年在原有系统的基础上,吸收了最新的网络技术、微电子技术成果,充分应用了最新信号处理技术、高速网络通信技术、可靠的软件平台和软件设计技术,以及现场总线技术,采用了高性能的微处理器和成熟的先进控制算法,全面提高了系统性能,运用新技术推出的新一代集散控制系统。该系统具有高速可靠的数据输入、输出、运算、过程控制功能和 PLC 联锁逻辑功能,能适应更广泛、更复杂的应用要求,是一个全数字化,结构灵活,功能完善的新型开放式集散控制系统。本章主要介绍 JX-300X 集散控制系统的构成、特点、基本组态方法及其应用实例。

5.1 JX-300X 系统基础知识

5.1.1 总体概述

JX-300X 系统的整体结构如图 5.1 所示,它的基本组成包括工程师站(ES)、操作站(OS)、控制站(CS)和通信网络 SCnet Ⅱ。通过在 JX-300X 的通信网络上挂接总线变换单元(BCU),可实现与早期产品 JX-100,JX-200,JX-300 系统的互连;通过在通信网络上挂接通信接口单元（CIU），可实现 JX-300X 与 PLC 等数字设备的连接；通过多功能站（MFS）和相应的应用软件 Advantrol- PIMS，可实现与企业管理计算机网的信息交换，实现企业网络（Intranet）环境下的实时数据采集，实时流程查看，实时趋势浏览，报警记录与查看，开关量变位记录与查看，报表数据存储，历史趋势存储与查看，生产过程报表生成与输出等功能，从而实现整个企业生产过程管理与控制的全集成综合自动化。

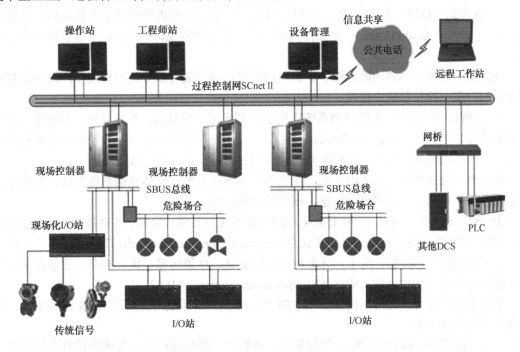

图 5.1　JX-300X 系统整体结构示意图

1. 系统主要设备

① 控制站（CS）。对物理位置、控制功能都相对分散的现场生产过程进行控制的主要硬件设备称为控制站（Control Station，CS）。

通过不同的硬件配置和软件设置可构成不同功能的控制站，包括数据采集站（DAS）、逻辑控制站（LCS）和过程控制站（PCS）三种类型。

数据采集站提供对模拟量和开关量信号的基本监视功能，一个数据采集站最多可处理 384 点模拟量信号（AI/AO）或 1 024 点开关量信号（DI/DO），768KB 数据运算程序代码及 768KB 数据存储器。

逻辑控制站提供马达控制和继电器类型的离散逻辑功能。信号处理和控制响应快，控制周期最短可达 50ms。逻辑控制站侧重于完成联锁逻辑功能，回路控制功能受到相应限制。逻辑控制站最大负荷为 64 个模拟量输入、1 024 个开关量、768KB 控制程序代码和 768KB 数据存储器。

过程控制站简称控制站，是传统意义上集散控制系统的控制站，提供常规回路控制的所有功能和顺序控制方案，控制周期最短可达 0.1s。过程控制站最大负荷为 128 个控制回路（AO）、256 个模拟量输入（AI）、1 024 个开关量（DI/DO）、768KB 控制程序代码、768KB 数据存储器。

主控制卡是控制站中关键的智能卡件，又叫 CPU 卡（或主机卡）。主控制卡以高性能微处理器为核心，能进行多种过程控制运算和数字逻辑运算，并能通过下一级通信总线获得各种 I/O 卡件的交换信息，而相应的下一级通信总线称为 SBUS。

控制站的子单元是由一定数量的 I/O 卡件（1～16 个）构成的，可以安装在本地控制站内或无防爆要求的远方现场，分别称为 IO 单元（IOU）或远程 IO 单元（RIOU）。

② 操作站（OS）。由工业 PC、CRT、键盘、鼠标、打印机等组成的人机接口设备称为操作站（Operator Station, OS），是操作人员完成工艺过程监视、操作、记录等管理任务的环境。

高性能工控机、卓越的流程图、多窗口画面显示等功能可以方便地实现生产过程信息的集中显示、集中操作和集中管理。

③ 工程师站（ES）。集散控制系统中用于控制应用软件组态、系统监视、系统维护的工程设备称为工程师站（Engineer Station, ES）。它是为专业工程技术人员设计的，内装有相应的组态平台和系统维护工具。工程师站的硬件配置与操作站基本一致。

通过系统组态平台生成适合于生产工艺要求的应用系统，具体包括系统生成，数据库结构定义，操作组态，流程图画面组态，报表程序编制等。

④ 通信接口单元（CIU）。用于实现 JX-300X 系统与其他计算机、各种智能控制设备（如 PLC）接口的硬件设备称为通信接口单元（Communication Interface Unit, CIU 或通信管理站）。

⑤ 多功能站（MFS）。用于工艺数据的实时统计、性能运算、优化控制、通信转发等特殊功能的工程设备统称为多功能站（Multi-function Station, MFS）。

系统需向上兼容，连接不同网络版本的 JX 系列 DCS 系统时，采用 MFS 即可实现，并节省用户的投资成本。

⑥ 过程控制网（SCnet Ⅱ）。将控制站、操作站、通信接口单元等硬件设备连接起来，构成一个完整的分布式控制系统，实现系统各节点间相互通信的网络称为过程控制网，简称 Scnet Ⅱ。Scnet Ⅱ采用冗余 10Mbps（局部可达 100Mbps）工业以太网。

2．系统软件

众所周知，计算机仅有硬件是无法工作的。为进行系统设计并使系统正常运行，JX-300X 系统除硬件设备外，还配备了给 CS，OS，MFS 等进行组态的专用软件包。

组态软件包中包括 SCKey（系统组态），SCDraw（流程图绘制），SCControl（图形化组态），SCDiagnose（系统诊断）等工具软件；同时还有用于过程实时监视、操作、记录、打印、事故报警等功能的实时监控软件 AdvanTrol/AdvanTrol-Pro。

PIMS（Process Information Management Systems）软件是自动控制系统监控层一级的软件平台和开发环境，以灵活多变的组态方式提供了良好的开发环境和简捷的使用方法，各种软件模块可以方便地实现和完成监控层的需要，并能支持各种硬件厂商的计算机和 I/O 设备，是理想的信息管理网开发平台。

5.1.2 通信网络

集散控制系统中的通信系统担负着传递过程变量、控制命令、组态信息及报警信息等任务，是联系过程控制站与操作站的纽带，在集散控制系统中起着十分重要的作用。

JX-300X 系统为了适应各种过程控制规模和现场要求，通信系统对于不同结构层次分别采用了信息管理网、Scnet Ⅱ网络和 SBUS 总线，其典型的拓扑结构如图 5.2 所示。

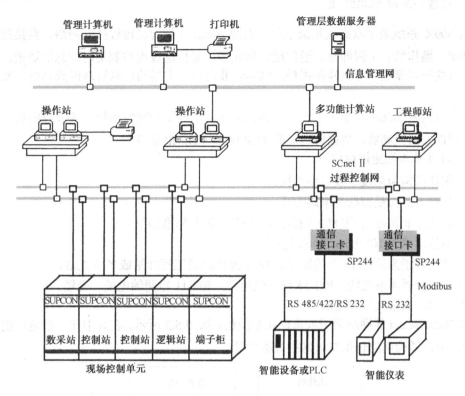

图 5.2　JX-300X 系统网络结构示意图

1. 信息管理网 Ethernet

信息管理网连接各个控制装置的网桥和企业各类管理计算机，用于工厂级的信息传送和管理，是实现全厂综合管理的信息通道。信息管理网通过在多功能站 MFS 上安装双重网络接口（信息管理和过程控制网络）转接的方法，获取集散控制系统中过程参数和系统运行信息，同时向下传送上层管理计算机的调度指令和生产指导信息。管理网采用大型网络数据库实现信息共享，并可将各种装置的控制系统连入企业信息管理网，实现工厂级的综合管理、调度、统计和决策等。

信息管理网的基本特性如下。

① 拓扑结构为总线型或星型结构。

② 传输方式为曼彻斯特编码方式。

③ 通信控制符合 IEEE 802.3 标准协议和 TCP/IP 标准协议。

④ 通信速率为 10Mbps，100Mbps，1Gbps 等。

⑤ 网上站数最多为 1 024 个。

⑥ 通信介质为双绞线（星型连接）、50Ω细同轴电缆、50Ω粗同轴电缆（总线型连接，带终端匹配器）、光缆等。

⑦ 通信距离最大为 10km。

⑧ 信息管理网开发平台采用 PIMS 软件。

2．过程控制网 SCnet Ⅱ

JX-300X 系统采用双高速冗余工业以太网 Scnet Ⅱ 作为其过程控制网络，直接连接系统的控制站、操作站、工程师站、通信接口单元等，是传送过程控制实时信息的通道，具有很高的实时性和可靠性。通过挂接网桥，SCnet Ⅱ 可以与上层的信息管理网或其他厂家设备连接。

过程控制网 SCnet Ⅱ 是在 10base Ethernet 基础上开发的网络系统，各节点的通信接口均采用专用以太网控制器，数据传输遵循 TCP/IP 和 UDP/IP 协议。

SCnet Ⅱ 基本性能指标如下。

① 拓扑结构为总线型或星型结构。

② 传输方式为曼彻斯特编码方式。

③ 通信控制符合 IEEE 802.3 标准协议和 TCP/IP 标准协议。

④ 通信速率为 10Mbps，100Mbps 等。

⑤ 节点容量为最多 15 个控制站、32 个操作站或工程师站或多功能站。

⑥ 通信介质为双绞线、RG-58 细同轴电缆、RG-11 粗同轴电缆、光缆。

⑦ 通信距离最大为 10km。

JX-300X SCnet Ⅱ 网络采用双重化冗余结构，如图 5.3 所示。在其中任一条通信线发生故障的情况下，通信网络仍保持正常的数据传输。

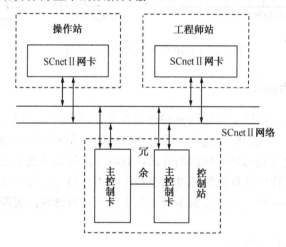

图 5.3　SCnet Ⅱ 网络双重化冗余结构示意图

SCnet Ⅱ 的通信介质、网络控制器、驱动接口等均可冗余配置。冗余配置时，发送站点（源）对传输数据包（报文）进行时间标识，接收站点（目标）进行出错检验和信息通道故障判断、拥挤情况判断等处理。若校验结果正确，则按时间顺序等方法择优获取冗余的两个数据包中的一个，而滤去重复和错误的数据包。当某一条信息通道出现故障时，另一条信息通道将负责整个系统的通信任务，使通信仍然畅通。

除专用控制器所具有的循环冗余校验，命令/响应超时检查，载波丢失检查，冲突检测及自动重发等功能外，对于数据传输应用层软件，还提供路由控制、流量控制、差错控制、自动重发（对于物理层无法检测的数据丢失）、报文传输时间顺序检查等功能，保证了网络的响应特性，使响应时间少于 1s。

在保证高速、可靠传输过程数据的基础上，SCnet Ⅱ还具有完善的在线实时诊断、查错、纠错等手段。系统配有 SCnet Ⅱ网络诊断软件，内容覆盖了网络上每一个站点（操作站、数据服务器、工程师站、控制站、数据采集站等）、每个冗余端口（0#和 1#）、每个部件（HUB、网络控制器、传输介质等），网络各组成部分的故障状态在操作站上实时显示，以提醒用户及时维护。

3. SBUS 总线

SBUS 总线是控制站各卡件之间进行信息交换的通道。SBUS 总线由两层构成，即 SBUS-S1 和 SBUS-S2。主控制卡就是通过 SBUS 总线来管理分散于各个机笼的 I/O 卡件的。

第一层为双重化总线 SBUS-S2，它是系统的现场总线，位于控制站所管辖的 I/O 机笼之间，连接主控制卡和数据转发卡，用于主控制卡与数据转发卡间的信息交换；第二层为 SBUS-S1 网络，位于各 I/O 机笼内，连接数据转发卡和各块 I/O 卡件，用于数据转发卡与各块 I/O 卡件间的信息交换。SBUS-S2 级和 SBUS-S1 级之间为数据存储转发关系，按 SBUS 总线的 S2 级和 S1 级进行分层寻址。

（1）SBUS-S2 总线性能指标。

① 用途：它是主控制卡与数据转发卡之间进行信息交换的通道。

② 电气标准：EIA 的 RS-485 标准。

③ 通信介质：特性阻抗为 120Ω 的八芯屏蔽双绞线。

④ 拓扑结构：总线型结构。

⑤ 传输方式：二进制代码。

⑥ 通信协议：采用主控制卡指挥式令牌存储转发通信协议。

⑦ 通信速率：1Mbps（max）。

⑧ 节点数目：最多可带 16 块（8 对）数据转发卡。

⑨ 通信距离：最远 1.2km（使用中继器）。

⑩ 冗余度：1∶1 热冗余。

（2）SBUS-S1 总线性能指标。

① 通信控制：采用数据转发卡指挥式存储转发通信协议。

② 传输速率：156Kbps。

③ 电气标准：TTL 标准。

④ 通信介质：印制电路板连线。

⑤ 网上节点数目：最多可带 16 块智能 I/O 卡件。

SBUS-S1 属于系统内局部总线，采用非冗余的循环寻址（I/O 卡件）方式。

5.1.3 系统主要特点

JX-300X DCS 具有大型集散控制系统的安全性、冗余功能、网络扩展功能、集成的用户界面及信息存取功能，除具有模拟量信号输入/输出，数字量信号输入/输出，回路控制等常规 DCS 功能外，还具有高速数字量处理，高速事件顺序记录（SOE），可编程逻辑控制等特殊功能；不仅提供功能块图、梯形图等直观的图形组态工具，还提供开发复杂高级控制算法（如模糊控制）的类 C 语言 SCX 编程环境。系统规模变化灵活，产品多元化、正规化，安装方便，维护简单。它主要以国内过程控制为对象，可以实现从一个单元的过程控制到全厂范围的自动化集成。

1. 高速、可靠、开放的通信网络 SCnet Ⅱ

过程控制网 SCnet Ⅱ 连接工程师站、操作站、控制站和通信处理单元。它采用 1∶1 冗余的工业以太网，总线型或星型拓扑结构，曼彻斯特编码方式，遵循开放的 IEEE 802.3 标准和 TCP/IP 协议，并辅以实时网络故障诊断，可靠性高，纠错能力强，通信效率高，通信速率达 10Mbps。

SCnet Ⅱ 真正实现了控制系统的开放性和互连性。通过配置交换器（SWITCH），操作站之间的网络速度能提升至 100Mbps，而且可以连接多个 SCnet Ⅱ 子网，形成一种组合结构。每个 Scnet Ⅱ 网理论上最多可带 1 024 个节点，传输距离最远可达 10 000m。目前已实现的网络可带 15 个控制站和 32 个其他站。

2. 分散、独立、功能强大的控制站

控制站通过主控制卡、数据转发卡和相应的 I/O 卡件，实现现场过程信号的采集、处理、控制等功能。根据现场要求的不同，系统配置规模可以从几个回路、几十个信息量到 1 024 个控制回路、6 144 个信息量。主控制卡可以冗余配置，保证实时过程控制的可靠性，尤其是主控制卡的高度模件化结构，可以用简单的配置方法实现复杂的过程控制。

在一个控制站内，通过 SBUS 总线可以挂接 6 个 IO 或远程 IO 单元，一个 IO 单元可以带 16 个 I/O 卡件，I/O 卡件可对现场信号进行预处理。

3. 多功能的协议转换接口

JX-300X 系统具有与多种现场总线仪表、PLC 及智能仪表通信互连的功能，可实现与 MODBUS，HostLink 等多种协议的网际互连，可方便地完成对它们的隔离配电、通信、修改组态等，如 Rosemount 公司、ABB 公司、上海自动化仪表公司、西安仪表厂、川仪集团的产品，以及浙大中控技术有限公司开发的各种智能仪表和变送器，实现了系统的开放性和互操作性。

4. 全智能化卡件设计，可任意冗余配置

控制站的所有卡件均采用专用的微处理器负责卡件的控制、检测、运算、处理及故障诊断等工作，在系统内部实现全数字化数据传输和数据处理。另外，控制站的电源、主控卡、数据转发卡和模拟量卡均可按不冗余或冗余的要求配置（开关量卡不能冗余），从而在保证系统可靠性和灵活性的基础上，降低了费用。

5. 简单、易用的组态手段和工具

SCKey 组态软件是基于中文 Windows 2000/NT 操作系统开发的，用户界面友好，功能强大，操作方便，全面支持系统各种控制方案的组态。

软件体系运用了面向对象的程序设计（OOP）技术和对象链接与嵌入（OLE）技术，可以帮助工程师们系统有序地完成信号类型、控制方案、操作手段等的设置。同时，系统增加和扩充了上位机的使用和管理软件 Advantrol-PIMS，开发了 SCX 控制语言（类 C 语言）、梯形图、顺序控制语言功能块图、结构化语言等算法组态工具，完善了流程图设计操作、实时

数据库开放接口、报表、打印管理等附属软件。

6．丰富、实用、友好的实时监控界面

AdvanTrol/AdvanTrol-Pro 是基于中文 Windows 2000/NT 开发的实时监控应用软件，支持实时数据库和网络数据库，用户界面友好，具有分组显示、趋势图、动态流程、报警管理、报表及记录、存档等监控功能。

操作站可以一机配多台 CRT，并配有薄膜键盘、触摸屏、跟踪球等输入方式。操作员可以通过丰富的多种彩色动态界面，实现对生产过程的监视和操作。

7．事件记录功能

JX-300X 提供功能强大的过程顺序事件记录，操作人员的操作记录，过程参数的报警记录等多种事件记录功能，并配以相应的事件存取、分析、打印、追忆等软件。系统配有最小事件分辨时间间隔（1ms）的顺序事件记录（SOE）卡件，可以通过多卡时间同步的方法，同时对 256 点信号进行快速顺序记录。

8．与异构化系统的集成

网关卡（又称通信接口卡）是通信接口单元的核心，实现 JX-300X 系统与其他厂家智能设备的互连，可将非 JX-300X 智能系统的数据通过通信的方式连入 JX-300X 系统中，通过 SCnet Ⅱ 网络实现数据在 JX-300X 系统中的共享。

5.2 系统组态

5.2.1 基本概念

1．组态

组态（Configuration）指集散控制系统实际应用于生产过程控制时，需要根据设计要求，预先将硬件设备和各种软件功能模块组织起来，以使系统按特定的状态运行。具体讲，就是用集散控制系统所提供的功能模块、组态编辑软件及组态语言，组成所需的系统结构和操作画面，完成所需的功能。集散控制系统的组态包括系统组态、画面组态和控制组态。

组态是通过组态软件实现的，组态软件有通用组态软件和专用组态软件。目前工业自动化控制系统的硬件，除采用标准工业 PC 外，系统大量采用各种成熟通用的 I/O 接口设备和各类智能仪表及现场设备。在软件方面，用户直接采用现有的组态软件进行系统设计，大大缩短了软件开发周期，还可以应用组态软件所提供的多种通用工具模块，很好地完成一个复杂工程所要求的功能，并且可将许多精力集中在如何选择合适的控制算法，提高控制品质等关键问题上。从管理的角度来看，用组态软件开发的系统具有与 Windows 一致的图形化操作界面，便于生产的组织和管理。

2．组态软件主要解决的问题

① 如何与控制设备之间进行数据交换，并将来自设备的数据与计算机图形画面上的各

元素关联起来。

② 处理数据报警和系统报警。

③ 存储历史数据和支持历史数据的查询。

④ 各类报表的生成和打印输出。

⑤ 具有与第三方程序的接口，方便数据共享。

⑥ 为用户提供灵活多变的组态工具，以适应不同应用领域的需求。

3. 基于组态软件的工业控制系统的一般组建过程

① 组态软件的安装。按照要求正确安装组态软件，并将外围设备的驱动程序、通信协议等安装就绪。

② 工程项目系统分析。首先要了解控制系统的构成和工艺流程，弄清被控对象的特征，明确技术要求，然后再进行工程的整体规划，包括系统应实现哪些功能，需要怎样的用户界面窗口和哪些动态数据显示，数据库中如何定义及定义哪些数据变量等。

③ 设计用户操作菜单。为便于控制和监视系统的运行，通常应根据实际需要建立用户自己的菜单以方便操作，例如设立按钮来控制电动机的启/停。

④ 画面设计与编辑。画面设计分为画面建立、画面编辑和动画编辑与链接几个步骤。画面由用户根据实际工艺流程编辑制作，然后需要将画面与已定义的变量关联起来，以便使画面上的内容随生产过程的运行而实时变化。

⑤ 编写程序进行调试。程序由用户编写好之后需进行调试，调试前一般要借助于一些模拟手段进行初调，检查工艺流程、动态数据、动画效果等是否正确。

⑥ 综合调试。对系统进行全面的调试后，经验收方可投入试运行，在运行过程中及时完善系统的设计。

5.2.2 组态软件

1. 常用组态软件

目前市场上的组态软件很多，常用的几种组态软件如下。

（1）InTouch。它是美国 Wonderware 公司率先推出的 16 位 Windows 环境下的组态软件。InTouch 软件图形功能比较丰富，使用方便，I/O 硬件驱动丰富，工作稳定，在国际上获得较高的市场占有率，在中国市场也受到普遍好评。7.0 版本及以上（32 位）在网络和数据管理方面有所加强，并实现了实时关系数据库。

（2）FIX 系列。这是美国 Intellution 公司开发的一系列组态软件，包括 DOS 版、16 位 Windows 版、32 位 Windows 版、OS/2 版和其他一些版本。它功能较强，但实时性欠缺。最新推出的 iFIX 全新模式的组态软件，体系结构新，功能更完善，但由于过分庞大，对于系统资源耗费非常严重。

（3）WinCC。德国西门子公司针对西门子硬件设备开发的组态软件 WinCC，是一款比较先进的软件产品，但在网络结构和数据管理方面要比 InTouch 和 iFIX 差。若用户选择其他公司的硬件，则需开发相应的 I/O 驱动程序。

（4）MCGS。北京昆仑通态公司开发的 MCGS 组态软件设计思想比较独特，有很多特殊的概念和使用方式，有较大的市场占有率。它在网络方面有独到之处，但效率和稳定性还有待提高。

（5）组态王。该软件以 Windows 98/Windows NT 4.0 中文操作系统为平台，充分利用了 Windows 图形功能的特点，用户界面友好，易学易用。它是由北京亚控公司开发的国内出现较早的组态软件。

（6）ForceControl（力控）。大庆三维公司的 ForceControl 也是国内较早出现的组态软件之一，在结构体系上具有明显的先进性，最大的特征之一就是其基于真正意义的分布式实时数据库的三层结构，且实时数据库为可组态的"活结构"。

2．组态信息的输入

各制造商的产品虽然有所不同，但归纳起来，组态信息的输入方法有两种。

（1）功能表格或功能图法。功能表格是由制造商提供的用于组态的表格，早期常采用与机器码或助记符相类似的方法，而现在则采用菜单方式，逐行填入相应参数。例如下面介绍的 SCKey 组态软件就是采用菜单方式。功能图主要用于表示连接关系，模块内的各种参数则通过填表法或建立数据库等方法输入。

（2）编制程序法。采用厂商提供的编程语言或者允许采用的高级语言编制程序输入组态信息，在顺序逻辑控制组态或复杂控制系统组态时常采用编制程序法。

3．组态软件的特点

尽管各种组态软件的具体功能各不相同，但它们具有共同的特点。

（1）实时多任务。在实际工业控制中，同一台计算机往往需要同时进行实时数据的采集、处理、存储、检索、管理、输出、算法的调用，实现图形、图表的显示，完成报警输出、实时通信等多个任务，这是组态软件的一个重要特点。

（2）接口开放。组态软件大量采用"标准化技术"，在实际应用中，用户可以根据自己的需要进行二次开发。例如，可以很方便地使用 VB，C++等编程工具自行编制所需的设备构件，装入设备工具箱，不断充实设备工具箱。

（3）强大数据库。组态软件配有实时数据库，可存储各种数据，完成与外围设备的数据交换。

（4）可扩展性强。用户在不改变原有系统的前提下，具有向系统内增加新功能的能力。

（5）可靠性和安全性高。由于组态软件需要在工业现场使用，因而可靠性是必须保证的。组态软件为用户提供了能够自由组态控制菜单、按钮和退出系统的操作权限，例如工程师权限、操作员权限等，只有具有某些权限才能对某些功能进行操作，防止意外或非法进入系统修改参数或关闭系统。

5.2.3　组态软件 SCKey

SCKey 组态软件是一个全面支持各类控制方案的组态平台。该软件是运用面向对象（OOP）技术和对象链接与嵌入（OLE）技术，基于中文 Windows 操作系统开发的 32 位应用软件。

SCKey 组态软件通过简明的下拉菜单和弹出式对话框，建立友好的人机对话界面，并大量采用 Windows 的标准控件，使操作保持了一致性，易学易用。软件采用分类的树状结构管理组态信息，使用户能清晰把握系统的组态状况。另外，SCKey 组态软件还提供了强大的在线帮助功能，在组态过程中遇到问题时，只须按 F1 键或选择"帮助"菜单，就可以随时得到帮助提示。

本节简要介绍 SCKey 组态软件的使用，详细功能将结合实例在第 9 章实训部分加以叙述。

1. SCKey 主画面及菜单

用鼠标双击桌面上的 SCKey 快捷图标，启动组态软件 SCKey。图 5.4 所示为 SCKey 组态软件的主画面。

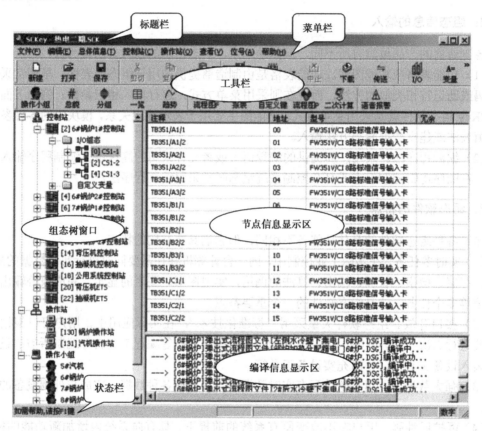

图 5.4　SCKey 组态软件主画面

主画面由标题栏、菜单栏、工具栏、操作显示区和状态栏五部分组成。

标题栏显示当前进行组态操作的组态文件名。

菜单栏包括文件、编辑、总体信息、控制站、操作站、查看、帮助等几个菜单，各栏菜单又包括若干菜单项。

工具栏由主菜单中一些常用菜单项以形象的图标形式排列而成，使操作更为方便。工具栏是否需要显示，可在"查看"菜单"工具栏"选项中选择。

操作显示区由两部分构成，左边显示组态信息的树状图，对组态树可直接进行复制、剪切、粘贴操作；右边显示当前选中的组态树节点的内容。当选择"查看"菜单"错误信息"选项时，右下显示区显示错误信息。

状态栏显示当前的操作信息及一些提示信息，可通过"查看"菜单对状态栏是否显示进行设置。当需要显示时，此菜单项前有选中标志"√"。

下面简要介绍菜单栏中各菜单项的主要功能。

① 文件菜单包括新建、打开、保存、另存为、打印、打印预览、打印设置和退出等八个菜单项。

② 编辑菜单包括剪切、复制、粘贴、删除等四个菜单项，该操作针对组态树进行。

③ 总体信息菜单包括主机设置、编译、备份数据、组态下载和组态传送等五个菜单项，各菜单项功能列于表 5.1 中。

表 5.1　总体信息菜单项功能简介

菜 单 项 名	功 能 说 明
主机设置	进行控制站（主控卡）和操作站的设置
编　译	将组态保存信息转化为控制站（主控卡）和操作站识别的信息，即将.SCK 文件转化为.SCO 和.SCC 文件
备份数据	备份所有与组态有关的数据到指定的文件夹
组态下载	将.SCC 文件通过网络下载到控制站（主控卡）
组态传送	将.SCO 文件通过网络传送到操作站

④ 控制站菜单包括 I/O 组态、自定义变量、常规控制方案、自定义控制方案和折线表定义等五个菜单项，各菜单项功能简介见表 5.2。

表 5.2　控制站菜单项功能简介

菜 单 项 名	功 能 说 明
I/O 组态	对数据转发卡、I/O 卡件、I/O 点进行各种设置
自定义变量	对 1 字节变量、2 字节变量、4 字节变量、8 字节变量和自定义回路（64 个）的一些参数进行设置
常规控制方案	在每个控制站中可以对 64 个回路进行常规控制方案的设置
自定义控制方案	在每个控制站中使用 SCX 语言或图形化环境进行控制站编程
折线表定义	定义折线表，在模拟量输入和自定义控制方案中使用

⑤ 操作站菜单包括操作小组设置、总貌画面设置、趋势画面设置、分组画面设置、一览画面设置、流程图登录、报表登录、自定义键、语音报警等九个菜单项，各菜单项功能见表 5.3。

表 5.3　操作站菜单项功能简介

菜 单 项 名	功 能 说 明
操作小组设置	定义操作小组
总貌画面设置	设置总貌画面
趋势画面设置	设置趋势曲线画面
分组画面设置	设置控制分组画面
一览画面设置	设置数据一览画面
流程图登录	登录流程图文件
报表登录	登录报表文件
自定义键	设置操作员键盘上自定义键的功能
语音报警	对语音报警的参数进行设置

⑥ 查看菜单包括状态栏、工具栏、错误信息、位号查询、选项等五个菜单项，各菜单项功能见表5.4。

表5.4　查看菜单项功能简介

菜 单 项 名	功 能 说 明
状态栏	当选中状态栏选项后，状态栏出现在主画面的最下端，显示当前的状态
工具栏	当选中工具栏选项后，工具栏将出现在主画面的上端
错误信息	错误信息项被选中时，操作显示区右下方会显示具体错误信息，在大多数的错误条目上双击可直接修改相应的内容，程序启动时不显示，编译之后会自动显示
位号查询	根据位号或者地址查找位号信息
选项	设置一些选项，这些选项可能对某个或全部组态文件产生影响

位号查询中的位号信息包括位号、注释、地址和类型。

位号指当前信号点在系统中的位置。每个信号点在系统中的位号应是唯一的，不能重复。位号只能以字母开头，不能使用汉字，且字长不得超过10个英文字符。

地址的表示方法有以下三种。

➢ I/O位号：[主控卡地址] - [数据转发卡地址] - [I/O卡件地址] - [I/O点地址]。

➢ 回路：[主控卡地址] -S [回路地址]。

➢ 自定义变量：[主控卡地址]-[A/B/C/D/E] [序号]，其中A/B/C/D表示自定义1/2/4/8字节变量，E表示自定义回路。

⑦ 帮助菜单包括帮助主题和关于SCKey两个菜单项。前者将启动软件帮助信息，后者将显示本软件的版本信息及版权通告信息，也可通过按F1键得到。

2．组态内容

使用SCKey基本组态软件对系统组态时，应按照下面三个步骤进行，具体组态过程参见9.1.3节内容。

（1）总体信息组态。总体信息组态是整个组态信息文件的基础和核心，包括主机设置，编译，备份数据，组态下载和组态传送五个功能，是通过"总体信息"菜单实现的。

（2）控制站组态。控制站由主控制卡、数据转发卡、I/O卡件、供电单元等构成。控制站组态是指对系统硬件和控制方案的组态，是通过"控制站"菜单实现的。控制站组态内容主要包括I/O组态，自定义变量，常规控制方案组态，自定义控制方案和折线表组态等五个部分。图5.5所示为控制站组态的流程。

系统网络节点可扩展修改，控制站内的总线也可方便地扩展I/O卡件。

（3）操作站组态。操作站组态是对系统操作站操作画面的组态，是面向操作人员的PC操作平台的定义。它主要包括操作小组设置，标准画面（总貌画面、趋势画面、控制分组画面、数据一览画面）组态，流程图登录，报表制作，自定义键和语音报警组态等六个部分。图5.6所示为操作站组态流程示意图。

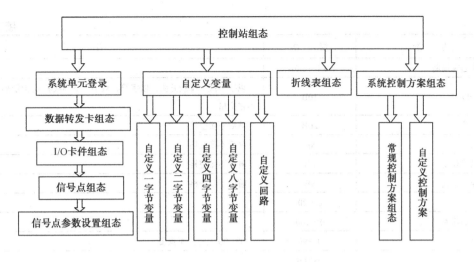

图 5.5　控制站组态流程

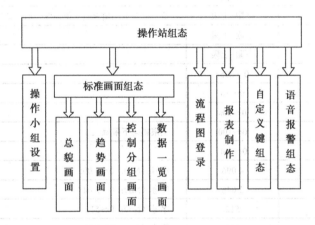

图 5.6　操作站组态流程

3．组态规格

表 5.5 所示列出了 JX-300X DCS 系统组态的最大规模和最大容量。

表 5.5　组态规格

内　容	规　格	说　明
控制站	15	地址：2～31 AO≤128，AI+PI≤384，DI≤1024，DO≤1024
操作站	32	地址：129～160
最多数据转发卡/控制站	8 对	
最多 I/O 卡件/机笼	16	
最多点数/卡件	16	1 点：SP341
		2 点：SP311，SP311X，SP315，SP316，SP316X，SP317
		8 点：SP361X，SP362X，SP363X，SP364X
		16 点：SP336，SP337，SP339
		其他卡件均为 4 点

内　容	规　格	说　明
主控卡运算周期	0.1～5.0s	
位号长度	10B	以字节或下画线开头，以字符、数字、下画线和减号组成，前后不带空格
注释长度	20B	前后不带空格
单位长度	8B	前后不带空格
报警描述长度	8B	前后不带空格
开关描述长度	8B	前后不带空格
滤波常数	0～20	
小信号切除值	0～100	
报警级别	0～90	80～90 只记录不报警
时间系数	不为 0	
单位系数	不为 0	
报警限值	下限-上限	高三值≥高二值≥高一值>低一值≥低二值≥低三值
速率限	下限-上限	
死区	下限-上限	
时间恢复按钮的复位时间	0～255s	
PAT 卡死区大小	0～10	
PAT 卡行程时间	0～20s	
PAT 卡上限幅	0～100	上限幅>下限幅
PAT 卡下限幅	0～100	
自定义 1 字节变量	4 096	序号（No）：0～4 095
自定义 2 字节变量	2 048	序号（No）：0～2 047
自定义 4 字节变量	512	序号（No）：0～511
自定义 8 字节变量	256	序号（No）：0～255
自定义回路	64	序号（No）：0～63
自定义 2 字节变量描述数量	32 个	
自定义 2 字节变量描述长度	30B	
常规控制回路	64 个	序号（No）：0～63
输出分程点	0～100%	
折线表数量	64	
操作小组数量	16	页码：1～16
总貌画面数量	160	页码：1～160
分组画面数量	320	页码：1～320
趋势画面数量	640	页码：1～640
一览画面数量	160	页码：1～160
流程图数量	640	页码：1～640
报表数量	128	页码：1～128
趋势记录周期	1～3 600s	
趋势记录点数	1 920～2 592 000	
自定义键数量	24	键号：1～24
语音报警数量	256	

除此之外，系统组态还要用到 AdvanTrol 软件包提供的 SCForm 报表制作软件、SCX 编程语言软件和 SCControl 图形化编程软件。

SCForm 报表制作软件具有全中文化、视窗化的图形用户操作界面，提供了比较完备的报表制作功能，能够完成实时报表的生成、打印、储存，以及历史报表的打印等工程中的实际要求。SCForm 软件从功能上分为制表和报表数据组态两部分，采用了与商用电子表格软件 Excel 类似的组织形式和功能分割，具有与 Excel 类似的表格界面，并提供了诸如单元格添加、删除、合并、拆分，以及单元格编辑、自动填充等较为齐全的表格编辑操作功能，使用户能够方便、快捷地制作出各种类型格式的表格。

SCX 语言是 SUPCON DCS 控制站的专用编程语言。在工程师平台上完成 SCX 程序的调试编辑，并通过工程师平台将编译后的可执行代码下载到控制站执行。SCX 语言属高级语言，语法风格类似标准 C 语言，除了提供类似 C 语言的基本元素、表达式等外，还在控制功能实现方面做了大量扩充。

SCControl 图形编程软件是 SUPCON 系列控制系统用于编制系统控制方案的图形编程工具。该软件提供高效的图形编程环境和灵活的在线调试功能，与控制站或仿真器联机后，可以查看程序运行的详细情况。图形编程软件包括功能块图（FBD）、梯形图（LD）、顺控图（SFC）和 ST 语言，支持国际标准 IEC 1131-3 数据类型子集，用户可以使用数据类型编辑器生成自定义数据类型。

5.2.4　流程图绘制

SCDraw 流程图制作软件主要用于流程图的绘制和流程图中各类动态参数的组态，这些动态参数在实时监控软件的流程图画面中可以进行实时观察和操作。

1．流程图制作软件的特点

流程图制作软件具有以下特点。

① 绘图功能齐全，从点、线、圆、矩形的绘制到各种字符输入，均可满足绝大多数场合的需要。

② 编辑功能强大，以矢量方式进行图形绘制，具备块剪切、块复制功能，达到事半功倍的效果。

③ 提供标准图形库，能轻松绘制各种复杂的工业设备，可节省大量的时间。

④ 以鼠标操作为主，辅以简单的键盘操作，使用非常灵活方便，无须编写任何语句。

⑤ 在 Windows 2000/NT Workstation 4.0 下运行，具有良好的人机界面，提供强大的在线帮助，操作方便，运用灵活。

⑥ 支持超过屏幕大小的特大流程图的绘制，最大宽 2 048 像素，高 2 048 像素。

⑦ 在画面的基础上可直接进行数据组态。

2．功能简介

（1）程序启动。单击 SCKey 组态软件窗口主菜单"操作站"中"流程图"菜单选项，打开流程图登录画面，单击其中的"编辑"按钮，启动流程图制作软件。也可双击桌面上的流程图绘制软件快捷图标，或单击 Windows 桌面"开始"按钮后，在"程序"项中找到"AdvanTrol-XXX"的"JX-300X 流程图"单击，即启动流程图制作软件。

（2）屏幕认识。程序启动后将会显示如图 5.7 所示的流程图制作软件窗口。窗口主要由标题栏、菜单栏、菜单图标栏、工具栏、作图区、信息栏和滚动条（上下、左右）等几部分组成。

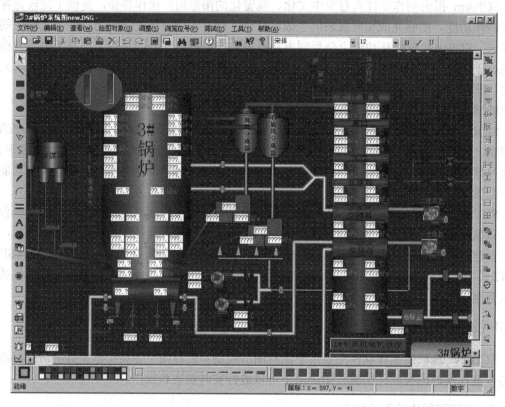

图 5.7　流程图制作软件窗口

标题栏显示正在操作的文件名称。文件新建尚未保存时，该窗口被命名为"流程图制作——无标题"。

菜单栏和菜单图标栏如图 5.8 所示。

图 5.8　菜单栏和菜单图标栏

菜单栏是流程图制作的主菜单，包括文件、编辑、查看、文字、功能、窗口和帮助等七项。

菜单图标栏位于菜单栏下方，是从菜单命令中筛选出较为常用的命令，将命令下达的方式图像按钮化。17 个图标分别代表 17 种常用功能，从左到右依次为：建立新文档，打开旧文档，保存文档，打印文档，剪切（选中部分），拷贝或复制（选中部分），粘贴（剪切或复制的文档内容），撤销，动态控件，提前显示，置后显示，最上显示，最后显示，组合（选中的分解图形或文字），分解（选中的已组合为一体的图形或文字），了解流程图制作软件的版权及版本号，提供在线帮助。

工具栏包括绘制工具栏和样式工具栏，分别位于窗口的左侧和左下方。使用工具栏可完成点、线、圆、矩形及各种工业装置的绘制，各种字符的输入及常用标准模板的添加，对颜色、填充方式、线型、线宽等的选择，直到绘制出令人满意的流程图。

信息栏位于流程图制作窗口的底部，显示相关的操作提示，当前鼠标在作图区的精确位置和所选取区域（或所作图形的起始点的横坐标和终止点的纵坐标）的高和宽等信息。

作图区是位于屏幕正中的最大区域，所有的操作最终都反映在作图区的变化上，该区域的内容将被保存到相应流程图文件中。

3．流程图制作流程

制作流程图时，一般应按照以下程序进行。

① 在组态软件中进行流程图文件登录。

② 启动流程图制作软件。

③ 设置流程图文件版面格式（大小、格线、背景等）。

④ 根据工艺流程要求，用静态绘图工具绘制工艺装置的流程图。

⑤ 根据监控要求，用动态绘图工具绘制流程图中的动态监控对象。

⑥ 绘制完毕后，用样式工具完善流程图。

⑦ 保存流程图文件至硬盘上，以登录时所用文件名保存。

⑧ 在组态软件中进行组态信息的总体编译，生成实时监控软件中运行的代码文件。

5.3　系统实时监控

实时监控软件（文件名为 AdvanTrol）是基于 Windows 2000/NT 4.0 中文版开发的 SUPCON 系列控制系统的上位机监控软件。它用户界面友好，方便简洁，所有的命令都化为形象直观的功能图标，只需用鼠标单击即可轻而易举地完成生产过程的实时监控操作。

5.3.1　概述

1．软件特点

软件运行环境为 Windows 2000/NT Workstation 4.0 中文版。

采用多任务、多线程，32 位代码。

采用实时数据库。

图形分辨率 1 024×768，16 真彩色。

数据更新周期 1s，动态参数刷新周期 1s。

按键响应时间≤0.2s。

流程图完整响应时间≤2s，其余画面完整响应时间≤1s。

命令响应时间≤0.5s。

提供实时和历史数据读取、控制站参数修改的 API，以便向用户开放（高级应用）。

支持网络实时数据库。

2．启动与登录

双击桌面上实时监控软件的快捷图标 ，启动软件。首先出现实时监控软件登录画面，如图 5.9 所示。

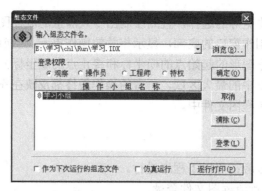

图 5.9　实时监控软件登录画面

窗口中的操作包括以下内容。

① 输入组态文件名。需要输入组态文件编译后的文件名（扩展名为.IDX，输入的文件名也可不带扩展名）。可直接通过键盘输入绝对路径下的组态文件名，也可以通过"浏览"选取所需的组态文件。

②"作为下次运行的组态文件"复选框若被选中，则下次系统启动后，将以当前的文件名作为组态文件启动实时监控软件。

③ 登录权限设置。在系统操作组态时，可以分别对多个操作小组进行组态，操作小组的权限有观察、操作员、工程师、特权 4 个级别。用户在 AdvanTrol 实时监控中调用不同的操作小组则有不同的画面，由用户在 SCKey 中对不同操作小组的组态决定。根据用户的设定，有些小组可以被禁用（比当前登录权限大的操作小组被禁用，这时变为灰色显示）。例如，当用户设定以"工程师"方式登录，于是在 AdvanTrol 的登录窗口中"特权"选项被禁止，用户只可以选择"观察"、"操作员"、"工程师"登录权限的任意操作小组登录。

当系统已启动了一个 AdvanTrol 文件时，不管是在"开始"菜单中启动，还是在资源管理器中双击 AdvanTrol 图标，系统都不再有响应，即在同一时刻，系统只能有一个 AdvanTrol 监控软件运行。

单击"确定"按钮后，将进入实时监控软件窗口，如图 5.10 所示。AdvanTrol 允许用户修改或编写系统简介和操作指导画面，用户可以用任何一种编辑 HTML 的工具修改 introduction.htm 文件或自编一个 HTML 文件并保存为 introduction.htm（注意应把它和组态文件放在同一个目录下，否则 AdvanTrol 启动时将无法调用该文件）。

图 5.10　实时监控软件窗口

5.3.2 屏幕认识

实时监控画面由标题栏、操作工具栏、报警信息栏、综合信息栏和主画面区五部分组成。

1. 标题栏

它显示实时监控软件的标题信息，如 SUPCON JX-300X DCS 实时监控软件——×××，其中×××为当前实时监控主画面名称。

2. 操作工具栏

标题栏下边是由若干个形象直观的操作工具按钮组成的操作工具栏。自左向右它们分别代表系统简介、报警一览、系统总貌、控制分组、趋势图、流程图、数据一览、故障诊断、口令、前页、后页、翻页、系统、报警确认、消音、查找位号、打印画面、退出系统、载入组态文件、操作记录一览等。有些功能按钮只有在组态软件中对相应的卡件或画面进行组态后，才会出现在操作工具栏内。

3. 报警信息栏

报警信息栏位于操作工具栏下方，滚动显示最近产生的 32 条正在报警的信息。报警信息根据产生的时间依次排列，第一条永远是最新产生的。报警信息包括位号、描述、当前值和报警描述。

4. 综合信息栏

综合信息栏显示系统时间、剩余资源、操作人员与权限、画面名称与页码，如图 5.11 所示。

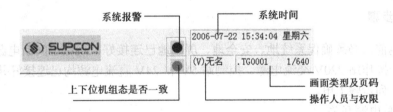

图 5.11 实时监控软件综合信息栏

5. 主画面区

主画面区根据具体的操作画面显示相应的内容，如工艺流程图、回路调整画面等。

5.3.3 实时监控操作画面

1. 操作员键盘

实时监控软件支持功能强大的 SP032 操作员键盘。SP032 操作员键盘共有 96 个按键，分为自定义键、功能键、画面操作键、屏幕操作键、回路操作键、数字修改键、报警处理键及光标移动键等，对一些重要的键实现了冗余设计。

操作员键盘采用先进工艺制造，按键开关由日本 OMRON 公司出品，使用寿命长；采用薄膜封闭形式，防水、防尘，能在恶劣工业环境下工作；按键排列方式有助于减少误操作。

2. 实时监控操作画面

单击画面操作按钮，进入相应的操作画面。实时监控操作画面包括：系统总貌、控制分组、调整画面、趋势图、流程图、报警一览、数据一览，见表5.6。

表5.6　操作画面一览表

画面名称	页数	显示	功　能	操　作
系统总貌	160	32块	显示内部仪表、检测点等的数据和状态或标准操作画面	画面展开
控制分组	320	8点	显示内部仪表、检测点、SC语言数据和状态	参数和状态修改
调整画面	不定	1点	显示一个内部仪表的所有参数和调整趋势图	参数和状态修改，显示方式变更
趋势图	640	8点	显示8点信号的趋势图和数据	显示方式变更，历史数据查询
流程图	640		流程图画面和动态数据、棒状图、开关信号、动态液位、趋势图等动态信息	画面浏览，仪表操作
报警一览	1	1 000点	按发生顺序显示1 000个报警信息	报警确认
数据一览	160	32点	显示32个数据、文字、颜色等	

5.4　系统调试与维护

5.4.1　系统调试

1. 上电步骤

系统上电前，必须确保系统地、安全地、屏蔽地已连接好，确保不间断电源（UPS）电源、控制站和操作站220V交流电源、控制站5V和24V直流电源均已连接好并符合设计要求，然后按下列步骤上电。

① 打开总电源开关。
② 打开不间断电源（UPS）电源开关。
③ 打开各个支路电源开关。
④ 打开操作站显示器、工控机电源开关。
⑤ 逐个打开控制站电源开关。

注意，不正确的上电顺序会对系统的部件产生较大的冲击。

2. 下载组态

以工程师级或特权级登录完毕后，用鼠标单击下载组态图标，将显示下传组态画面，选择下传组态的控制站地址、下传内容（一般采用全部组态内容下传，如有特殊需要，在对系统组态信息熟悉的情况下，才可挑选下传内容）。如有多个控制站，则需对每个控制站都下传。

3. I/O 通道测试

通过 I/O 通道测试，确认系统在现场能否离线正常运行，确认系统组态配置正确与否，确认 I/O 通道输入/输出正常与否。下传组态结束后就可以进行 I/O 检查。如果有互相冗余的卡件，应注意两块卡都要进行测试，工作卡测量完毕，再换到冗余卡，按照测试程序重新测试。

（1）模拟输入信号测试。根据组态信息，针对不同的信号类型、量程，利用各种信号源（如电阻箱、电子电位差计等）对 I/O 通道逐一进行测试，并在必要时记录测试数据。

（2）开关量输入信号测试。根据组态信息对信号进行逐一测试，用一短路线将对应信号端子短接与断开，同时观察操作站实时监控画面中对应开关量显示是否正常，并记录测试数据。

（3）模拟输出信号测试。根据组态信息选择对应的内部控制仪表，手动改变 MV（阀位）值，MV 值一般按顺序选用 10%FS，50%FS，90%FS，同时用万用表（4 位半）测量对应卡件信号端子输出电流（II 或 III 型）是否与手动输入的 MV 值正确对应，并作记录。

（4）开关量输出信号测试。根据组态信息选择相应的内部控制仪表，改变开关量输出的状态，同时用万用表在信号端子侧测量其电阻值（对 SP332：闭合时小于 1Ω，断开时大于 10MΩ）或电压值（对 SP331：闭合时小于 1V，断开时大于 3.5V），并记录开关闭合和断开时端子间的测试值。

4. 系统模拟联调

当现场仪表安装完毕，信号电缆已经按照接线端子图连接好，并已通过上电检查等各步骤后，即可进行系统模拟联调。可进入实时监控画面，在监控画面上逐一核对现场信号与显示数据是否一一对应。

联调应解决的问题是信号错误（包括接线、组态）问题，DCS 与现场仪表匹配问题，现场仪表是否完好。

在系统模拟联调结束后，操作人员可通过操作站画面和内部仪表的手操，对工业过程进行监视和操作，然后由工作人员配合用户的自控、工艺人员，逐一对自动控制回路进行投运。

5.4.2 系统维护

1. 日常维护

DCS 系统运行过程中，应做好日常维护。

（1）中央控制室管理。密封所有可能引入灰尘、潮气、鼠害或其他有害昆虫的走线孔（坑）等；保证空调设备稳定运行，保证室温变化小于±5℃/h，避免由于温度、湿度急剧变化导致在系统设备上的凝露；避免在控制室内使用无线电或移动通信设备，避免系统受电磁场和无线电频率干扰。

（2）操作站硬、软件管理。实时监控工作是否正常，包括数据刷新、各功能画面的（鼠标和键盘）操作是否正常；查看故障诊断画面，是否有故障提示；文明操作，爱护设备；严禁擅自改装、拆装机器；键盘与鼠标操作须用力恰当，轻拿轻放，避免尖锐物刮伤表面；尽量避免电磁场对显示器的干扰，避免移动运行中的工控机、显示器等，避免拉动或碰伤设备连接电缆和通信电缆等。

显示器使用时应注意远离热源，保证显示器通风口不被物体挡住；在进行连接或拆除前，应确认计算机电源开关处于"关"状态（此操作疏忽会引起严重的人员伤害和计算机设备损坏）；显示器不能用酒精和氨水清洗，如确有需要，应用湿海绵清洗，并在清洗前关断电源。

工控机使用时应注意严禁在上电情况下进行连接、拆除或移动，此操作疏忽可能引起严重的人员伤害和计算机设备损坏；工控机应通过金属机壳外的接地螺钉与系统的地相连，减少干扰；工控机的滤网要经常清洗，一般周期为 4～5 天；研华工控机主板后的小口不能直接插键盘或鼠标，需通过专业接头转接，否则容易引起死机；机箱背面的 230/110V 开关切勿拨动，否则会烧主板。

严禁使用非正版 Windows 2000/NT 软件（非正版 Windows 2000/NT 软件指随机赠送的 OEM 版和其他盗版）。

操作人员严禁退出实时监控；严禁任意修改计算机系统的配置，严禁任意增加、删除或移动硬盘上的文件和目录；系统维护人员应谨慎使用外来软盘或光盘，防止病毒侵入；严禁在实时监控操作平台进行不必要的多任务操作；系统维护人员应做好控制子目录文件（组态、流程图、SC 语言等）的备份，各自控回路的 PID 参数和调节器正反作用等系统数据记录工作；系统维护人员对系统参数进行必要的修改后，应及时做好记录工作。

（3）控制站管理。应随时注意卡件是否工作正常，有无故障显示（FAIL 灯亮），电源箱是否正常工作。严禁擅自改装、拆装系统部件；不得拉动机笼接线和接地线；避免拉动或碰伤供电线路；锁好柜门。

（4）通信网络管理。不得拉动或碰伤通信电缆；系统上电后，通信接头不能与机柜等导电体相碰；互为冗余的通信线、通信接头不能碰在一起，以免烧坏通信网卡；做好现场设备巡检。

2. 预防维护

每年应利用大修进行一次预防性的维护，以掌握系统运行状态，消除故障隐患。大修期间对 DCS 系统应进行彻底的维护，内容如下。

① 操作站、控制站停电检修，包括工控机内部、控制站机笼、电源箱等部件的灰尘清理。

② 系统供电线路检修。

③ 接地系统检修，包括端子检查，对地电阻测试。

④ 现场设备检修。

3. 故障维护

发现故障现象后，系统维护人员首先要找出故障原因，进行正确的处理。

（1）操作站故障。实时监控中，过快地翻页或开辟其他窗口，可能引发 Windows 系统保护性关闭运行程序，而退出实时监控。这时维护人员首先关闭其他应用程序，然后双击实时监控图标，重新进入实时监控。由于静电积聚，键盘可能亮红灯，这种现象不会影响正常操作，可以小心拔出键盘接头，大约 3min 后再小心插回。

（2）卡件故障。确认卡件出现故障后要及时换上备用卡，并及时与厂方取得联系。

在进行系统维护后，如果接触到系统组成部件上的集成元器件、焊点，则极有可能产生静电损害，静电损害包括卡件损坏、性能变差和使用寿命缩短等。为了避免操作过程中由于静电引入而造成损害，应遵守以下规定。

① 所有拔下的或备用的 I/O 卡件应包装在防静电袋中，严禁随意堆放。

② 插拔卡件之前，须做好防静电措施，如带上接地良好的防静电护腕，或进行适当的人体放电。

③ 避免碰到卡件上的元器件或焊点等。

④ 卡件经维修或更换后，必须检查并确认其属性设置，如卡件的配电、冗余等跳线设置。

（3）通信网络故障。通信接头接触不良会引起通信故障，确认通信接头接触不良后，可以利用专用工具重做接头。由于通信单元有地址拨号，通信维护时，网卡、主控卡、数据转发卡的安装位置不能变动。通信线破损应予以更换，避免由于通信线缆重量垂挂引起接触不良。

（4）信号线故障。维护信号线时避免拉动或碰伤系统线缆，尤其是线缆的连接处。

（5）现场设备故障。检修现场控制设备之前必须征得中控室操作人员的允许。检修结束后，要及时通知操作人员，并进行检验。操作人员应将自控回路切为手动，阀门维修时，应启用旁路阀。

5.5 JX-300XP 系统在工业生产装置上的应用

专家们认为集散控制系统已进入第四代发展时期。第四代 DCS 最主要的标志是 Information（信息）和 Integration（集成），今后将以信息化、集成化、开放性、与现场总线系统（FCS）和可编程控制器（PLC）的相互融合、低成本、配置灵活、组态方便及高可靠性等优点广泛应用于工业领域，如石化企业的常减压精馏装置、催化裂化装置、乙烯装置等，冶金企业的高炉、电弧炉、连续加热炉、锅炉、轧机等控制，火力发电机组和各种大型变电站的自动控制，企业的能源控制和管理系统，以及高级楼宇自动化系统等。

SUPCON DCS 在国内市场上占据较大份额，成功运用于许多领域并发挥着重要作用。本节简要介绍 SUPCON JX-300XP DCS 系统在 50 万吨/年催化裂化装置中的应用。

5.5.1 工艺简介

重油催化裂化装置一般包括反应-再生部分、分馏部分、吸收稳定部分、产汽部分、公用工程部分、主风机、气压机、烟机、余热锅炉等，工艺流程如图 5.12 所示。

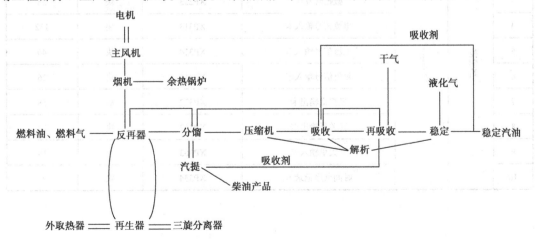

图 5.12 重油催化裂化装置工艺流程

催化裂化生产过程具有高度的连续性，生产系统庞杂，易燃易爆，工艺流程长且过程复杂。

催化裂化生产装置主要采用常规单回路控制、串级控制，另有部分选择控制、切换控制、分程控制、联锁等复杂控制，在同类装置中是较为典型的。装置中压缩机采用单独的防喘振控制系统。

5.5.2 系统配置

系统共配置有三个控制站、五个操作员站和一个工程师兼操作员站，以及11个操作台（含两台打印机台）。

系统共配置四个控制柜、21个机笼，所有控制回路冗余配置。系统测控点分布见表5.7，具体卡件配置见表5.8，DCS系统配置如图5.13所示。

表5.7 系统测控点分布

信 号 类 型		点 数
AI	4～20mA	365
	TC	150
	RTD	78
AO		116
DI		144
DO		13
总 计		866

表5.8 卡件配置

序号	卡 件 名 称			型 号	单 位	数 量
1	控制站	工作卡件	主控卡	XP243	块	6
2			通信接口卡	XP244	块	1
3			数据转发卡	XP233	块	38
4			电流信号输入卡	XP313	块	132
5			电压信号输入卡	XP314	块	40
6			热阻信号输入卡	XP316	块	26
7			模拟量输出卡	XP372	块	58
8			开关量输出卡	XP362	块	24
9			开关量输入卡	XP363	块	18
10			时间顺序记录卡	XP334	块	4

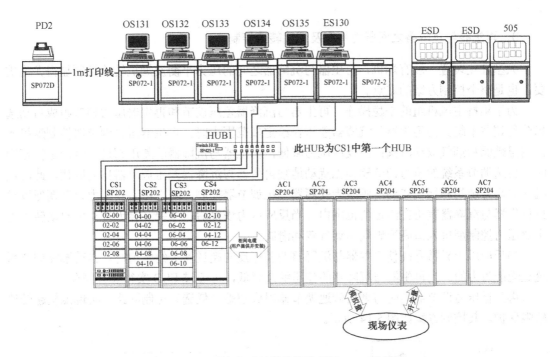

图 5.13　50 万吨/年重油催化裂化项目 DCS 配置图

5.5.3　主要控制方案

从控制方案来看，分馏和吸收稳定部分多为单回路、串级等常规控制，机组的防喘振控制一般由 ESD 来控制，控制的重点是反再部分。反再部分一般有以下几个重要控制方案。

1. 反应器温度控制

反应温度是影响催化裂化装置产品产率和产品分布的关键参数，可以通过调节再生催化剂的循环量来控制。具体来讲，通过调节再生滑阀开度来改变再生催化剂循环量达到控制温度，引入再生滑阀差压来组成温度与差压的低值选择控制，以实现再生滑阀低压差软限保护，防止催化剂倒流。

2. 反应压力控制

反应压力是通过在不同阶段控制三个不同的阀来实现的。

两器烘炉及流化阶段，利用安装在沉降器顶出口油气管线上的放空调节阀来控制；在反应进油前建立汽封至两器流化升温阶段，由测压点设在催化分馏塔顶的压力调节器调节塔顶出口油气蝶阀的开度来控制两器压力；反应进油至启动富气压缩机前，通过调节气压机入口富气放火炬小阀的开度来控制，并遥控与放火炬大阀并联的大口径阀以保证进油阶段反应压力稳定；正常生产阶段，富气压缩机投入运行后，反应压力由催化分馏塔顶压力调节器控制汽轮机调速器，通过控制汽轮机转速来保证反应压力的稳定。同时反喘振投入自动，富气压缩机入口压力调节器控制入口富气放火炬大阀投入自动。

3．再生器与沉降器之间压力平衡及烟机转速控制

大型催化装置一般有烟机，再生器与沉降器之间的压力平衡及烟机转速控制显得尤为重要，也是整个控制方案的难点。

为了维持主风机组的平稳操作，再生器与沉降器差压调节和再生器压力调节组成自动选择分程调节系统。当再生器与沉降器差压在给定值范围内时，再生器压力调节器控制烟机入口高温蝶阀和烟气双动滑阀；当反应压力降低，再生器与沉降器的差压超过安全给定值范围时，自选调节系统的压力调节器会无扰动地被再生器与沉降器差压调节器自动取代。此时烟机入口高温蝶阀和烟气双动滑阀改为受两器差压调节器控制，随之再生器压力自动调低以维持再生器与沉降器差压在给定值范围内。当反应压力恢复后，系统又会无扰动地自动转入再生器压力控制烟机入口高温蝶阀和烟气双动滑阀。

当反应压力异常升高使再生器与沉降器的差压反向超过安全给定值时，自动选择调节系统是无能为力的。当再生器与沉降器的差压继续降低，可通过 ESD 实行装置停车。

再生器压力调节器同时与烟机转速调节器组成超弛（低选）控制回路，实现烟机超转速软限保护。其控制方案如图 5.14 所示。

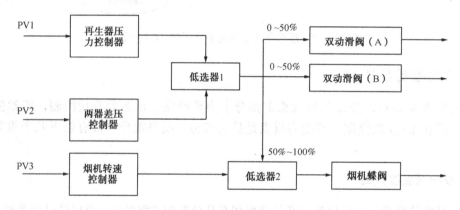

图 5.14　再生器压力与烟机转速超弛（低选）控制回路

开车过程中，烟机是在整个装置稳定以后再投入使用的。烟机投用前，烟机蝶阀全关，由两器差压控制器和再生器压力控制器组成的低选控制系统调节双动滑阀以保证两器压力平衡；要投用烟机时，遥控烟机蝶阀，待烟机冲转稳定后，再投入自动。这个过程操作的难度较大，实际开车过程中，结合百万吨装置的经验，对上述方案进行了简化。装置正常运行时，烟机转速比较平稳，烟机转速控制直接遥控烟机蝶阀实现，烟机超速保护由 ESD 联锁实现，再生器压力控制器和两器差压控制器组成低选控制系统调节双动滑阀以保证两器压力平衡。

4．反应沉降器藏量控制

反应沉降器藏量直接控制待生塞阀，由于待生立管有较大的储压能力和操作弹性，故待生塞阀一般不设置软限保护，但设有差压记录和低差压报警。

总之，催化裂化装置的实施还是有一定难度的，控制方案的设计方面，在尊重原设计的基础上，要结合操作人员的经验，要尽量简化，易于操作，以保证方案简单可靠，投用效果好。另外，开车过程中，操作人员的经验也是很重要的。

本 章 小 结

JX-300X 的基本硬件组成包括工程师站（ES）、操作站（OS）、控制站（CS）和通信网络 SCnetⅡ。主控制卡是控制站的软、硬件核心，它负责协调控制站内的所有软、硬件关系和各项控制任务。主控制卡的功能和综合性能（处理能力、程序容量、运行速度等）将直接影响系统功能的可用性、实时性、可维护性和可靠性。

用于给 CS，OS，MFS 进行组态的专用组态软件包包括系统组态软件（SCKey）、图形化组态（SCControl）、语言编程（SCX）、流程图绘制（SCDraw）、系统诊断（SCDiagnose）等软件。

SCKey 是系统的基本组态软件，实现对系统硬件构成的软件设置，如设置网络节点、冗余状况、控制周期、卡件数量、地址、冗余状况，类型，选择控制方案，定义操作画面等。

系统控制方案的组态除了可以使用 SCKey 外，还可以使用 SCControl 图形化编程和 SCX 语言编程。三者相比，SCKey 和 SCControl 使用起来比较方便，即使没有学过计算机语言，也可以实现计算机控制，感兴趣的朋友可参阅相关资料。

系统提供的实时监控软件是 SUPCON 系列控制系统的上位机监控软件，用户界面友好，方便简洁，所有的命令都转化为形象直观的功能图标，只须用鼠标单击即可轻而易举地完成生产过程的实时监控操作。

思考题与习题

1. 简述 JX-300X DCS 系统的硬件组成及其作用。
2. 简述 JX-300X DCS 系统组态软件包各软件的功能。
3. 简述 JX-300X DCS 系统通信网络的构成及各部分的基本特性。
4. JX-300X DCS 控制站由哪几部分构成？控制站的类型有哪些？其中的核心部件叫什么？它的主要功能是什么？
5. JX-300X DCS 控制站 I/O 卡件有哪些类型？
6. 什么叫组态？常用的组态软件有哪些？JX-300X DCS 的基本组态软件是什么？
7. 流程图绘制为什么要设置动态参数？如何设置动态参数？
8. 什么叫内部仪表？内部仪表与人们熟悉的传统Ⅲ型表是一回事吗？为什么？

第6章

其他集散控制系统简介

知识目标

- 掌握 I/A S 系统的组成;
- 了解 I/A S 系统所采用的通信网络;
- 掌握 I/A S 系统硬件结构及各部分的作用;
- 了解 I/A S 系统软件的作用;
- 掌握 MACS 系统的组成及各部分的作用;
- 熟悉现场控制站的构成及特点;
- 了解 MACS 系统软件的作用。

技能目标

结合 DCS 实训,培养以下技能。

- 掌握 MACS 控制系统的组态;
- 掌握 MACS 控制系统调试方法。

目前在化工、石化、炼油、冶金、电力和轻工等工业生产过程使用的集散控制系统类型繁多,如 CENTUM-CS,Delta V,TDC-3000,TPS,PKS,I/A S 和 HOLLiAS MACS 等。本章主要介绍 I/A S 系统和 HOLLiAS MACS 系统。

6.1 I/A S 系统

I/A S 系统是美国 Foxboro 公司的集散控制系统。I/A S 是智能自动化系列(Intelligent Automation Series)的缩写。该系统是一种使用开放网络的工业系统,可以使用 64 位工作站和全冗余配置的高标准集散控制系统,系统的网络结构如图 6.1 所示。

6.1.1 通信系统

I/A S 系统所采用的通信网络符合国际标准化组织(ISO)的开放系统互连(OSI)参考模型所规定的开放系统通信协议。在该系统中可以根据用户的要求,与标准的通信网络进行通信,例如,与以太网(10Mbps 和 100Mbps)、DEC 网和 ATM 网等进行通信。

I/A S 系统的通信网由四层模块化网络组成,它们是信息网、载波带局域网(LAN)、节点总线和现场总线。

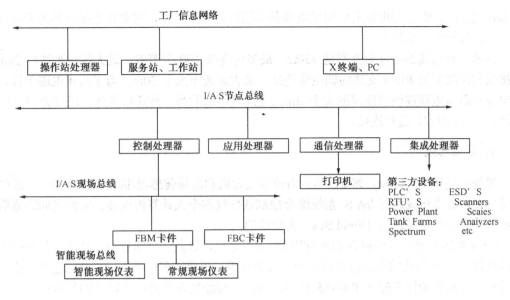

图 6.1　I/A S 系统构成

1. 节点总线

I/A S 系统的结构是按节点概念来构成的。节点独立运行，完成与自动控制系统相关的功能。节点总线（Node Bus）是 I/A S 系统的控制网。它符合 IEEE 802.3 标准通信协议，采用带冲突检测的多路载波侦听存取（CSMA/CD）方式，数据传输速率为 100Mbps，通信媒体常采用 50Ω 柔性同轴电缆。节点总线最多可连接 64 个站，但当大于 32 站时，应连接两个应用处理器，并安装同一系统监视软件。节点总线能为连接在总线上的站间提供对等（Peer to Peer）和有限距离的高速通信。采用冗余通信时，可有非扩展、扩展和作为 LAN 的一部分三种连接方式。每根节点总线的最大传输距离是 30m，可通过节点总线扩展器（SNBX 或 DNBX）扩展传输距离，扩展后的最大传输距离是 700m。节点总线组件成对使用并将信号放大，电源与位于分立机柜中的站间的接地隔离。每根节点总线只能接一个载波带局域网（LAN）接口（CLI）。光导纤维也能作为节点总线的通信媒体，通过光缆转换器（FOC）及分接头连接各节点总线。节点总线最大传输距离可达 10km，可采用星型和总线型拓扑网络结构，符合 FDDI 通信标准。

2. 信息网

信息网用于工厂的信息管理，根据用户的要求，信息网可采用工业标准的不同通信协议的网络。它一般可采用以太网（包括低速和高速两种网）、ATM 网和 PC 网等。

目前，I/A S 系统不仅可以向 MIS 网络传输实时数据和历史数据，而且还可以传输各种流程控制画面，大大地提高了管控一体化的实用性。

3. 载波带局域网

载波带局域网（LAN）是 I/A S 系统主干信息网。它符合 IEEE 802.4 通信协议，采用令牌总线存取方式，传输速率 5Mbps。通信媒体有同轴电缆和光缆两种。RG-11 型同轴电缆是半柔性的发泡塑料绝缘的通信媒体，易于安装，但允许连接的无源分接头较少，且最大传输距离较短。CATV 公用电视天线同轴电缆是半刚性的同轴电缆，它允许连接较多的无源分接头，最大传输距离也较大。

两种同轴电缆的特征阻抗都是 750Ω，最多可连接 100 个节点，最大传输距离约 2km。分接头与站间采用 RG-6 支路同轴电缆连接，最大距离不大于 30m。为了防止电磁干扰，同轴电缆与高压电源线间的距离应大于 2m。光缆是可选的另一种通信媒体，通过光缆，LAN 与转换器（FOLC）进行连接。

4. 现场总线

现场总线模件（FBM，即 I/O 卡）为控制处理机和现场传感器/执行器提供接口，这些模件可与控制处理机或运行 I/A S 系统综合控制软件包的个人计算机连接。它们之间的通信是通过一个冗余的现场总线（Field Bus）来完成的。

I/A S 系统的现场总线符合 EIA 标准 RS-485 通信。这是一个串行接口总线。与 RS-232C 标准比较，I/A S 系统的现场总线可用于多站的互连，因此节省信号线。此外，它可高速远距离传输，多数智能仪表配有 RS-485 接口，因此，可经仪表网间连接器（IG）直接与节点总线相连。通信媒体采用双绞线时，现场总线的最大传输距离是 1 800m，传输速率是 10Mbps；通信媒体采用光缆时，现场总线的最大传输距离为 20km。通常现场总线采用冗余配置。现场总线分为就地现场总线和远程现场总线。就地现场总线的最大距离是 10m，用于机柜上下层间的现场总线模件（FBM）的连接；远程现场总线需经现场总线隔离器（FBI）连接，常用于机柜间的连接。

作为开放系统，I/A S 系统提供了各种与其他公司的计算机、可编程序控制器等设备的通信接口及接口板等；在应用工作站处理器 AW50 和操作站处理器 WP50 系列的产品中提供了以太网接口；51 系列的产品还提供 IBM 公司的令牌环接口、ATM 光缆接口和 ATM 双绞线接口等。因此，一些能与以太网通信的 Allen-Bradley，Modicop，GE 等公司的 PLC 可直接与 I/A S 系统通信。此外，I/A S 系统提供的通信接口还有与 Intel 公司产品连接的网间连接器及与本公司的仪表连接的网间连接器等。

6.1.2 I/A S 系统硬件

I/A S 系统操作和管理装置主要有操作站处理器、应用处理器、应用工作站处理器、通信处理器、控制处理器和现场总线模件等。

1. 操作站处理器

操作站处理器（Workstation Processor，WP）与它的外部设备一起，从应用处理器和节点总线上的其他站接收图形和文本信息，并产生视频信号，以便在视频监视器上显示。

WP 是重要的人机界面。操作员通过鼠标、球标、工业定位装置和键盘来调用画面，并对生产过程进行监视，完成各种操作；自控工程师可在 WP 上完成对系统的组态（包括画面、控制、趋势、系统等组态），对过程控制参数的修改或更新控制方案、顺序步等；维修工程师可调用维修画面了解系统的状态、故障等有关信息及有关的提示信息。在 WP 中提供了 4 套标记集，每套可有 255 个标记（Marker），其中 2 套是供用户绘制流程图使用的图形标记，另 2 套是用户可自己开发的标记，如用于汉字的显示和特定图形符号的标记等。

2．应用处理器

应用处理器（Application Processor，AP）用于对外部大容量存储设备执行有关的应用功能，如显示、生产控制、用户应用、诊断、组态、应用功能开发及大容量文件处理等。应用处理器有容错和非容错两种。

正常操作时，应用处理器的主要功能如下。

① 系统和网络管理功能，收集系统性能统计，实现站的重装，提供报文广播，处理系统内各站的报警和报文，维持各站的同步时间，进行网络的系统管理等。

② 数据库管理功能，采用工业标准关系数据库 INFORMIX SQL 管理系统，对系统接收和产生的数据文件进行存储、操作和检索。

③ 文件请求功能，文件管理程序用于管理与应用处理器相连的大容量存储器有关的所有文件请求，它也支持从一个站存取另一个站的文件。

④ 历史数据存储功能，历史数据管理软件用于生产过程的历史数据的计算、归档等。它能组态作为保存出错、报警状态及选择的操作员操作历史，并能通过一个或多个应用处理器发出报文，或存储其他站发生的事件。

⑤ 支持图形显示功能，存储显示格式，为显示画面做文件管理，执行实现显示画面和趋势服务的程序，用以支持图形显示。

应用处理器存储了系统操作有关的所有软件包，能对生产操作数据不断更新并进行归档处理。应用处理器能对系统内的其他站进行装载，并执行应用功能的任务。对小型系统，它可用 PC 完成或用与 WP 合成的 AW 来完成。

3．应用工作站处理器

应用工作站处理器（Application Workstation Processor，AW）是应用处理器 AP 和操作站处理器 WP 的结合，它既能作为应用处理器，承担网络上的服务器的功能，又能作为一个人机界面，为操作员提供图形和文件，完成对生产过程操作和管理的功能。它也可以作为挂在 I/A S 系统节点总线中其他站的上位站。AW 的应用范围可从最小的功能，例如内存映像的存储，报警和事件及历史数据的存储等，到大范围的应用，例如先进控制，第三方应用软件使用，数据库管理和程序开发等。AW 有通过 DNBI 或 DNBX 连接到节点总线的连接方式和不与 DNBI 或 DNBX 连接的独立方式等两种连接方式。选择独立工作方式时，可以通过节点总线接口连接到非 OSI 协议（如 TCP/IP，DEC）的用户信息网络。Foxboro 公司于 1996 年推出基本 Windows NT 4.0 操作系统的 70 系列产品。该系列产品主要有 AW70 和 AW71。AW70 主要技术指标如下。

① 处理机为 Intel Pentium 4，2.4GHz。

② 内存为 256MB，可扩展至 1GB，18GB 系统硬盘。

③ 1.6GB 磁带机或 10/20GB 数字磁带机，CD-ROM 驱动器。

④ 一个并行接口和两个串行接口，可连接打印机和节点总线接口等 SCSI 接口设备。

4．通信处理器

通信处理器（Communication Processor）作为 I/A S 系统的一个节点，提供与外部设备的互连，其配置如图 6.2 所示。它有 4 个兼容的用于终端输入/输出设备的异步 RS-232C 串行

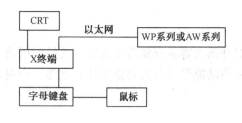

图 6.2　通信处理器配置

接口，其异步通信速率为 **9.6bps**，借助适配器与系统接口，还可与 **RS-449** 和 **RS-485** 兼容的设备连接。通信处理器把从网络站接收的标准报文译成设备特定报文。通信处理器的主要功能如下。

（1）报警报文的优先打印功能。在 I/A S 系统中能发送报文的站被按逻辑名称定义，当向通信处理器传送报文时，处理器会按优先级从报文中把优先级别高的及时传送到特定设备打印。

（2）报表和打印文件的打印处理。当设备被组态成可锁时，报表打印过程中，如有报警等优先级别高的报文，则会送后备设备，以保证报表打印完整。当设备解锁时，则按优先级打印。

（3）报文的后备。为防止设备故障或锁定时能及时处理报文，通信处理器通过组态可对每一个连接设备规定第一和第二后备设备，以便未打印的报文送入后备设备进行处理。

（4）终端用户接口。通信处理器规定每个默认终端是 DEC 公司的视频终端 VT100。对于非 DEC 公司的 VT100 终端，可根据终端要求，用组态方式调整有关参数。

对小系统、打印机等设备，可直接与 PC 的串行或并行接口相连接，完成报文打印等操作。

5. 控制处理器

I/A S 系统采用模件式结构。它的分散过程控制装置有两类，一类是采用控制处理器（Control Processor，CP）和现场总线模件结合的方式；另一类是直接采用现场总线模件（FBM），用 PC 和集成控制软件包完成控制功能。FBM 经过现场隔离器（FBI/FCM）挂在总线上，每个隔离器下最多可挂 24 个 FBM，而每个 CP 最多可挂 120 个 FBM。

控制处理器是 I/A S 节点中的控制组件，其中常规控制模块大约 100 多种，包括输入/输出、控制、信号处理、计算和转换等类型，通过组态能够实现连续控制、顺序控制和逻辑控制等功能。控制功能由两部分装置实施。其中连续控制在 CP 内实现；顺序逻辑控制在现场总线模件内实现；批量控制在操作站通过批量工厂管理软件来自动协调连续控制和顺序控制，并对它们进行管理和调整。连续量和顺序量控制的组态都在 CP 内完成（由操作站或 PC 完成组态再下装到 CP）。顺序逻辑控制的组态内容需再下装到 FBM。控制组态采用集成控制组态软件（Integrated Control Configurator）。该软件允许用户进行离线和在线的组态。

控制处理器有非容错和容错两种配置，即单机运行和容错运行。为了提高系统的可靠性，可以采用控制处理器的容错可选形式。采用容错运行时，两个 CP 用连接件相连接，作为热后备运行。对应的节点总线接口和现场总线接口也有两个，它们同步接收和处理信息，组件故障由自身检测。检测的方法是在组件的外部接口上比较两者的输出，发现差异时各自进行自诊断，确定失效组件。正常组件继续进行控制，不影响系统的运行。

控制处理器可以构成单一功能的控制系统，也可以构成几种功能组合的多功能控制系统。例如，可以构成连续量、顺序量和逻辑控制的组合系统。控制参数可以通过操作员接口设备进行调整，并在 CRT 屏幕上显示。

6．现场总线模件

现场总线模件（Field Bus Module，FBM），包括模拟和数字类型，每个模拟模件的点数为 8，数字模件的点数为 16，均为通道隔离型卡件。现场总线模件为现场传感器/执行器与冗余的现场总线之间提供了接口，它有非扩展主模件、扩展主模件和可扩展主模件三种连接模件。除了现场总线扩展器 FBI 外，FBM 由数字处理器，内存，用于现场总线通信的双重化转换器，接受冗余供电的直流/直流转换器，用于安全目的的逻辑线路，电源安全保护和自诊断装置等组成。

对 FBM 的组态包括转换时间设置、稳定时间、连接方式等内容。在 FBM 中主要进行输入/输出信号的处理、滤波等工作；对数字量的 FBM（包括扩展模件），除了完成有关信号处理外，还完成顺序逻辑程序的执行，事故顺序、监视程序的执行等工作。此外，电源或其他输入/输出通道的故障也在 FBM 中被诊断并显示在相应模件的面板上。FBC（现场总线卡）用于成组的模拟和数字输入/输出时，与 FBM 有相同的功能，可与控制处理器通信，也可与现场总线处理器进行通信。FBM 可与智能变送器通信，而且可为现场变送器供电。

6.1.3　I/A S 系统软件

I/A S 系统的软件采用与 UNIX 系统 V 兼容的操作系统 VENIX 和 SOLARIS。由于系统的开放，因此，第三方的软件可方便地被移植到系统中。例如，在 I/A S 系统中，采用了 Lotus l-2-3 作为电子报表的软件，它采用三维工作单、多重窗口（多达 26 页工作单），具有 200 多种图形类型组合等。

在 I/A S 系统中，主要的应用软件包括系统管理软件、数据库管理软件、历史数据软件、显示管理软件、画面建立软件和报警管理软件等。

1．系统管理软件

系统管理软件（System Manager）用于站与有关的外部设备，如输入/输出设备、通信总线的打印设备等的状态信息显示，系统日期和维修时间的信息显示，系统报警的条件和报警信息显示，它也具有直接改变所连接设备作用的能力。

2．数据库管理软件

数据库管理软件用于系统数据文件的存储、检索和操作，采用实时关系数据库对系统数据进行管理，它还支持用 Windows NT 文件系统对已存储的数据库进行存取访问。

3．历史数据软件

历史数据软件（Historical Data）提供连续和离散数值和应用信息的历史数据。这些数值可以是过程的测量、设定、输出和已经过组态的用于采集和发送作为历史数据的信息的站状态开关。对历史数据的归档处理，例如，取历史数据的平均、最大、最小和其他的引出值也是该软件的工作。这些历史数据被保存，并能用应用程序再显示、报表打印和存取。归档的资料能存到可移走的软盘等媒体。对事故的历史数据、报警的条件和被选择的操作员的操作信息也能经组态后保存。在其他站上发生的事故、报警和其他事件的信息，也能通过定义作为历史事件的数据从其他站送来存储。

4. 显示管理软件

显示管理软件（FoxView）是 I/A S 系统的程序、工具和过程画面等操作环境集合的重现。根据用户特定的任务要求，它可以对有关的操作环境的子集组态。不同操作人员可以通过不同的口令进入不同的操作环境，从而使系统的操作更安全可靠。图形可以多窗口显示，操作员能通过 FoxView，在过程操作画面上动态显示被嵌入的实时和历史趋势。此外，为了浏览过程报警显示的综合情况，它也能与报警管理软件（FoxAlert）进行存取的连接；为了了解在控制数据库中组合模块和功能模块的细节，它可以与 FoxSelect 软件进行连接，得到与功能模块详细显示（Block Detail Displays）同样的存取结果。

5. 画面建立软件

画面建立软件（FoxDraw）用于对过程操作流程画面和有关的操作、调整画面进行组态，支持三维的画面显示。软件提供了标记库，可方便地供用户调用，并能对标记图形进行放大、缩小、旋转等操作，能由用户自己定义标记，如在过程中常用的汉字。可使用鼠标或其他定位装置和下拉式菜单方便地进行访问。画面的数据可与过程变量进行连接。为使人机界面更友好，对目标属性的动态变量，如充填的液位、颜色、位置、大小的可见性等也可方便地改变，它也允许操作员控制的按钮等设备图形显示在画面上。

6. 报警管理软件

报警管理软件（FoxAlert）用最新显示画面和当前报警显示画面快速对最新的报警信息进行访问，对报警信息能动态更新并能用颜色的优先级和状态指示器显示，使操作员能快速把注意力集中到最新的报警信息上。软件提供了报警历史的列表，对报警的确认和对消音等操作提供了按钮，此外，还提供了对用户访问系统的报警功能。

除了上述应用软件外，I/A S 系统也提供一系列其他软件，例如优化软件、物性数据库、电子表格、数学库和统计过程控制软件等。

此外，还有 FoxAnalyst 先进的趋势数据分析软件，FoxPanels 软报警面板显示软件，用于 Windows 数据传输的软件和计算机辅助工程软件等可供选用。

6.2　MACS 系统

HOLLiAS MACS 是和利时公司在总结多年用户需求和多行业的应用特点，积累三代 DCS（HS-DCS-1000，HS2000，MACS）系统开发应用的基础上，全面继承以往系统的高可靠性和方便性，综合自身核心技术与国际先进技术，推出的新一代分布式控制系统。HOLLiAS MACS（以下简称 MACS）系统具有如下特点。

1. 采用了工业以太网核心技术

MACS 系统采用了工业以太网核心技术，开发了具有自主知识产权的技术，确保了通信的实时性，增强了确定性，提高了网络的安全性。

2. 采用 Profibus-DP 现场总线技术

MACS 采用了目前世界上先进的 Profibus-DP 现场总线技术，具有许多优势。首先，能够真正做到"监控集中，控制分散，危险分散"。其次，I/O 模块可以根据用户现场需要选择集中安装或分散安装，节省大量的电缆费用。第三，Profibus-DP 作为国际标准之一，已被批准成为我国工业自动化领域行业标准中唯一的现场总线标准，符合这类标准的设备在各行业已有大量的实际应用。因此，MACS 可方便地和不同厂家、不同品牌的智能仪表进行通信及数据交换。

3. 提供了两个系列的 I/O 卡件模块

MACS 系统提供了 FM 和 SM 两个系列的 I/O 卡件模块，以适应不同的工业应用场合。

4. 系统结构灵活

MACS 系统纳入的点数范围很宽，从几百点到几万点，适应不同行业的应用需求，系统结构灵活。

5. 具有良好的开放性

MACS 系统支持并提供基于 COM/DCOM 技术的 OPC 工业标准接口，使不同供应厂家的设备和应用程序之间的软件接口标准化。软件与 I/O 设备独立，添加硬件设备极为方便，使得 I/O 设备变成了标准的可以集成的 DCS 部件。它可以通过耦合器或连接器方便接入 Profibus-PA 智能变送器或执行器。

6.2.1 MACS 系统的组成

MACS 系统具体由网络、工程师站、操作员站、高级计算站、管理网网关、系统服务器、现场控制站和通信控制站等部分组成，其结构如图 6.3 所示。

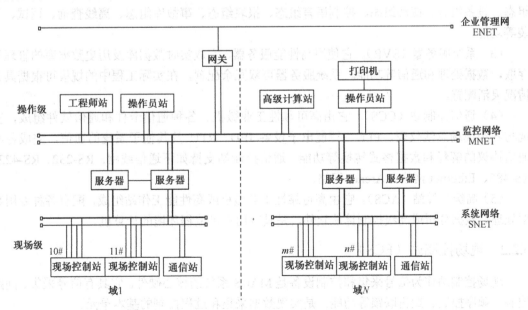

图 6.3 MACS 系统结构示意图

（1）网络。依据不同的工业现场，MACS 系统的网络由上到下分为操作层、控制层和监控网络三个层次。

操作级的数据通信网络称为系统网络（SNET）。系统网络用于实现工程师站、操作员站和系统服务器与现场控制站之间数据、资源的互连、共享及打印等。

一个大型系统可由多组服务器组成，由此将系统划分成多个域，每个域可由独立的服务器、系统网络和多个现场控制站组成，完成相对独立的采集和控制功能。域有域名，域内数据单独组态和管理，域间数据可以重名。各个域可以共享监控网络和工程师站。而操作员站和高级计算站等可通过域名登录到不同的域进行操作。

系统网络为冗余配置，采用实时工业以太网与工程师站/操作员站连接，可构建星型、环型及总线型拓扑结构的高速冗余的安全网络，符合 IEEE 802.3 标准，通信速率 10/100Mbps自适应，传输介质为带有 RJ45 连接器的 5 类双绞线或光缆，基于可靠的工业以太网通信协议，使信息传输更加开放、实时、可靠。

控制层的数据通信网络称为控制网络（CNET）。控制网络采用 Profibus 工业现场总线与自动化系统各个 I/O 模块及智能设备连接通信，实时、快速、高效地完成过程或现场通信任务，符合 IEC 61158 国际标准。

Profibus-DP 采用主、从站间轮询的通信方式，最大通信速率 12Mbps。Profibus-DP 总线链路最多可连接 126 个节点（0～125），适用多种通信介质（双绞线、光缆以及混合方式），双绞线最大通信距离 1.2km，单模光缆最大通信距离 10km，并具有完善的诊断功能，提高了系统可维护性。

监控网络（MNET）实现工程师站、操作员站、高级计算站与系统服务器的互连，系统网络实现现场控制站与系统服务器的互连，控制网络实现现场控制站与过程 I/O 单元的通信。

数据按域独立组态，域间数据可以由域间引用或域间通信组态进行定义，并通过监控网络相互引用。

（2）工程师站（ENS）。工程师站由高档微机和各种组态工具软件组成，具有系统数据库组态、设备组态、图形组态、控制语言组态、报表组态、事故库组态、离线查询、调试、下装等功能。

（3）系统服务器（SVR）。它使用高性能服务器，完成实时数据库及历史数据库的管理和存取，数据处理和通信等功能。系统服务器可双冗余配置，在实际工程中的规模可根据具体情况灵活配置。

（4）通信控制站（CCS）。它由高可靠性工业微机、各种通信卡件和通信软件组成，实现与各类现场总线仪表、PLC、智能电子设备 IED、RTU 及其他子系统的通信，完成各种通信协议的解释和数据格式转换等功能。通信控制站支持如下通信线路：RS-232、RS-422、RS-485、Ethernet 网络、Arcnet 网络。

（5）高级计算站（ACS）。它由高可靠性工业微机或高性能工作站组成，配有各种专用数据处理、数据分析或高级控制算法软件，是具有用户可编程环境的计算机。

6.2.2　现场控制站（FCS）

现场控制站作为信号采集和控制设备是 MACS 系统的核心硬件。它具有信号采集、回路控制、顺序控制、逻辑联锁等功能，是实现数据采集和过程控制的基本单元。

1．现场控制站的构成

现场控制站由控制机笼、主控制器、电源模块、智能 I/O 模块、端子模块、通信网络及控制机柜等部分组成。在主控制器和智能 I/O 模块上，分别固化了实时操作系统和 I/O 模块运行软件，并有完整的表征主控制器及 I/O 模块运行状态的指示灯。

现场控制站内部采用了分布式的结构，与系统网络相连接的是现场控制站的主控单元，可冗余配置。主控单元通过控制网络（CNET）与各个智能 I/O 单元实现连接。现场控制站的内部结构如图 6.4 所示。

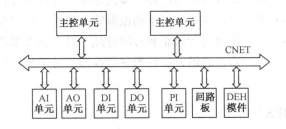

图 6.4　现场控制站内部结构示意图

构成现场控制站的功能单元（如主控制器、智能 I/O 模块、端子模块等），均放置在现场控制机柜中。现场控制站的硬件包括 FM 系列和 SM 系列。

2．I/O 模块的技术特点

I/O 模块采用 ProfiBus-DP 现场总线通信协议，通信速率达到 1.5Mbps；支持实时的状态显示，可实时显示本模块的运行状态和通信状态；支持带电插拔，在系统加电的情况下插拔本模块，不会影响系统的正常运行，也不会损坏本模块；周期性的故障检测，定期检测模块自身 CPU 的工作状态，一旦 CPU 出现故障，在保证安全的前提下，WATCHDOG 电路可使模块复位；具备较完备的保护功能，这些保护功能包括通道电流过载保护、24V DC 反压保护、通信线钳压保护和通道过压保护等。

3．保证硬件可靠性的措施

为保证系统运行安全可靠，MACS 系统采用了以下措施。

（1）冗余。MACS 系统的冗余措施有主控制器冗余、电源冗余、I/O 设备冗余和网络冗余等。

主控制器采用主备双模冗余配置，设计有硬件冗余切换和故障自检电路。两个主控制器进行热备份，它们同时接收网络数据，同时做控制运算，但只有一个输出运算结果，实时更新数据。一旦工作主控制器发生故障，备份主控制器自动进入工作状态，而且是无扰动切换过程。

电源模块为特殊设计，功率大，稳定性好，均实现冗余配置，多个电源并联使用，均流运行。当其中一个出现故障时，另一个立即承担全部负载。

模拟量输入设备、模拟量输出设备均实现冗余配置，输出模块带有冗余切换机制或备份机制。

主控单元配置双冗余工业以太网接口实现系统网冗余；内置 Profibus-DP 主站接口，FM系列通过 DP 总线控制单元 FM1200 可以实现控制网的冗余，而 SM 系列直接支持冗余 DP总线。

（2）分散隔离措施。全分布智能 I/O 模块，FM 系列采用导轨安装，可集中，可分散，也可远程分布；将控制有效地分散到各个 I/O 模块，所有模块均带有隔离电路（AI/AO 可以路间隔离，DI 光电隔离，DO 光电隔离或继电器隔离），将通道上窜入的干扰源拒之系统之外。通道间也可提供隔离措施，消除由于现场地电位差对系统造成的损坏。

（3）迅速维修措施。MACS 系统的迅速维修措施有自诊断能力和故障指示。

现场控制站的所有模块上均内置微控制器，模块均周期性地进行自诊断。对于不同的信号通道，系统提供了不同的自诊断技术。对于模拟量输入通道，采用专用的输入通道故障诊断技术，对开路、短路、跳变均可进行诊断和故障处理。对于模拟量输出通道，采用专用的输出通道故障诊断技术，可对输出通道、执行器进行诊断。对于开关量输出，采用回读比较自检方式。

6.2.3　操作员站（OPS）

操作员站由高性能 PC 及专用工业键盘、轨迹球或触摸屏等设备和人机对话、画面显示等软件组成，用来调试和操控生产过程，并完成控制调节，同时在线检测系统硬件、系统网络和现场控制站内主控制器及各 I/O 模块的运行情况。它具有流程图显示与操作，报警监视及确认，日志查询，趋势显示，参数列表显示，控制调节，在线参数修改，报表打印等功能。

1. 监视屏幕配置

监视屏幕采用 19in 的彩色 CRT（或 19in 以上的监视器）。每个操作员站可以接一台彩色监视器，也可以接入两台监视器（最多可接入三台监视器）。在多个监视器情况下，共用一个专用键盘和一个轨迹球。

操作员可采用专用键盘上的屏幕切换键来确定在哪个屏幕上进行对话显示，另外轨迹球可在三屏幕间移动，因此也可由轨迹球直接激活某一个屏幕进行对话。专用键盘上有三个选择 CRT 屏幕的专用键：CRT1，CRT2 和 CRT3，用于 CRT 屏幕的切换。会话切换如图 6.5 所示。

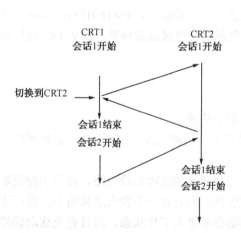

图 6.5　会话切换示意图

2. 专用键盘和轨迹球的作用

专用键盘的外观如图 6.6 所示，其功能键分为11 个区。

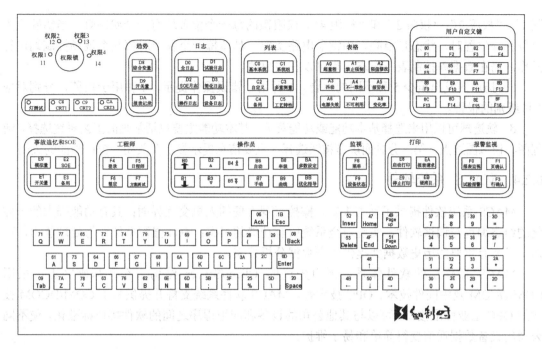

图 6.6　专用键盘的外观

① 趋势区。"综合变量"、"开关量"、"报表记录"各按键分别用于进入模拟量点、开关量点及统计计算类型点的趋势显示画面。

② 日志区。各按键用于进入不同的日志显示窗口。

③ 列表区。各按键用于进入各种列表显示窗口。

④ 表格区。各按键用于进入不同的事件表格。

⑤ 事故追忆和 SOE 区。各按键用于进入开关量点、模拟量点的事故追忆和 SOE 趋势显示画面。

⑥ 工程师区。各按键用于进入工程师的功能操作界面。

⑦ 操作员区。这组键专用于操作员调用控制调节窗口（如 PID 调节器、手操器、开关手操器、顺控设备、控制阀和磨煤机操作面板），实现操作画面和运行方式的切换，设定值和输出值的调整等。

⑧ 监视区。"菜单"按键用于进入工艺流程画面的主菜单，"设备状态"按键用于进入整个系统的状态画面。

⑨ 打印区。各按键用于进入打印对话界面。

⑩ 报警监视区。"报警监视"、"试验报警"按键用于分别进入普通报警监视画面及具有试验属性的报警画面，另外两个按键用于报警确认。

⑪ 用户自定义键区。该部分有 16 个用户自定义键，用户可以通过组态自定义各键代表的图形。

字母数字键部分功能同普通键的键码。辅助键包括灯测试键、权限锁、扬声器功能和轨迹球等。

a. 灯测试键用于测试键盘上的灯状态；CRT1，CRT2，CRT3 键用于最多三个显示屏之间的切换。

b. 通过权限锁可以定义操作员站的操作权限。四个位置的标志按顺时针方向依次为"权限 1"、"权限 2"、"权限 3" 和 "权限 4"。权限锁的每一个位置均有一个状态灯，当钥匙位置定位在该位置时，状态灯点亮，由键盘电路实现。具体每一个权限对哪几个现场控制站进行操作，需在数据库控制表中组态，也可以在线更改。

c. 扬声器发出至少 5 种不同的声音。1 种用于错误操作提示，4 种用于报警，分别对应 4 种级别的报警。

d. 轨迹球可以用来选择基本功能或功能菜单。基本功能主要包括基画面工艺系统选择，流程图、模拟图选点，第二分画面屏幕按钮选择，重要信息提示显示及关闭，窗口画面的关闭。

6.2.4 MACS 系统软件

MACS 系统软件提供了动态丰富，操控直观方便的人机交互界面；具有功能强大的一体化的组态编程与调试软件，实现对全系统所有功能的组态；有较强数据储存与处理能力，可以记录所有重要的历史数据并提供生产数据分析报表。

MACS 操作层的软件体系，采用先进的 Client/Server 结构，在此基础之上，采用 COM/DCOM 及中间件技术、OPC 技术等。MACS 软件系统支持并提供基于 COM/DCOM 技术的 OPC 工业标准接口，可以与其他公司的设备和应用程序之间的软件接口标准化，使不同公司的设备数据通信变得简单和易于维护。

1. 动态丰富，操控直观方便的人机交互界面

MACS 系统提供了应用简便，灵活，动态丰富，操控直观的人机交互界面。通过 MACS 系统操作员站，操作员能够快速获得整个工艺生产过程信息；方便地交叉浏览工艺流程画面；快速地识别出各种事件；简单、快速地完成所要求的控制参数输入，从而保证设备的安全运行，清晰地参与和优化生产过程。现场操作人员、维护人员及监控管理人员都可以通过相应的权限对现场生产进行跟踪、修改、编辑实际的工艺参数信息，并获得系统装置安全运行、经济运行所必须的报告。

（1）控制画面。控制系统监控的所有测点都可以在画面上显示，显示的信息包括位号、控制点说明、当前值、工程单位、量程上下限等信息。控制画面支持多层显示结构，显示的层数可根据工艺生产流程和运行要求来设计实现，使运行人员方便地获得操作所必需的监视信息和对特定的工况进行监控，如图 6.7 所示。

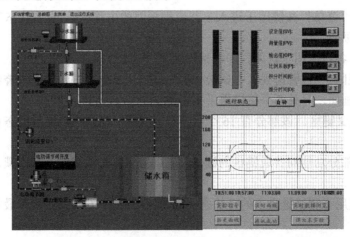

图 6.7 控制画面

（2）工艺点的详细信息。系统提供了多种窗口调出方式，包括菜单调出方式、活动窗口画面显示、自动画面显示、热点调用和键盘调用等。工艺流程图如图 6.8 所示。

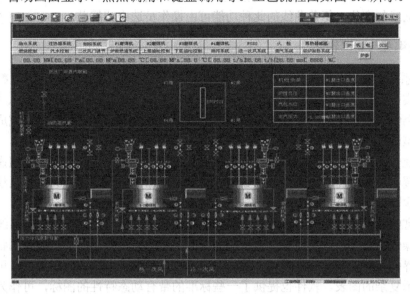

图 6.8　工艺流程图

（3）报警。MACS 应用系统的报警功能通过显示及语音功能及时提示操作员对生产过程中突发事件进行处理，这些事件是产生在生产过程中的非正常工艺状态或设备故障状态。报警分列有工艺报警、设备报警、SOE 信号报警。

（4）报表。MACS 软件提供的集成的报表系统，可打印输出数据库里的所有系统检测点。它可以把进入报表的工艺测点按用户自定义的页面格式输出。打印的方式可以选择自动打印和请求打印两种。

（5）日志。MACS 系统中的日志功能按时间顺序自动记录、存储和查询运行过程中发生的各种随机突发事件，为生产管理人员提供事故分析的详细依据。

日志的类型包括全日志日志、设备日志、操作日志、SOE 日志、简化日志。日志的显示方式有跟踪方式与历史方式。跟踪方式是系统将自动显示出最近发生的信息。历史方式是操作员通过滚动键显示过去发生的事件信息。

所有进表格的事件信息、操作员站参数设定事件、报警监视、校时等一系列信息，均按不同的属性进各类日志。

（6）历史趋势。MACS 系统采用全历史库方式记录所有数据库测点信息，以数据或曲线方式同时出现模拟量和开关量，具有时间轴及参数轴量程可灵活变化修改等特点。在实际使用中，趋势曲线为生产管理人员了解工艺生产过程是否安全、高效提供了很好的监控平台。

标准趋势显示共分综合趋势、开关趋势、XY 趋势和比较趋势四种。综合趋势完成系统内模拟量和开关量的趋势信息。开关趋势完成系统内开关量的趋势信息，具有变位查询功能。XY 趋势完成工艺生产中由两个相关工艺变量作为 X, Y 轴组成的趋势信息，多用于安全信息的提供。比较趋势完成通过系统预先设置的工艺变量曲线和实际生产时工艺变量的比较，反映当前工艺生产过程同计划间的差别，多用于在线运行操作的监控。

综合趋势、开关趋势和 XY 趋势都可以进行"跟踪"和"历史"方式显示。综合趋势显示有曲线和数字两种方式，开关趋势和 XY 趋势显示只有曲线方式。

模拟量和开关量趋势显示时，一次最多可显示 8 个测点的趋势；XY 趋势显示时，一次最多可显示 4 条曲线。曲线显示时显示的量程范围随屏幕上显示的曲线的波动幅度实时修正，以利于分辨曲线的变化。每条曲线的此种功能可由操作员选中或屏蔽。

2. 组态编程与调试软件

MACS 系统提供了组态编程与调试软件，实现对全系统所有功能的组态，对整个 MACS 系统的工程实施进行集中控制和管理。软件由系统设备、数据库、控制算法组态、图形组态、报表组态、离线查询及工程师在线管理等部分组成，用来构建一体化数据库，完成图形组态和生成控制策略。

（1）构建一体化数据库。MACS 系统的核心数据环境是数据库。在对系统组态时，所有的数据和设置都自动地连入一个统一的数据库中。数据库组态就是定义和编辑系统各站的点信息，包括实际的物理测点和中间量点，以形成整个应用系统的基础。

（2）丰富的图形组态。MACS 系统的图形组态软件允许用户快速方便地为系统设计一个直观清晰的操作员站接口。借助软件自带的丰富而实用的系统图形库，可以绘制各种复杂而漂亮的图形界面，如动画、各种数据、曲线、棒图、各种仪表盘等的实时显示，可以为任何数据类型显示复杂的图表。软件也提供了一些标准的带有动态特性的图标，可作为实时的动态点，在实时运行系统中指示设备的运行状态、参数值等。

系统同时也允许用户自定义图形库，将用户经常使用的特定图形存储到图形库中作为一个图标，以粘贴的方式重复使用。

（3）功能强大的控制策略生成工具。控制策略生成工具包括控制算法编辑器和仿真调试器两个环境，用以完成复杂算法的编制、下装和调试。

MACS 系统控制策略生成工具提供丰富的功能块函数算法库，如 IEC 运算符、类型转换函数、定时器、触发器、计数器函数、紧急事件函数、PID 控制、模糊控制、顺控等，用户还可随时增加自己定义的函数。利用丰富的库函数，可方便地实现各种批处理流程、PID 回路、复杂回路、逻辑回路、混合回路，以及先进控制算法和特殊的配方控制等各种典型的工业控制。

MACS 的控制策略生成系统还允许用户对系统进行二次开发，提供用户自定义函数、功能块的功能。用户可以根据自己的需要，采用六种面向问题的编程语言编制符合自己特殊需求的复杂控制模块并嵌入到系统当中。

控制策略组态界面采用资源管理器树形结构的直观形式表现站内控制方案，设置控制方案的基本属性，如方案名、方案采用的语言、运算周期、运算开关、运算次序等信息。

MACS 系统的全数据库可以全部下载到控制器。在下装过程中系统均有详尽的提示信息和警告信息。MACS 系统也提供在线无扰增量下装功能，通过有效的判断机制，在不干扰系统运行的前提下，将修改部分的增量下装文件下载到控制器。

MACS 系统提供离线仿真调试环境，可以模拟现场运行情况。用户可以在家庭、办公室或其他非现场环境中对算法组态进行调试，检查其是否满足要求，减少运行时的修改量，保证系统稳定运行。在仿真模式下程序可脱离控制器单独运行，调试中可设置断点，监视变量，单步执行，单循环执行，跳入执行，调出执行，查看调用栈，显示流控制，修改点值，强制输出等。

系统也支持在线修改。用户可以直接登录到控制器上对一些量程等辅助信息进行修改而不影响系统的运行。同时用户也可以对输入/输出变量进行强制或输入，当然，用户也可以解除对某点的强制和输入操作。调试中可设置断点，监视变量，单步执行，单循环执行，跳入执行，调出执行，查看调用栈，显示流程控制等。

（4）支持六种标准工业编程语言生成控制策略。MACS 系统控制策略采用 IEC 61131-3 国际标准的控制组态工具，提供 FBD（功能块图）、LD（梯形图）、ST（结构化文本）、IL（指令表）、SFC（顺序功能图）、CFC（连续功能块图）等六种标准工业编程语言，适用不同的工业控制场合。

功能块图是用图形形式功能块语言编制的用于完成一定运算或控制功能的程序。它由基本功能块、连线、输入/输出端子及段组成，以图形方式表示，并规定了所有功能模块的调用顺序和相应模块运算所需的参数。

LD 语言—梯形图是一种专门用于基本逻辑控制的连续执行语言。它由一些触点（常开、常闭、正传感、负传感、反转）、线圈（输出、单稳态、锁定、解锁、跳转）、连线及定时器、计数器、步序器组成。它擅长于快速执行离散逻辑，包括马达控制、联锁、随意检查，以及简单的顺序控制。

ST 语言—结构化文本适合完成一些复杂的高级应用。它由一些关键字和相应操作指令组成，包括符号（关键字、运算符、修饰符、操作数）、语句（表达式、控制语句）、函数和函数块等，可按字符行为单位编写控制方案。

IL 语言—指令表为最直接操作的编程的语言，具有丰富的变化，是最基本的计算机编程语言。

SFC 语言—顺序功能图用来连接连续控制/逻辑控制和输入/输出监视功能，以描述和控制过程事件顺序操作，适合于需要多个状态控制的事件。一个 SFC 是由一系列操作步（Step）和转移（Transition）组成的，每个操作步包含一组影响过程的动作（Action）。它支持并发序列和各种限定符，每个动作的实现可以在四种语言中任选一种编写。

CFC 语言—连续功能块图和 FBD 类似，只是 CFC 没有节的概念。

本 章 小 结

I/A S 系统是一种采用开放网络，使用 64 位工作站和全冗余配置的高性能集散控制系统。I/A S 系统的通信网由信息网、载波带局域网（LAN）、节点总线和现场总线等四层网络组成。I/A S 系统操作和管理装置主要有操作站处理器、应用处理器、应用工作站处理器、通信处理器、控制处理器和现场总线模件等。

I/A S 系统的软件采用与 UNIX 系统 V 兼容的操作系统 VENIX 和 SOLARIS。由于系统的开放，因此，第三方的软件可方便地被移植到系统中，主要的应用软件包括系统管理软件、数据库管理软件、历史数据软件、显示管理软件、画面建立软件和报警管理软件等。

MACS 系统具体由网络、工程师站、操作员站、高级计算站、管理网网关、系统服务器、现场控制站和通信控制站等部分组成。MACS 系统的网络由上到下分为操作层、控制层和监控网络等三个层次。

现场控制站（FCS）具有信号采集、回路控制、顺序控制、逻辑联锁等功能，是实现数据采集和过程控制的基本单元。现场控制站内部采用了分布式的结构，与系统网络相连接的是现场控制站的主控单元，可冗余配置。

操作员站由高性能 PC 及专用工业键盘、轨迹球或触摸屏等设备和人机对话、画面显示等软件组成，用来调试和操控生产过程，同时在线检测系统硬件、系统网络和现场控制站内主控制器及各 I/O 模块的运行情况。它具有流程图显示与操作，报警监视及确认，日志查询，趋势显示，参数列表显示，控制调节，在线参数修改，报表打印等功能。MACS 系统提供了组态编程与调试软件，实现对全系统所有功能的组态，对整个 MACS 系统的工程实施进行集中控制和管理。

思考题与习题

1. I/A S 系统有什么特点？
2. I/A S 系统主要由哪些部分组成？
3. I/A S 系统主要显示画面有哪些？画面名称是什么？
4. 现场总线模件有哪些类型？
5. MACS 系统主要由哪些部分组成？
6. 现场控制站的作用是什么？
7. 为保证系统运行安全可靠，MACS 系统采取了哪些措施？
8. MACS 操作员键盘由哪些部分组成？

第7章

现场总线控制系统

知识目标

- 掌握现场总线控制系统的基本概念及技术特点；
- 掌握基金会现场总线基本概念；
- 了解几种典型的现场总线；
- 了解现场总线控制系统的构成；
- 了解 Delta V 现场总线系统的构成及技术特点；
- 了解 Delta V 现场总线系统设计上需要注意的问题；
- 结合实例理解 Delta V 现场总线系统在生产装置中的应用。

技能目标

- 能够根据配置现场设备计算单根总线电缆长度；
- 结合实例学习 Delta V 现场总线系统的组态；
- 结合实例掌握现场总线回路的测试。

现场总线技术已成为工业自动化领域技术发展的焦点课题，它的出现标志着工业控制技术领域又一个新时代的开始。现场总线技术不仅是当今控制技术、计算机技术和通信技术发展的结合点，也是过程控制技术、自动化仪表技术、计算机网络技术发展的交汇点，是信息技术和网络技术的发展在控制领域的集中体现，也是这两种技术延伸到现场的必然结果。利用现场总线将分布在工业现场的各种智能设备和 I/O 单元方便地连接在一起，构成自动控制系统，这种结构已经成为 DCS 发展的趋势。自动化系统将朝着现场总线体系结构的方向发展。

7.1 现场总线概述

7.1.1 现场总线的基本概念

根据 IEC 和现场总线基金会的定义，现场总线是连接智能现场设备和自动化系统的数字式、双向传输、多分支结构的通信网络。通信必须遵守协议，从这个意义上讲，现场总线标准实质上是一个定义了硬件接口和通信协议的通信标准。

1. 现场总线的本质原理和技术特征

现场总线的本质原理和技术特征可表现在以下六个方面。

① 现场网络通信。利用现场总线网络，实现了生产过程和加工制造区域现场仪表和控制设备之间的数字化通信。

② 现场设备互连。仅用一对传输线（如双绞线、同轴电缆和光缆等），实现了传感器、

变送器和执行机构等现场仪表和设备的互连。

③ 互操作性。现场仪表和设备品种繁多，在遵守相同通信协议的前提下，现场总线允许不同制造商的产品集成在一起，实现不同品牌的仪表和设备之间的互相连接，并统一组态。

④ 功能分散。将 DCS 的三级结构改革为 FCS 的二级结构，废弃了 DCS 的输入/输出单元和控制站。将控制功能分散到现场仪表，从而构成虚拟控制站。因此现场仪表应是智能型多功能的。

⑤ 通信线路供电。对于功耗要求低的现场本质安全仪表，直接从通信线路上获得电源。

⑥ 开放式互连网络。现场总线作为开放式互连网络，既可以与同层网络互连，也可以通过网络互连设备与不同层次的控制级网络和信息级网络互连，共享资源，统一调度。

综上所述，现场总线是将自动化系统底层的现场控制器和现场智能仪表设备互连的实时控制通信网络，它遵循 ISO/OSI 开放系统互连参考模型的全部或部分通信协议。而现场总线控制系统（FCS）则是利用开放式的现场总线通信网络，实现将自动化系统底层的现场控制装置与现场智能仪表互连的实时网络控制系统。

2．现场总线的技术特点

现场总线具有许多技术特点。

（1）系统的开放性。开放系统是指通信协议公开，各不同厂家的设备之间可以进行互连，实现信息交换。现场总线开发者就是要致力于建立统一的工厂底层网络的开放系统。这里的开放是指对相关标准的一致、公开性，强调对标准的认同与遵从。一个开放系统，它可以与任何遵守相同标准的其他设备或系统相连。一个具有总线功能的现场总线网络必须是开放的。开放系统把系统集成的权利交给了用户，用户可按自己的需要，把来自不同厂商的仪表和设备适当集成，组成适应其生产规模的控制系统。

（2）互可操作性与互用性。所谓互可操作性，是指实现互连的设备之间、系统之间的信息传送与沟通，可以实行点对点、一点对多点的数字通信。而互用性则意味着不同厂家的性能类似的设备可进行互换而实现互用。

（3）现场设备的智能化与功能自治性。将变量检测、补偿运算、工程量处理与控制等功能分散到现场设备中，依靠现场设备即可完成基本控制功能，还可随时诊断设备的运行状态。

（4）系统结构的高度分散性。由于现场设备本身已能完成自动控制系统的基本功能，因此，现场总线控制系统具备了一种新的全分布式控制系统的体系结构，从根本上改变了现有 DCS 集中与分散相结合的系统体系，简化了系统结构，提高了系统的可靠性。

（5）对现场环境的适应性。工作在现场设备前端，作为工厂网络底层的现场总线，是专为在现场环境下工作而设计的，它可支持双绞线、同轴电缆、光缆、射频、红外线、电源线等通信，具有较强的抗干扰能力，能采用两线制实现供电与通信，并可满足本质安全防爆要求等。

3．现场总线的优越性

由于现场总线的以上特点，特别是现场总线系统结构的简化，使控制系统的设计、安装、投运、正常生产运行及其维护，都体现出一些优越性。

（1）节省硬件数量与投资。由于现场总线系统中分散在设备前端的智能设备能直接实现多种测量、控制、报警和计算功能，因而可减少变送器的数量，不再需要单独的控制器、计算单元等，也不再需要 DCS 的信号调理、转换、隔离技术等功能单元及其复杂接线，还可以用工业 PC 作为操作站，从而节省了大笔硬件投资。随着控制设备的减少，控制室的占地面积也可随之减小。

（2）节省安装费用。现场总线系统的接线十分简单，一对双绞线或一条电缆可挂接多个设备，因而电缆、接线端子、槽盒、桥架的用量大大减少，连线设计与接头校对的工作量也大大减少。当需要增加现场控制设备时，无须增设新的电缆，可就近连接在原有的电缆上，既节省了投资，也减少了设计、安装的工作量。据有关典型试验工程的测算资料，安装费用可节约 60%以上。

（3）节省维护开销。现场控制设备具有自诊断与简单故障处理的能力，并通过数字通信将相关的诊断维护信息送往控制室，用户可以查询所有设备的运行、诊断维护信息，以便早期分析故障原因并快速排除。这样缩短了维护停工时间，同时由于系统结构简化，连线简单而减少了维护工作量。

（4）用户具有高度的系统集成主动权。用户可以自由选择不同厂商所提供的设备来实现系统集成，突破了选择某一品牌产品的种种限制，不会为系统集成中不兼容的协议和接口而一筹莫展，使系统集成过程中的主动权完全掌握在用户手中。

（5）提高了系统的准确性与可靠性。现场总线设备的智能化、数字化，从根本上提高了仪表的测量与控制的准确度，减少了传送误差。同时，由于系统的结构简化，设备与连线减少，现场仪表内部功能加强，减少了信号的往返传输，提高了系统工作的可靠性。此外，由于设备标准化和功能模块化，因此还具有系统设计简单，构建灵活等优点。

现场总线控制系统具有信号传输全数字化，控制功能分散化，现场设备具有互操作性，通信网络全互连式，技术和标准全开放式等特点。

7.1.2 现场总线技术发展概况

1. 现场总线的产生

现场总线（Fieldbus）是 20 世纪 80 年代末、90 年代初在国际上发展形成的，用于过程自动化、制造自动化、楼宇自动化等领域的现场智能设备互连通信网络。它作为工厂数字通信网络的基础，沟通了生产过程现场与控制设备之间及其与更高控制管理层之间的联系。这项以智能检测、控制、计算机、数字通信等技术为主要内容的综合技术，已经受到世界范围的关注，成为自动化技术发展的热点，并将导致自动化系统结构与设备的深刻变革。国际上许多有实力、有影响的公司都先后在不同程度上进行了现场总线技术与产品的开发。现场总线设备的工作环境处于过程设备的底层，作为工厂设备级基础通信网络，要求具有协议简单，容错能力强，安全性好，成本低的特点，具有一定的时间确定性和较高的实时性要求，还具有网络负载稳定，多数为短帧传送、信息交换频繁等特点。由于上述特点，现场总线系统从网络结构到通信技术，都具有不同于上层高速数据通信网络的特色。

人们通常把 20 世纪 50 年代前的气动信号控制系统 PCS（Pneumtic Control System）称为第一代控制系统，把 4～20mA DC 等电动模拟信号控制系统称为第二代控制系统，把数字计算机集中式控制系统称为第三代控制系统，而把 20 世纪 70 年代中期以来的集散式分布控制系统 DCS（Distributed Control System）称为第四代控制系统，把现场总线控制系统称为第五代控制系统，也称做 FCS（Fieldbus Control System）。现场总线控制系统作为新一代控制系统，一方面，突破了 DCS 系统采用通信专用网络的局限，采用了开放式、标准化的解决方案，克服了封闭式系统所造成的缺陷；另一方面，把 DCS 的集中与分散相结合的集散系统结构，变成了新型全分布式结构，把控制功能彻底下放到现场。可以说，开放性、分散性与数字通信是现场总线控制系统最显著的特征。

现场总线是一种计算机局域网络，其网络节点是以微处理器为基础的，具有检测、控制、通信能力的智能式仪表或控制设备。利用现场总线将这些单个的、分散于现场的节点设备连接起来，其网络信息通过现场总线接口传输到监控计算机进行显示和管理，这样便形成了现场总线控制系统。这种系统将原来集散控制系统现场控制站的功能，全部分散到各个网络节点处，在工业现场实现了彻底的分散控制。这样，原来封闭、专用的系统变成了开放、标准的系统，使得不同制造商的数字式控制设备可以互连，极大地简化了系统结构，降低了成本，提高了系统运行的可靠性。

现场总线技术在历经了群雄并起，分散割据的初始发展阶段后，尽管已有一定范围的磋商联合，但至今尚未形成完整统一的国际标准。其中有较强实力和影响的有：FF，LonWorks，Profibus，HART，CAN，Control Net 等，它们各具特色，在不同应用领域形成了自己的优势。

2. 现场总线技术的现状

现场总线技术的现状主要体现在以下几个方面。

（1）技术飞速发展，应用日益普及。自从现场总线技术应用以来，有实力的大公司不仅开发了自己的现场总线标准，而且在被确定为国际标准后（不仅包括 IEC 61158 标准，也包括其他和现场总线有关的国际标准），都对其技术进行了完善和发展。一些著名的现场总线，像 Profibus，FF 等，都在原有的基础上，进行了很大的改进和深入开发。所有这些都使得现场总线技术在工业应用上越来越成熟。现在这些供应商的精力很大程度上都投向了推广、宣传方面，以扩大自己产品的应用领域和市场份额。在国外，大部分新建项目中的控制系统都采用了现场总线的控制方案。

（2）寻求更强的发展和生存环境。每一种总线标准和产品都以一个或几个大型跨国公司为背景，公司的利益与总线技术的发展息息相关。此外，许多总线设备制造商都积极参加了一个以上的总线标准组织，使自己的产品能够应用于多种总线系统。最重要的是，大多数总线技术还成立了相应的国际合作组织，从而对制造商和用户产生更大影响，进而获得更广泛的支持。世界上最大的现场总线组织是 Profibus International 和 Fieldbus Foundation。

（3）多种总线共存，形成了既相互协作又相互竞争的局面。这主要体现在以下几个方面。首先，有些总线既作为自己国家的标准，也作为区域标准。例如，P-Net 为丹麦国家标准，Profibus 为德国国家标准，World FIP 为法国国家标准，而这三种总线于 1994 年成为并列的欧洲标准 EN 50170。其次，一些总线设备制造厂家也在开发接口产品，使自己的总线产品在应用时更具灵活性。第三，从 IEC 61158 标准中可以看出，现在的时代是一个群雄并起的时代，谁的技术成熟和先进，谁的推广工作做得好，谁就可能会占有更大的市场份额；相反，一些技术实力和后继研发实力较弱的总线设备制造厂家就要面临被淘汰的危险，现在已出现了这样的苗头。

（4）应用领域的调整和渗透并发。现场总线技术应用之初，每种总线一般都有一个特定的应用对象或场合。但随着现场总线技术应用的普及和深入，这种局面都会改变。首先，因为市场的刺激会使总线产品制造商去开发新的技术以弥补原来产品的缺陷，向原来不擅长的领域渗透，如 Profibus 在 DP 的基础上，开发出了适合于过程控制领域使用的 PA。其次，生产厂商也会用更新的技术替代旧的技术，以适应未来的需求和发展，如 Profibus 已不再支持自己最原始的 FMS 的发展，而是大力发展 DP，PA 和 PROFINET。第三，某种总线产品由于没跟上技术进步的步伐，原来可能还占有一定的市场份额，但现在可能已经被淘汰了。极有可能在未来的几年中，市场的绝大部分份额会被少数几家公司占有。

（5）加大研究和开发力度。虽然现场总线技术已经比较成熟，但毕竟其中还有很多问题没有解决。另外，寻求更经济、更具有前瞻性的总线技术也非常迫切。所以，各大公司无不投入巨资，继续加大现场总线技术的研究和开发力度。

3. 现场总线技术的发展趋势

从以下两个方面看现场总线技术的发展趋势。

（1）工程应用。首先，现场总线技术肯定会成为工业领域中控制系统的主流选择，这不仅仅因为节约投资，维护方便，更重要的是它能够提供作为控制领域的底层信息。其次，主流现场总线产品将会占据越来越多的市场份额，而处于劣势地位或后继研发实力较弱的现场总线产品将会被淘汰。

（2）发展方向。由于 IEC 61158 是一个妥协的标准，所以造成了今天这样多种标准总线共存的混乱局面，寻求标准统一、价格低廉的总线系列产品将成为一种趋势。由于工业控制实时性、确定性的特点，计算机通信系统不可能替代现场总线，但工业以太网会成为一个特定的角色，虽然不一定能完全取代现场总线技术，但可能是一种廉价的能用于工业控制领域的总线系统。

总之，在计算机控制系统快速发展的今天，特别是考虑到现场总线技术已经普遍地渗透到自动控制的各个领域的现实，现场总线技术必将成为自动控制领域发展的主要方向之一。现场总线技术一直是国际上各大公司激烈竞争的领域，并且国外大公司已经在大力拓展中国市场，因此发展我国的现场总线产品已经刻不容缓。可以认为，现场总线技术是当今工业企业提高自动化系统整体水平的基础技术，它对自动化技术的发展将产生深远的影响。

7.1.3 几种典型的现场总线

1. 基金会现场总线

基金会现场总线（Foundation Fieldbus，FF）是由国际公认的唯一不附属于任何企业的非商业化的国际标准组织——现场总线基金会提出的。该组织旨在制定单一的国际现场总线标准。FF 协议的前身是以美国 Fisher-Rosemount 公司为首，联合 Foxboro，Yokogawa, ABB, Siemens 等 80 多家公司制定的 ISP 协议，以及以 Honeywell 公司为首，联合欧洲各国 150 多家公司制定的 World FIP 协议。1994 年 9 月，支持 ISP 和 World FIP 的两大集团经过协商，成立了现场总线基金会 FF（Fieldbus Foundation）。基金会现场总线是一种全数字式的串行双向通信系统，它可以将现场仪表、阀门定位器等智能设备连接在一起，其自身可向整个网络提供应用程序。它以 ISO/OSI 参考模型为基础，采用物理层、数据链路层和应用层为 FF 通信模型的相应层次，并在应用层上增加用户层。基金会现场总线分为低速现场总线 H1 和高速现场总线 HSE 两种。低速现场总线 H1 的传输速率为 31.25Kbps，高速现场总线 HSE 的传输速率为 100Mbps。H1 支持总线供电和本质安全特性；最大通信距离为 1 900m（如果加中继器可延长至 9 500m）；每个网段最多可直接连接 32 个节点，如果加中继器最多可连接 126 个节点；通信媒体为双绞线、光缆或无线电。FF 的 H1 和 HSE 分别是 IEC 61158 的标准子集 1 和 5。

FF 采用可变长的帧结构，每帧有效字节数为 0～250 个。目前已经有 Smar，Fuji，NI，Semiconductor，Siemens，Yokogawa 等 12 家公司可提供 FF 的通信芯片。

目前，全世界已有近 300 个用户和制造商成为现场总线基金会成员。基金会董事会成员包括全球绝大多数主要自动化设备供应商。这些基金会成员所生产的自动化设备占世界市场的 90% 以上。现场总线基金会强调中立与公正，所有成员均可参加规范的制定和评估，所有技术成果由基金会拥有和控制，由中立的第三方负责产品注册和测试等。因此，基金会现场总线具有一定权威性和公正性。

2．Profibus 现场总线

过程现场总线（Process Fieldbus，Profibus）已成为欧洲标准 EN 50170 和 IEC 61158 标准子集。根据不同应用，可分为 Profibus DP，Profibus FMS 和 Profibus PA 三类，并已广泛应用于过程控制、楼宇自动化、加工制造等工业控制领域。其中，Profibus DP 是高速低成本通信系统，它按照 ISO/OSI 参考模型定义了物理层、数据链路层和用户接口。Profibus PA 专为过程自动化设计，可使变送器与执行器连接在一根总线上，并提供本质安全和总线供电特性。Profibus PA 采用扩展的 Profibus DP 协议及现场设备描述的 PA 行规。Profibus FMS 根据 ISO/OSI 参考模型定义了物理层、数据链路层和应用层，包含现场总线报文规范 FMS（Fieldbus Message Specification）和低层接口 LLI（Lower Layer Interface）。

Profibus 总线采用主从式通信方式。Profibus DP 和 Profibus FMS 采用 RS-485 传输技术，Profibus PA 采用 IEC 61158-2 传输技术。RS-485 传输技术包括采用屏蔽双绞线，不带转发器最多可挂接 32 个站，传输速率 9 600bps（传输距离达 19 200m）～12Mbps（传输距离达 100m）等。IEC 61158-2 传输技术也是基金会现场总线 H1 采用的传输技术，它的传输速率为 31.25Kbps，可总线供电，采用双绞线，可应用于本安场合，最多可挂接 32 站，带中继器（4 个）时，最多挂接 126 站，可采用光缆传输。

Profibus 总线采用单一的总线存取协议。在第 2 层数据链路层实现数据的存取控制，包括主站间的令牌传送和主从站之间的主从传递方式的控制。当主站获得令牌后，就可以主动发送信息。从站是外部设备，例如输入/输出设备、变送器、执行器等，它们只接收主站发来的信息或根据主站的请求向主站发送信息，由于不具有总线控制权，因此，从站的实施较经济。

Profibus 采用定长或可变长帧结构，一般为 6 字节，可变长帧的每帧有效字数为 1～244 个。近年来，多家公司联合开发 Profibus 通信系统的专用集成电路芯片，目前已经能将 Profibus DP 协议全部集成在一块芯片中。例如，被称为 Profibus 控制器的 SPC3 芯片、主站控制器 PBS01 芯片等。

3．ControlNet 现场总线

控制网络总线是设备级现场总线，它是用于 PLC 和计算机之间、逻辑控制和过程控制

系统之间的通信网络，已成为 IEC 61158 标准子集 2，1995 年由 Rockwell Automation 公司推出。它是基于生产者/消费者（Producer/Consumer）模式的网络，是高度确定性、可重复性的网络。确定性是预见数据何时能够可靠传输到目标的能力；可重复性是数据传输时间不受网络节点添加/删除操作或网络繁忙状况影响而保持恒定的能力。在逻辑控制和过程控制领域，ControlNet 总线也被用于连接输入/输出设备和人机界面。

ControlNet 现场总线采用并行时间域多路存取 CTDMA（Concurrent Time Domain Multiple Access）技术，它不采用主从式通信，而采用广播或一点到多点的通信方式，使多个节点可精确同步获得发送方数据。通信报文分显式报文（含通信协议信息的报文）和隐式报文（不含通信协议信息的报文），其传输特点如下。

（1）网络带宽的利用率高。采用 CTDMA 技术，数据一旦发送到网络，网络上的其他节点就可同时接收。因此，与主从式传输技术比较，不需要重复发送同样的信息到不同的从站，从而减少在网络上的通信量。

（2）同步性好。由于在网络上的数据可同时被多个节点接收，与主从式传输方式比较，各节点可同时接收数据，因此，同步性好。

（3）实时性好。采用在预留时间段的确定时间内周期重复发送，保证有实时要求的数据能够正确发送。并且，可根据实时性要求，设置时间片的大小，进行预留，从而保证实时性。

（4）避免数据访问的冲突。采用虚拟令牌，只有获得令牌的节点可发送数据，避免了数据访问的冲突现象，提高了传输效率。

（5）高吞吐量。传输速率 5Mbps 时，网络刷新速率为 2ms。

该总线可寻址节点数达 99 个，传输速率 5Mbps，采用同轴电缆和标准连接头的传输距离可达 1km，采用光缆的传输距离可达 25km。

针对控制网络数据传输的特点，该总线采用时间分片的方式对数据通信进行调度。重要的数据（如过程输入/输出数据的更新，PLC 之间的互锁等）采用预留时间片中确定的时间段进行周期通信，而对无严格时间要求的数据（如组态数据和诊断数据等）采用预留时间片外的非周期通信方式。此外，对时间的分配还预留用于维护的时间片，用于节点的同步和网络的维护，例如，用于增删节点，发布网络链路参数等。

4．CAN 总线

控制器局域网络（Controller Area Network，CAN）总线是由德国 Bosch 公司于 20 世纪 80 年代为解决汽车中各种控制器、执行机构、监测仪器、传感器之间的数据通信而提出并开发的总线型串行通信网络。在现场总线领域中，CAN 总线得到了 Inter，Motorola，Philips 等著名大公司的广泛支持，它们纷纷推出直接带有 CAN 接口的微处理器（MCU）芯片。CAN 总线构建的系统在可靠性、实时性和灵活性等方面具有突出的优良性能，从而也更适合于工业过程控制设备之间的互连。CAN 协议现场总线的网络设计采用了符合 ISO/OSI 网络标准的 3 层结构模型，即物理层、数据链路层和应用层，网络的物理层和数据链路层的功能由 CAN 接口器件完成，而应用层的功能由处理器来完成。

CAN 采用了带优先级的 CSMA/CD 协议对总线进行仲裁，因此其总线允许多站点同时发送，这样既保证了信息处理的实时性，又使得 CAN 网络可以构成多主结构或冗余结构的系统，保证了系统设计的可靠性。另外，CAN 采用短帧结构，且它的每帧信息都有 CRC 校验和其他检错措施，保证了数据传输出错率极低。其传输介质可以用双绞线、同轴电缆或光缆等。

5. DeviceNet 总线

设备网络总线是基于 CAN 总线技术的设备级现场总线，它由嵌入 CAN 通信控制器芯片的设备组成，是用于低压电器和离散控制领域的现场设备，例如，用于开关、温度控制器、机器人、伺服电机、变频器等设备之间通信的现场总线。它已成为 IEC 62026 标准子集。

DeviceNet 总线采用总线型网络拓扑结构，每个网段可连接 64 个节点，传输速率有 l25Kbps，250Kbps 和 500Kbps 等；主干线最长为 500m，支线为 6m；支持总线供电和单独供电，供电电压 24V 。

该总线采用基于连接的通信方式，因此，节点之间的通信必须先建立通信连接，然后才能进行通信。报文的发送可以是周期性的或采用状态切换，使用生产者/消费者的网络模式。通信连接有输入/输出连接和显式连接两种。输入/输出连接用于对实时性要求较高的输入/输出数据的通信，采用点对点或点对多点的数据连接方式，接收方不必对接收报文做出应答。显式连接用于组态数据、控制命令等数据的通信，采用点对点的数据连接方式，接收方必须对接收报文做出是否正确的应答。

6. LonWorks 总线

LonWorks（Local Operation Network）局部操作网络技术是美国 Echelon 公司开发的现场总线技术。它采用了与 ISO 参考模型相似的 7 层协议结构，LonWorks 技术的核心是具备通信和控制功能的 Neuron 芯片。Neuron 芯片实现完整的 LonWorks 的 LonTalk 通信协议，节点间可以对等通信。LonWorks 支持多种物理介质，有双绞线、光缆、同轴电缆、电力线载波、无线电等；并支持多种拓扑结构，组网形式灵活。在 LonTalk 的全部 7 层协议中，介质访问方式为 P-P CSMA（预测 P 坚持载波监听多路复用），采用网络逻辑地址寻址方式，优先级机制保证了通信的实时性，安全机制采用证实方式，因此能构建大型网络控制系统。其 IS-78 本安物理通道使得它可以应用于易燃易爆危险区域。LonWorks 应用范围包括工业控制、楼宇自动化等，在组建分布式监控网络方面有优越的性能。因此业内许多专家认为 LonWorks 总线是一种颇有希望的现场总线。

7. HART 总线

1986 年，由 Rosemount 提出可寻址远程传感器总线（Highway Addressable Remote Transducer，HART）通信协议，它在 4～20mA DC 模拟信号上叠加频移键控（Frequency Shift Keying，FSK）数字信号。HART 总线既可以传输 4～20mA DC 模拟信号，也可传输数字信号。显然，这是现场总线的过渡性协议。

1993 年，成立了 HART 通信基金会（HART Communication Foundation，HCF），约有 70 多个公司加盟，如 Rosemount，Siemens，E＋H，Yokogawa 等。专家们估计，HART 在国际上的使用寿命约为 15～20 年，而在国内由于受客观条件的限制，这个时间可能会更长。

8. Modbus 总线

Modbus（ModiconBus）是 MODICON 公司为其生产的 PLC 设计的一种通信协议，从功能上看，可以认为是一种现场总线。Modbus 协议定义了消息域格式和内容的公共格式，使控制器能认识和使用消息结构，而无须考虑通信网络的拓扑结构。它描述了一个控制器访问其他设备的过程，当采用 Modbus 协议通信时，此协议规定每个控制器需要知道自己的设备地址，识别按地址发来的消息，如何响应来自其他设备的请求，如何侦测错误并记录。

控制器通信采用主从轮询技术，只有主设备能发出查询，从设备响应消息。主设备可单独和从设备通信，从设备返回一个消息。如果采用广播方式（地址为零）查询，从设备不作任何回应。

Modbus 通信有 ASCⅡ 和 RTU（Remote Terminal Unit）两种模式，一个 Modbus 通信系统中只能选择其中的一种模式，不允许两种模式混合使用。

采用 RTU 模式，消息的起始位以至少 3.5 个字符传输时间的停顿开始（一般采用 4 个），在传输完最后一个字符后，有一个至少 3.5 个字符传输时间的停顿来标识结束。一个新的消息可以在此停顿后开始传输。在接收期间，如果等待接收下一个字符的时间超过 1.5 个字符传输时间，则认为是下一个消息的开始。校验码采用 CRC-16 方式，只对设备地址、功能代码和数据段进行检验。整个消息帧必须作为一个连续的流传输，传输速率较 ASCⅡ 模式高。

Modbus 可能的从设备地址是 0～247（十进制），单个设备的地址范围是 1～247；可能的功能代码范围是 1～255（十进制）。其中有些代码适用于所有的控制器，有些是针对某种 MODICON 控制器的，有些是为用户保留或备用的。

9. CC-Link 总线

CC-Link 是 Control & Communication Link（控制与通信链路系统）的简称。1996 年 11 月，以三菱电机为主导的多家公司，第一次正式向市场推出了以"多厂家设备环境、多性能、省配线"理念开发的全新的 CC-Link 现场总线。CC-Link 是允许在工业系统中，将控制和信息数据同时以 10Mbps 的高速传输的现场总线。作为开放式现场总线，CC-Link 是唯一起源于亚洲地区的总线系统，它的技术特点更适应亚洲人的思维习惯。2000 年 11 月 CC-Link 协会（CC-Link Partner Association，CLPA）成立；到 2002 年 4 月底，CLPA 在全球拥有 250 多个会员公司。随着 CLPA 在全球对 CC-Link 成功的推广，CC-Link 本身也在不断进步。到目前为止，CC-Link 已经包括了 CC-Link，CC-Link/LT，CC-LinkV2.0 等 3 种有针对性的协议，构成 CC-Link 家族的比较全面的工业现场网络体系。

CC-Link 是一个高速、稳定的通信网络，其最大通信速率可以达到 10Mbps，最大通信距离可以达到 1 200m（加中继器可以达到 13.2km）。当 CC-Link 连接 64 个站，以 10Mbps 的速度进行通信时，扫描时间不超过 4ms。CC-Link 的优异性能来源于其合理的通信方式。CC-Link 以 ISO/OSI 模型为基础，取其物理层、数据链路层和应用层，并增加了用户服务层。它的底层通信协议遵循 RS-485，采用 3 芯屏蔽绞线，拓扑结构为总线型。CC-Link 采用的是主从通信方式，一个 CC-Link 系统必须有一个主站而且也只能有一个主站，主站控制着整个网络的运行。但是为了防止主站出故障而导致整个系统瘫痪，CC-Link 可以设置备用主站，这样当主站出现故障时，可以自动切换到备用主站。CC-Link 提供循环传输和瞬间传输两种通信方式。在通常情况下，CC-Link 主要采用广播轮询（循环传输）的方式进行通信。

7.2 现场总线控制系统构成原理

现场总线控制系统的主要特点是在现场层即可构成基本控制系统。现场仪表不仅能传输测量、控制等重要信号，而且能将设备标识、运行状态、故障诊断等信息送到监控计算机，以实现管控一体化的综合自动化功能。现场总线控制系统主要由硬件和软件两部分组成。

7.2.1 现场总线控制系统的硬件

现场总线控制系统的硬件主要由测量系统、控制系统、管理系统和通信系统等部分组成，系统结构如图 7.1 所示。

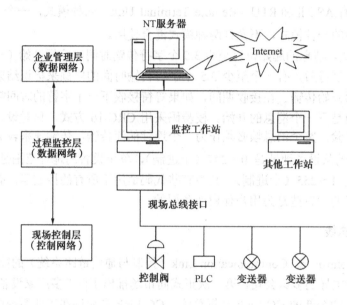

图 7.1　现场总线控制系统结构

1. 测量系统

利用现场总线及其接口，将网络上的监控计算机和现场总线单元设备（如智能变送器和智能控制阀等）连接起来，构成底层的 Infranet 控制网络（即现场总线控制网络）。控制网络提供了一个经济、可靠，能根据控制需要优化的灵活设备连网平台。网络拓扑结构任意，可为总线型、星型、环型等；通信介质不受限制，可用双绞线、电源线、光缆、无线电、红外线等多种形式。

现场总线技术使控制系统向着分散化、智能化、网络化方向发展，使控制技术、计算机技术及网络技术的结合更为紧密。基于开放通信协议标准的现场总线，为控制网络与信息网络的连接提供了方便，因而对控制网络与信息网络的融合和集成起到了积极的促进作用。当传统的控制系统逐步走向现场总线控制网络的时候，便为完整信息基础结构（即 Infranet-Intranet-Internet 网络结构）集成为一个协调统一的整体铺平了道路。

由于测量系统采用数字信号传输，具有多变量高性能测量的特点，因此，在分辨率、准确性、抗干扰、抗畸变能力等方面的性能更高。

2. 控制系统

现场总线控制系统将各种控制功能下放到现场，由现场仪表来实现测量、计算、控制和通信等功能，从而构成了一种彻底分散式的控制系统体系结构。现场仪表主要有智能变送器、智能执行器及可编程控制仪表等。

（1）智能变送器。近年来，国际上著名的仪表厂商相继推出了一系列的智能变送器，有压力、差压、流量、物位、温度变送器等。它们具有许多传统仪表所不具有的功能，如测量精度高，检测、变换、零点与增益校正和非线性补偿等，还经常嵌有 PID 控制和各种运算功能；同时还具有仪表设备的状态信息，可以对处理过程进行调整。另外，智能变送器既可以是模拟信号（4～20mA DC）输出，也可以是数字信号输出，并且符合总线要求的通信协议。

（2）控制阀。常用的现场总线控制阀有电动式和气动式两大类，主要是指带有智能阀门定位器或阀门控制器的控制阀。它除具有驱动和执行两种基本功能外，还具有控制器输出特性补偿，PID 控制与运算，以及对阀门的特性进行自诊断等功能。

（3）可编程控制器。现代的可编程控制器（PLC）均具有通信功能，而且通信标准也越来越开放。近年来推出的内含符合 IEC 61158 国际标准协议的 PLC，能方便地连接流行的现场总线，与其他现场仪表实现互操作，并可与监控计算机进行数据通信。

3．管理系统

管理系统可以提供设备自身及过程的诊断信息、管理信息、设备运行状态信息、厂商提供的设备制造信息等。例如 Fisher-Rosemount 公司，推出 AMS 管理系统，它安装在主计算机内，由它完成管理功能，可以构成一个现场设备的综合管理系统信息库，在此基础上实现设备的可靠性分析及预测性维护。管理系统将被动的管理模式改变为可预测性的管理维护模式，在现场服务器上支撑模块化、功能丰富的应用软件，为用户提供一个图形化界面。

4．通信系统

通信网络中的硬件包括系统管理主机、服务器、网关、协议变换器、集线器、用户计算机及底层智能化仪表等。由现场总线控制系统形成的 Infranet 控制网很容易与 Intranet（企业管理信息网）和 Internet（全球信息互联网）连接，构成一个完整的企业网络三级体系结构。

网络通信设备是现场总线之间及总线与节点之间的连接桥梁。监控计算机与现场总线之间可用通信接口卡或通信控制器连接。现场总线一般可连接多个智能节点或多条通信链路。

为了组成符合实际需要的现场总线控制系统，将具有相同或不同现场总线的设备连接起来，还需要采用一些网间互连设备，如中继器（Repeater）、集线器（Hub）、网桥（Bridge）、路由器（Router）、网关（Gateway）等。

中继器是物理层的连接器，起信号放大的作用，目的是延长电缆或光缆的传输距离。

集线器是一种特殊的中继器，是用于连接网段的转接设备。智能集线器除具有一般集线器的功能外，还具有网络管理及选择网络路径的功能。

网桥将信息帧在数据链路层进行存储转发，用来连接采用不同数据链路层协议、不同传输速率的子网或网段。

路由器将信息帧在网络层进行存储转发，具有更强的路径选择和隔离能力，用于异种子网之间的数据传输。

网关是用于传输层及传输层以上的转换的协议变换器，用以实现不同通信协议的网络之间，包括使用不同网络操作系统的网络之间的互连。

5. 计算机服务模式

客户机/服务器模式是目前较为流行的网络计算机服务模式。服务器表示数据源（提供者），客户机则表示数据使用者，它从数据源获取数据，并进行进一步处理。客户机运行在 PC 或工作站上。服务器运行在小型机或大型机上，它使用双方的智能、资源、数据来完成任务。

6. 数据库

数据库能有组织地、动态地存储大量的有关数据与应用程序，实现数据的充分共享、交叉访问，具有高度独立性。工业设备在运行过程中变量连续变化，数据量大，操作与控制的实时性要求很高，因此就形成了一个可以互访操作的分布关系及实时性的数据库系统。较成熟的供选用的数据库如关系数据库中的 Oracle，Sybas，Informix，SQL Server；实时数据库中的 Infoplus，PI，ONSPEC 等。

7.2.2 现场总线控制系统的软件

现场总线控制系统的软件包括操作系统、网络管理软件、通信软件和组态软件等。

1. 操作系统

操作系统一般使用 Windows NT，Windows CE 或实时操作软件 VxWorks 等。

2. 网络管理软件

网络管理软件的作用是实现网络各节点的安装、删除、测试，以及对网络数据库进行创建、维护等功能。例如，基金会现场总线采用网络管理代理（NMA）、网络管理者（NMgr）工作模式。网络管理者实体在相应的网络管理代理的协同下，实现网络的通信管理。

网络管理代理（NMA）是基金会现场总线中很重要的一部分，它对整个系统的网络进行管理、协调。NMA 通过层管理实体（LME）来访问不同子层的管理信息，并且把整个通信栈作为一个整体进行维护。

网络管理者（NMgr）维护网络操作，执行系统管理器制定的策略，处理 NMA 报告的信息，直到 NMA 执行所需要的服务，这些服务要借助于 FMS。层管理实体管理各层协议的功能，提供 NMA 访问管理对象的内部接口。NMA 提供网络管理器访问管理对象的 FMS 接口。

3. 通信软件

通信软件的作用是实现监控计算机与现场仪表之间的信息交换。通常使用 DDE 或 OPC 技术来完成数据交换任务。

DDE 是英文 Dynamic Data Exchange 的缩写，意为动态数据交换。该技术基于消息机制，采用程序间通信方式，可用于控制系统的多数据实时通信。但是，当通信数据量较大时，通信效率低下。目前，已不再发展 DDE 技术，但大多数监控软件仍在使用该项技术，考虑到各方利益，仍对 DDE 技术给予兼容和支持。

OPC 是英文 OLE for Process Control 的缩写，意为过程控制中的对象链接与嵌入技术。这是一项技术规范与标准，目的是在 Windows 的对象链接与嵌入（Object Linking and

Embedding，OLE）、组件对象模块（Component Object Model，COM）、分布式组件对象模块（Distributed Component Object Model，DCOM）技术的基础上进行开发，使 OPC 技术成为自动化系统、现场设备与工厂办公管理应用程序之间的有效联络工具，使生产各部门之间，以及各部门与办公室之间的数据交换更加简洁、方便。

要把不同厂商生产的部件集成在一起是件麻烦的事情，厂商需要为每个部件开发专门的驱动或服务程序，用户还需要把应用程序与这些由生产厂商提供的驱动或服务程序连接起来，如图 7.2 所示。

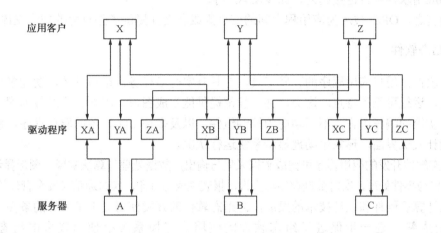

图 7.2　不用 OPC 技术时的连接关系

图 7.2 中的服务器表示数据源（即数据提供者），应用客户表示数据使用者，它从数据源获取所需的数据并进一步进行处理。若没有统一的标准或规范，就必须在数据源与应用客户之间建立一对一的驱动链接。数据源 A 要为 X，Y，Z 客户提供数据，必须开发三个驱动程序。同样，客户 X 也需要从数据源 A，B，C 获取数据。这样，A，B，C 服务器对 X，Y，Z 共需要开发 9 个驱动程序。因此，驱动或服务程序开发的工作量很大。

OPC 技术为解决这类问题提供了较好的一个解决方案。OPC 技术以 COM/DCOM 为基础，采用客户/服务器（Client / Sever）模式，为服务器和应用客户的链接提供了一套标准的接口规范，并定义了客户程序与服务器程序进行数据交互的方法。只要遵循这套规范，OPC 服务器就不需要知道它的客户的各种具体需求，而由 OPC 客户根据自己的需要进行组态，即接通或断开与 OPC 服务器的连接。各客户/服务器间形成了即插即用的简单规范的链接关系，如图 7.3 所示。

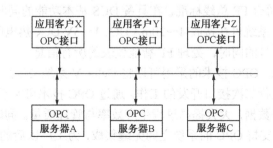

图 7.3　采用 OPC 技术时的连接关系

这样，硬件制造厂商就不需要知道应用程序的各种需求，软件开发商也不需要了解硬件的内部结构及操作过程。因此，硬件厂商只需提供一套符合 OPC 规范的接口组件，便可与多个客户相连；软件公司也只需开发一套 OPC 接口，就可对不同设备进行存取，这就使软、硬件厂商可以节省大量的人力物力，有精力投入自己核心技术的开发研究，以开发更强大的自动化功能。

OPC 技术是连接现场总线信号与监控软件的桥梁。有了 OPC 作为通用接口，就可以把现场信号与上位监控计算机、人机界面软件方便地链接起来，还可以把它们与 PC 的某些通用平台和应用软件平台链接起来，如 VB, VC 等。

总而言之，OPC 技术为应用程序间的信息集成和交互提供了强有力的技术支撑。

4．组态软件

组态软件是用户应用程序的开发工具，它具有实时多任务，接口开放，功能多样，组态灵活方便，运行可靠等特点。这类软件一般都提供能生成图形、画面、实时数据库的组态工具，简单实用的编程语言，不同功能的控制组件，以及多种 I/O 设备的驱动程序，使用户能方便地设计人机界面，形象生动地显示系统运行状况。

由组态软件开发的应用程序可完成数据采集与输出，数据处理与算法实现，图形显示与人机对话，报警与事件处理，实时数据存储与查询，报表生成与打印，实时通信及安全管理等任务。

个人计算机硬件和软件技术的发展，为组态软件的开发使用提供了良好的条件。现场总线技术的成熟，进一步促进了组态软件的应用。工控系统中使用较多的组态软件有 Wonderware 公司的 Intouch，Intellution 公司的 Fix 和 iFix，国内有三维科技有限公司的力控软件，亚控科技发展有限公司的组态王软件等，它们都具有 OPC 开放接口。

7.3 Dleta V 现场总线控制系统简介

7.3.1 系统概述

Delta V 系统是 Fisher-Rosemount 公司在原有两套 DCS（RS3，PROVOX）的基础上，依据现场总线 FF 标准设计出的兼容现场总线功能的全新控制系统，它充分发挥众多 DCS 的优势，如系统的安全性、冗余功能、集成的用户界面、信息集成等，同时克服传统 DCS 的不足，具有规模灵活可变，使用简单，维护方便的特点，是代表现场总线控制系统（FCS）发展趋势的新一代控制系统。

与其他现场总线控制系统相比，Delta V 系统具有以下技术特点。

① 系统数据结构符合 FF 总线标准，在具备 DCS 基本功能的同时，完全支持 FF 功能的现场总线设备。Delta V 系统可在接收 4～20mA DC、1～5V DC、热电阻、热电偶、mV、HART 数字信号、开关量等信号的同时，处理 FF 智能仪表的所有信息。

② 采用 OPC 技术。OPC 技术的采用可以将 Delta V 系统与工厂管理网络连接，避免在建立工厂管理网络时进行二次接口开发的工作。通过 OPC 技术可实现各工段、车间及全厂在网络上共享所有信息与数据，大大提高过程生产效率与管理质量。同时，通过 OPC 技术可以使 Delta V 系统和其他支持 OPC 的系统之间无缝集成，为工厂以后的 CIMS 等更高层次的工作打下坚实的基础。

③ 系统规模变得更灵活。Delta V 系统规模可变，可以为全厂的各种工艺、各种装置提供相同的硬件与软件平台，更好、更灵活地满足企业生产规模不断扩大的要求。

④ 硬件插卡即插即用。Delta V 系统具有自动识别系统硬件的功能，大大降低了系统安装、组态及维护的工作量。

⑤ 采用智能设备管理系统。Delta V 系统的控制器和卡件具有智能性，内置的智能设备管理系统（AMS）对所有智能设备都能进行远程诊断和预维护，减少了生产装置因仪表、阀门等故障引起的非计划停车，延长了连续生产周期，保证了生产的平稳性。

⑥ 安全管理机制加强。Delta V 工作站的安全管理机制，使得 Delta V 接收 NT 的安全管理权限，可以使操作员在灵活、严格限制的权限内对系统进行操作，而不需要担心操作员对职责范围以外的任务的访问。

⑦ 提供远程服务。Delta V 系统的远程工作站，可以使用户通过局域网监视甚至控制生产过程，从而满足用户对过程的远程组态、操作、诊断、维护等要求。

⑧ 流程图组态更加方便。Delta V 系统的流程图组态软件采用 Intellution 公司的最新控制软件 iFix，并支持 VB 编程，使用户随心所欲开发最出色的流程画面。

⑨ 用户在任何地方均可访问系统。Web Server 可以使用户在任何地方，通过 Internet 远程对 Delta V 系统进行访问、诊断和监视。

⑩ 提供多种总线接口。DeltaV 系统具有强大的集成功能，提供 PLC 的集成接口，以及 Profibus，A-SI 等总线接口。

基于 Delta V 系统的先进控制（APC）组件，使用户能方便地实现各种先进控制。功能块的实现方式，使用户的 APC 实现如同简单控制回路的实现一样容易。

7.3.2　Delta V 系统的构成

Delta V 系统由冗余的控制网络、工作站及控制器与 I/O 接口等部分构成，如图 7.4 所示。

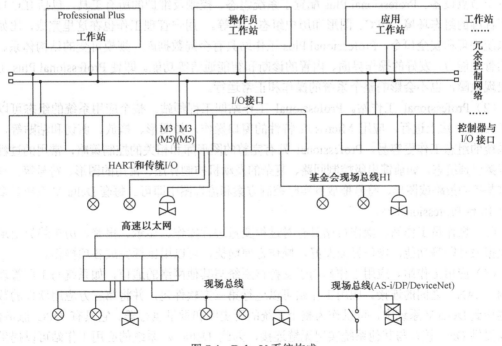

图 7.4　Delta V 系统构成

1. 控制网络

Delta V 系统的控制网络是以 10Mbps/100Mbps 以太网为基础的冗余的局域网。系统的所有节点（工作站及控制器）均直接连接到控制网络上，不需要增加额外的中间接口设备。网络结构可支持就地和远程操作站及控制设备。网络的冗余设计提供了通信的安全性。通过两个不同的网络集线器及连接的电缆，建立了两条完全独立的网络，分别接入工作站和控制器的主副两个网口。Delta V 系统的工作站和控制器都配有冗余的以太网口。为保证系统的可靠性和功能的执行，控制网络专用于 Delta V 系统，而与其他工厂网络的通信通过使用集成工作站来实现。每套 Delta V 系统可支持最多 120 个节点，100 个（不冗余）或 100 对（冗余）控制器，60 个工作站，80 个远程工作站。它支持的区域可达到 100 个，使用户安全管理更灵活。

2. 工作站

Delta V 系统工作站是 Delta V 系统的人机界面，通过这些工作站，操作人员、工程管理人员及经营管理人员可随时了解、管理并控制整个企业的生产及计划。所有工作站采用最新的 Intel 芯片及 32 位 Windows NT 操作系统，21 in 高分辨率的监视器。Delta V 系统的所有应用软件均为面向对象的 32 位操作软件，满足系统组态、操作、维护及集成的需求。还可以快速调出 Delta V 系统 Web 方式 Books-on-line（在线帮助手册），随时提供有用的系统帮助信息。Delta V 工作站上的 Configure Assistant 给出了用户具体的组态步骤，用户只要运行它并按照提示进行操作，就能很快掌握组态方法。

Delta V 系统工作站分为以下四种。

（1）Professional Plus 工作站。每套 Delta V 系统有且仅有一个 Professional Plus 工作站。该工作站包含 Delta V 系统的全部数据库。系统的所有位号和控制策略被映像到 Delta V 系统的每个节点设备。Professional Plus 配置了系统组态、控制及维护的所有工具，包括 IEC 1131 图形标准的组态环境、OPC、图形和历史组态工具等。 用户管理工作也在这里完成，比如设置系统许可和安全口令。Professional Plus 工作站具有全局数据库、规模可变的结构体系、强大的管理能力、友好的操作界面、内置的诊断和智能通信等功能。即使 Professional Plus 工作站出现故障，也不会影响整个系统的操作和正常运行。

（2）Professional 工作站。Professional 工作站即工程师站。整个应用系统的组态可以在 Professional 站上进行，应用 Microsoft 特性的窗口操作，如图形、拖放、剪切和粘贴等，会使系统的组态工作更容易。Professional 站有完整的图形库和相关的控制策略，常用的过程控制方案已预组态，如前馈串级控制回路、复杂的发动机控制算法、常用的图形、符号等，只要将这些控制策略或图形、符号拖放到实际控制方案和流程图中即可。每套 Delta V 系统最多可以有 10 台 Professional 站。

（3）操作员工作站。操作员站具有对过程变量进行操作、显示、报警、历史趋势记录、历史报表打印等功能，操作界面友好，操作方便简捷，可以用鼠标完成各项操作。

（4）应用工作站。应用工作站用于支持该系统与其他网络的通信，如系统与工厂管理局域网（LAN）之间的连接。应用工作站可以运行第三方软件包，并将第三方应用软件的数据库链接到 Delta V 系统中，可以作为整个系统的历史库和批量执行器。它具有 OPC 服务器，可以提供 OPC 接口与其他系统实现无缝连接，因此 Delta V 系统的应用工作站可以提供迅速、可靠的信息集成。每套 Delta V 系统最多可以有 10 台应用工作站。

3. I/O 接口

Delta V 系统提供各种 I/O 接口卡件，包括冗余 AI 卡、冗余 AO 卡、MV 信号卡、冗余 DI 卡、冗余 DO 卡和不冗余 AI 卡等。I/O 卡可以带有 HART 协议功能，直接与现场 HART 设备通信。SI 卡为串行通信卡，支持 RS-422，RS-485，RS-232 接口，通信方式可以为全双工或半双工。所有 I/O 卡件与控制器通过底板连接。

4. 系统软件

Delta V 系统最主要的应用程序包括工程师应用程序和操作员应用程序等。

工程师应用程序包括 Delta V Explorer（浏览器，类似于 NT Explorer，可浏览整个系统的结构），Control Studio（控制策略组态软件），User Manager（用户管理器），Graphics Studio（流程图制作软件），Database Administrator（数据库管理器），Batch Application（批处理应用程序）等。

操作员应用程序包括 Operator Interface（操作员界面），Process History View（历史数据访问界面），Ioagnosics（系统诊断软件）等。

其他软件包有 OPC 镜像软件包、数据应用软件包、报表软件包（Sytech Report Manager）等。

下面主要就常用的 Delta V Explorer，Control Studio 和 Graphics Studio 软件作简单介绍。

（1）Delta V Explorer 软件。Delta V 浏览器是系统组态的主要导航工具，在这里可以定义系统组成（例如区域、节点等），并可以查看系统整体结构和完成系统布局。为了使不同用户可以操作不同的控制点，预先要将这些点分在不同的区域，在 Control Strategies 里添加所需要的区域（Area），必须注意系统默认的 Area-A 不能删除但可以更名。为日后维护方便起见，建议按控制器分区。在 Physical Network 下的 Control Network 中添加新硬件，增加控制器。这时的控制器只是一个代表符号，需要系统在线时将控制器挂进去才能生效，展开控制器名称，可定义 I/O 卡件的地址及型号，同时进行 I/O 通道的定义、组态。增加操作台，每增加一个操作台就会相应生成一个新的 TCP/IP 地址，用于投用前该操作台的安装。

（2）Control Studio 软件。在 Control Studio 软件中，可以完成控制策略组态。Control Studio 软件是以图形方式组态和修改控制策略的功能块。控制工作室将每个位号（模块）视为单独的实体，允许只对特定模块进行操作而不影响同一控制器中运行的其他模块。由于控制语言是图形化的，因此，组态中见到的控制策略图就是真正执行的控制策略，不需要再另外编辑。同时，Control Studio 软件还提供了在线检查控制器执行结果的功能。

（3）Graphics Studio 软件。利用 Graphics Studio 软件，可以完成用户流程图组态，操作人员可以通过操作员界面进行过程监控。它提供了图形化组态工具，并有系统图形库，用户也可以自己生成图形库，使用灵活方便，与 Control Studio 生成的 Module 动态数据连接，就完成了动态流程图。该软件也支持画立体效果流程图。

7.3.3 Delta V 系统在工业生产过程控制中的应用

某石化公司年产 30 万吨聚丙烯装置挤压风送单元采用 Delta V 现场总线控制系统。系统共使用 2 个现场总线网段，采用 Emerson 公司的温度变送器 848T 来检测风机轴承温度，8台风机共 64 个温度监控点。正式开车以来，系统运行平稳。

1. 系统结构

聚丙烯装置挤压风送单元共有 8 台风机，每台风机有 8 个电机绕组及轴承温度需要在操作站上显示并报警。一旦某台风机轴承温度超过 120℃，联锁系统将动作而使某台风机停车。系统的第 7 个控制器的第 24 卡设置为 H1 卡，并设两个冗余网段，每个网段配置 4 个 848T，每个 848T 带 8 个温度点，系统的构成如图 7.5 所示。

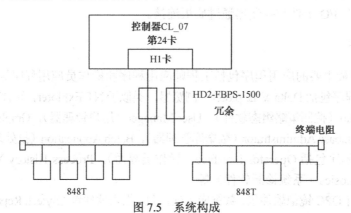

图 7.5 系统构成

图 7.5 中 H1 卡为现场总线通信卡，符合基金会现场总线标准。H1 卡下带有 2 个 Port（端口），每个端口带一个网段，即 2 个网段（Segment），通过冗余的 P＋F 安全栅模块（HD2-FBPS-1500）与现场总线仪表连接。848T 是安装在现场的基于基金会现场总线的 8 通道温度变送器，其工作环境温度为−40℃～85℃。每个 848T 占用 FF 总线网段上的一个站点地址，在一个网段上可以连接多个 848T，也可以混合连接其他现场总线仪表、阀门。

2. 现场总线控制系统设计时需要注意的问题

（1）硬件方面。在硬件方面，FF 现场总线网段的设计应考虑网段总的电流负荷、电缆型号、干线长度、支线长度、仪表耗电量、网络拓扑和现场设备数量等。H1 总线网段上可以挂的设备最大数量受到设备之间的通信量、电源的容量、总线可分配的地址、每段电缆的阻抗等因素的影响。设计时可以使用 Emerson 过程管理公司提供的"现场总线网段设计工具"来检查。

① 每个总线网段上 FF 设备数量的规定。每个总线网段上最多安装 12 台 FF 现场总线设备。工程设计时，一般按每个总线网段上连接 9 台 FF 现场总线设备考虑（每个总线网段上留有可再安装 3 台现场总线设备的余量）。当总线设备为阀门定位器时，一个网段最多可挂接 4～8 台阀门定位器。

② 每根总线电缆长度的规定。每根总线电缆长度（干线加支线总长度之和）不应超过 1.2km。单根支线长度不应超过 1.2km，支线电缆长度应尽量短。当然这也和总线上挂接多少现场总线设备有关。例如，设供电配电能力为 24V DC/400mA，FF 总线变送器耗电量为 9V/17.5mA，FF 总线阀门定位器耗电量为 9V/26mA，FF 现场总线 A 型电缆分布电阻为 44Ω/km。假定总线上挂接 8 台变送器和 8 台阀门定位器，则现场总线仪表耗电量总额为（8×17.5 mA）＋（8×26 mA）＝348mA，允许总线电缆的压降为 24V−9V＝15V，允许电缆总电阻为 15V/348mA≈43.1 Ω，电缆长度为 43.1/44≈0.98km。这样，就可以计算出总线上挂接 8 台变送器及 8 台阀门定位器时电缆长度最多可达 980m。但为了使总线能够稳定运行，

设计时一般会将电压提高 2V 的余量来计算，即计算允许压降为 15V，实际按 13V 考虑，计算实际设计电缆长度最多为 847m。

③ 每个总线网段电源的规定。主配电源和 FF 电源调整器，均为冗余设计，能够热插拔，不影响正常通信。电源装置中带有故障信号接点，用硬接线将报警信号送至操作站。

④ FF 总线电缆连接的规定。表 7.1 所示列出了几种常见现场总线电缆的技术性能。一般选用#18AWG 电缆。

表 7.1　几种常见现场总线电缆的技术性能

类　型	描　述	截面积（mm²）	最大理论长度（m）
1	屏蔽双绞线	#18AWG（0.8）	1 900
2	多芯屏蔽双绞线	#22AWG（0.32）	1 200
3	多芯双绞无屏蔽	#26AWG（0.13）	400
4	屏蔽多芯非双绞线	#16AWG（1.25）	200

（2）软件方面。在软件方面，首先要限制一个现场总线网段上的通信量。设计时，1 个总线网段上的控制回路不宜超过 2 个，功能块总运行周期为 0.25s 的现场总线设备不宜超过 3 台。其次现场总线设备的功能由功能块的软件来执行，这些功能块嵌装在现场总线设备中，功能块的组态是由现场总线控制系统下装到现场总线设备中的。可以指定这些功能块是在现场总线设备中执行或在 DCS 控制器中执行。例如，可以将 AI 块、AO 块、PID 块等指定在现场总线设备中或 DCS 控制器中执行。

3. 组态过程

下面以 801A（风机设备位号）为例，说明 Delta V 现场总线控制系统组态的方法和步骤。

① 848T 组态步骤。在 Delta V Explorer 中将 P_CL07→C24→P01→Decommissioned 拖到 P01 下，改名 C-801A→Download→Fieldbus Device→P01→Download→Fieldbus Port。

② 848T 的定义。在 Delta V Explorer 下，P01→C801A→传感器→Field→Config all next→PT100 A385→3 Wire→Exit→Next→C801A→右键选 Configer→Sensor mode 必须为 auto 模式。

③ 建立 Module。先建立一个空的 Module，打开 Module，然后在 I/O 选项中选择 MAI（Multiplexed Analog Input Function Block）模块→右键→Assign I/O→To Field→Browse→C801A→改量程单位→存盘→Download。

④ 确认 848T 工作状态。在 Delta V Explorer 下，P-CL07→I/O→C24→P01→C801A→右键→Status/Conditions，则出现以下三种状态。

➤ Failed：故障报警，表示现场总线设备无法正常工作，并指明原因。

➤ Maintenance：维护报警，表示现场总线设备需要马上维护，并指明原因。

➤ Advisory：建议报警，表示现场总线设备有轻微故障，并指明原因。

通过以上四步就将 801A 组态完毕，若需要在系统其他地方显示这 8 个温度点，可以在第三步 Module 组态中加入输出参数，则在系统其他地方就可以引用了。

4. 现场总线回路的测试

现场总线是通过频率信号传递信息的，为确保现场总线回路正常工作，在现场总线回路安装完毕之后应进行严格的测试。屏蔽电缆的正确连接，电缆对地保持良好绝缘是十分重要的。

为检查、测试现场总线电缆电阻、电容及绝缘，应在电源模块的接线端子处，拆下现场总线的网段电缆（正、负信号导线和屏蔽线），各总线支线电缆不要连接在现场总线设备上。

① 检查绝缘电阻的要求。正、负信号导线之间的电阻应该大于 50kΩ（由于终端器 RC 电路和现场总线电容的充电影响，该数值有变化过程）。正、负信号线和屏蔽线，信号线和仪表接地极，屏蔽线和仪表接地极之间的绝缘电阻应该大于 20MΩ。

② 检查导线间的电容。正、负信号导线之间的电容大约为 1μF（允许范围为 0.8～1.2μF）。正、负信号线和屏蔽线，信号线和仪表接地极，屏蔽线和仪表接地极之间的电容应小于 300μF。

③ 波形测试。完成干线电缆电阻、电容和绝缘测试后，将各现场总线设备逐个连接到总线分支电缆上进行波形测试，与带有 2 个终端器和 300m 电缆的波形作对比。

本 章 小 结

现场总线控制系统是在计算机网络技术、通信技术、微电子技术飞速发展的基础上与自动控制技术相结合的产物。它实际是模拟式仪表控制系统、集中式数字控制系统、集散控制系统后的新一代控制系统。

本章介绍了现场总线控制系统的基本概念、技术特点，以及现场总线控制系统的发展、现状和发展趋势，还介绍了 CAN，LonWorks，HART，Modbus，CC-Link 等几种典型的现场总线，重点介绍了基金会现场总线。

现场总线基金会汇集了世界著名仪表、自动化设备、DCS 制造企业、科研机构和最终用户，所以具备足以左右该领域自控设备发展方向的能力，因此基金会现场总线规范具有一定的权威性。

本章还介绍了现场总线系统的构成，结合 Delta V 现场总线系统在某石化公司聚丙烯装置上的应用，介绍了 Emerson Delta V 系统的基本概念、系统构成及利用现场总线设备 848T 的组态过程及注意事项。通过本章的学习，可以对现场总线控制系统、通信系统、开放系统互连参考模型等技术有一个基本概念的了解，并对 Emerson Delta V 系统有一个基本的了解。

思考题与习题

1. 现场总线的定义是什么？

2. 现场总线有哪些技术特点？

3. 现场总线与以往的模拟式控制系统、数字式控制系统及集散式控制系统相比有哪些优越性？

4. 从现场总线的发展中了解仪表控制系统经过哪几个阶段？体会现场总线技术的实质精髓是什么？

5. 基金会现场总线分为哪两种？试分析基金会现场总线技术的通信模型。

6. 试解释通信系统的一些基本术语。

7. 工业通信网络有几种拓扑结构？

8. 简述 Delta V 系统的构成及技术特点。

第8章

紧急停车系统

知识目标

- 掌握紧急停车系统的基本概念；
- 了解紧急停车系统两种类型的技术特点；
- 了解国际主要通用安全标准；
- 了解安全系统的常用指标及术语；
- 了解安全系统的基本设计原则及适用场合；
- 了解 HIMA 冗余控制器的构成及工作原理；
- 结合实例理解 HIMA 紧急停车系统在生产装置中的应用。

技能目标

- 能够使用 ELOPII 组态软件进行系统的硬件及逻辑组态；
- 能够根据中央处理器卡件视窗上的错误代码判断故障原因；
- 在实际应用中能够进行工程量程的转换及信号超量程值的切除。

紧急停车系统（Emergency Shut Down System，ESD），也称安全联锁系统（Safety Interlocking System，SIS），是对石油化工等生产装置可能发生的危险或不采取措施将继续恶化的状态进行自动响应和干预，从而保障生产安全，避免造成重大人身伤害及重大财产损失的控制系统。在 IEC（国际电工委员会）标准中，安全系统被称为"Safety Related System"，影响安全的诸多因素，如由自动化仪表构成的自动保护系统、其他安全措施（工艺、设备设计改进、爆破膜等）、企业管理和操作人员的知识水平及规章制度等，都在安全系统的管理范畴之内。这种安全控制系统可以由电动、气动或液动等元件构成，广泛应用于化工、石化、核工业、航空业和流程工业等领域。

8.1 紧急停车系统的基本概念

8.1.1 紧急停车系统的类型和特点

20 世纪中期以来，工业生产向着大规模集约化和连续性的方向发展，尤其是石油化工、电力、冶金、轨道交通等行业。随着生产规模的扩大和生产连续性的不断强化，使得能源、资金、人力资源的利用率也极大地提高，随之而来的生产事故所造成的人身伤害和财产损失也是巨大的和灾难性的。因此，这种大规模生产系统的安全控制问题，比以往任何时候都变得越来越重要和紧迫了。

20 世纪 70 年代初期，工业发达的欧美国家开始设计"Emergency Shut Down System"，即紧急停车系统，试图当工艺过程某些变量发生异常时，由控制系统指令工艺过程紧急地安全停止生产，以免造成巨大财产损失和人员伤亡事故。装置在运行过程中，安全仪表系统时刻监视工艺过程的状态，判断危险条件，并在危险出现时适当动作，以防止危险的发生。工艺过程的控制系统可分为基本过程控制系统和安全仪表系统。基本过程控制系统是主动、动态的，安全仪表系统是被动、静态的。当危险情况出现时，安全仪表系统必须能够由静到动，正确地完成停车动作。

早期的 ESD 是利用继电器控制系统来实现紧急停车的联锁逻辑的。20 世纪 80 年代以来，有许多厂家的 PLC 产品成功地应用于 ESD 系统。目前所应用的 ESD 是以微处理器为基础的计算机控制系统。

1. 紧急停车系统的类型

紧急停车系统按照结构来分，可分为双重化冗余和三重化冗余两种。

双重化冗余结构的 ESD 系统如图 8.1 所示，该系统从 I/O 模件到 CPU、通信模件都是双重化配置的。其中一套处于工作状态，另一套则处于热备状态。从现场来的信号被分配到两个输入单元，分别进入冗余结构的中央处理模件，通过表决或者诊断将结果输送到现场。当 CPU 检测到正在运行的卡件有故障出现时，就会自动切换到正常的卡件上。CPU 不断地检测正在运行的硬件和热备的硬件，同时，系统还会周期性地切换运行卡件和热备卡件，以确保系统安全运行。

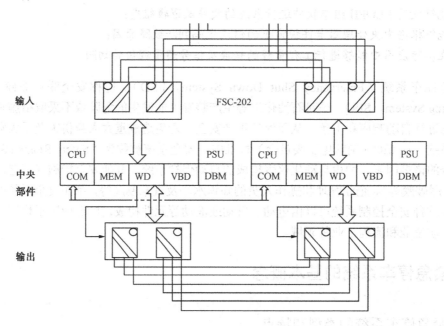

CPU—中央处理器模件；COM—通信模件；MEM—存储器模件；WD—看门狗模件；

VBD—垂直总线驱动器；DBM—电池与诊断模件；PSU—电源供电模件

图 8.1　双重化冗余结构的 ESD 系统

三重化冗余结构的 ESD 系统如图 8.2 所示，该系统将 CPU 和 I/O 通道都实行三重化配置。现场信号分三路，在相应输入通道读入过程数据并传送到主处理器 A，B，C，三个主处理器利用其专有的高速三总线（Tri Bus）进行相互通信。每扫描一次，三个主处理器通过三总线与其相邻的两个主处理器进行通信，达到同步传输，同时进行表决和数据比较，如果发现数据不一致，信号值以三取二表决法取值，一次不相同可以从不同的取样时间用不同的数据进行判别，以修正存储器内数据。每次扫描后，用内部的差错分析程序判别输入数据，表决得出一个正确数据，输入到每个主处理器，主处理器执行各种控制算法，并输出值送到各输出模件，在输出模件中进行输出数据表决。这样可以使数据尽可能与现场靠近，对三总线表决和驱动现场执行元件的最终输出之间可能产生的错误进行检测和补偿。

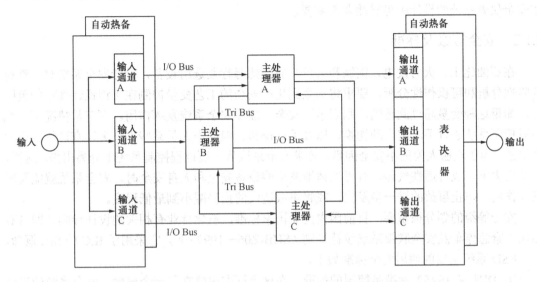

图 8.2　三重化冗余结构的 ESD 系统

　　三重化冗余 ESD 系统与双重化冗余 ESD 系统最大的区别是，三重化冗余 ESD 系统的三重化设备同时处于工作状态，因此它需要有更强大的硬件诊断功能，在检测到某一通道的硬件有故障时，立即发出系统报警并适当地调整相应通道的选择运算方式，但系统仍能安全地运行，所以三重化冗余 ESD 系统也被叫做"冗余容错"系统。三重化冗余 ESD 系统的主要运行模式有 3-2-1-0 或 3-2-0 两种。这里，"3-2-1-0"和"3-2-0"是 ESD 系统故障时的性能递减表示方式。

　　3-2-1-0 表示 ESD 系统有三个 CPU，同时工作又相对独立。当一个 CPU 有故障时，该 CPU 被切除，切换到 2-1-0 工作方式，系统正常运行；当两个 CPU 有故障时，这两个 CPU 被切除，切换到 1-0 工作方式，系统正常运行；如果检测到三个 CPU 均有故障，则系统停车。

　　3-2-0 是指系统正常工作时有三个 CPU 正常工作。当三个 CPU 中有一个运算结果与其他两个不同时，说明该 CPU 出现了故障，其余两个 CPU 工作正常，系统也能正常工作；若其余两个 CPU 的运算结果也不相同，则系统停车。

　　石油化工装置的安全系统是指由仪表及控制系统构成的自动保护系统，在美国仪表学会标准 ISA-S84.01 中称为安全仪表系统（Satety Instrumented System，SIS）。SIS 系统主要由检测元件、逻辑运算单元、最终控制元件、人机界面和通信系统等部分组成。

2. 紧急停车系统的特点

尽管 ESD 系统的结构类型不同，采用的硬件各异，但它们都具有一些共同的特点。

① 系统的最终目标都是为了确保工艺生产的安全，保护生产设备和操作人员不受伤害。

② 开关量输入检出元件选择正常状态下闭合，线路断开等同于联锁动作，即系统为故

障安全型。

③ 输出电磁阀或继电器选择为正常励磁，只有当输出线路发生故障时才产生动作。

④ 无论何种原因使生产装置停车，ESD 系统所控制的目标元件所处的状态都要确保生产安全。

安全仪表系统的功能通常是简单的开环控制逻辑，但必须确保其能够可靠执行。因此，在安全仪表系统的设计中可靠性非常重要。

8.1.2 安全等级及标准

在石油化工、火力发电、钢铁和有色金属冶炼等行业选用设备，设计安全系统时，都有危险性分析和可操作性分析，要求将关系到生产安全的工艺变量控制在工程设计规定的范围内。如果这种变量超过此范围，则表示不安全，需要安全系统发挥作用。在正常情况下，允许对控制系统进行手动与自动切换，以及手动操作，但操作人员某些重大失误有可能造成安全事故。为了克服人为的不安全因素，要求安全系统从一般过程控制系统中分离出来。这样，当发生火灾，或可燃性气体、有毒气体泄漏影响设备安全和人身安全时，安全系统就能及时发挥作用，防止事故的进一步发生，或将事故造成的损失减小到最低程度。

安全等级的划分很重要，目前国内尚无国家标准，石化行业有相关的设计导则，即《石油化工紧急停车及安全联锁系统设计导则（SHB-Z06—1999）》，它采用了 IEC 的 SIL 概念。

ESD 系统主要的通用安全标准如下。

① DIN V 19250 标准是德国的标准，在这个标准中建立了一个概念：安全系统的设计等级必须符合生产过程现场的危险性等级 AK1～AK8（1～8 级）。该标准力图使它的用户必须考虑工艺现场的危险级别，并强制使用具有相应安全等级认证的安全控制设备。

② DIN V VDE 0801 标准是针对用于安全系统的计算机，来判定某种控制器从设计、编码、程序执行到确定是否完全符合上述 DIN V 19250 的要求。

③ IEC 61508 标准是国际电工委员会制定的国际标准。该标准广泛用于确定过程、交通、医药工业等的安全周期，本标准引用了"安全周期"（Safety Life Cycle）。图 8.3 所示是安全周期的判断流程，它不仅要求设备的完整性，同时对设计、操作、测试和维护都有要求。本标准根据发生故障的可能性划分 4 个 SIL 等级。

石油化工装置的专利商通过对工艺过程危险进行安全性分析，来确定过程的安全等级。分析的内容包括：评估危险事件发生的可能性及其后果；评估除采用安全联锁系统外，其他能预防、保护及能减轻事件后果的安全措施；确认采用安全联锁系统是否合适；确定安全联系统需达到的安全等级；决定其他与过程安全有关的内容与设计原则等。其中，确定安全等级是通过对所有事件发生的可能性与后果的严重程度，以及其他安全措施的有效性进行定性的评估，从而确定合适的安全等级。

➢ SIL1 级用于事故可能很少发生，一旦发生，不会立即造成界区内环境污染、人员伤亡及经济损失不大的情况；

➢ SIL2 级用于事故可能偶尔发生，一旦发生，不会造成界区外环境污染、人员伤亡及经济损失较大的情况；

➢ SIL3 级用于事故可能经常发生，一旦发生后，会造成界区外环境污染、人员伤亡及经济损失严重的情况；

➢ SIL4 级仅适用于医药、交通的保护性仪表、核工业。

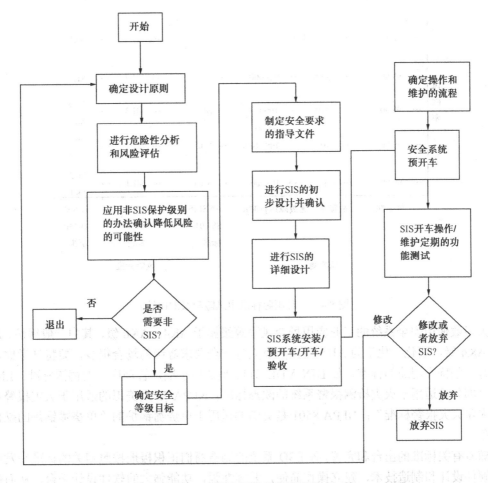

图 8.3　安全周期的判断流程

④ ANSI/ISA S84.01—1996 是美国对于工业过程的安全系统所制定的标准。它沿用了 IEC 61508 标准并保留了 DIN V 19250 标准，不包括 SIL 4 这一最高级别。S84 委员会认为 SIL 4 仅适用于医药、交通的保护性仪表这一层次。而对应的工艺流程则可以在设计中融合多个层次的保护性仪表。

⑤ Draft IEC 61511 第 1~4 部分，是适用于工艺过程工业的安全仪表系统的国际化标准，是 IEC 61508 的补充。IEC 61508 标准主要针对制造商和设备供应商，IEC 61511 是适用于工业过程控制 SIS 的设计者、系统集成商、最终用户的。

由于工业应用场合工艺和生产设备特点不同，潜在危险不同，在发生危险结果之前的安全时间不同，此外还要考虑到实际事故发生的可能性及防止其发生可能性的结合，可以确定其风险等级。风险等级越高，则安全要求等级越高。DIN V 19250 把危险划分为 8 个等级（AK1~AK8），而 IEC 61508 把危险等级划分为 4 个等级（SIL1~SIL4），ANSI/ISA S84.01 把安全等级划分为三个等级（SIL1~SIL3）。

上述几种国际标准对风险的评估办法有所不同，划分等级也有所不同，但是它们之间还是可以相互比照的，图 8.4 所示是三种标准之间的比较。SIL 等级越高，对 ESD 系统的技术指标（可靠性、故障率、无故障运行时间）的要求也越高。

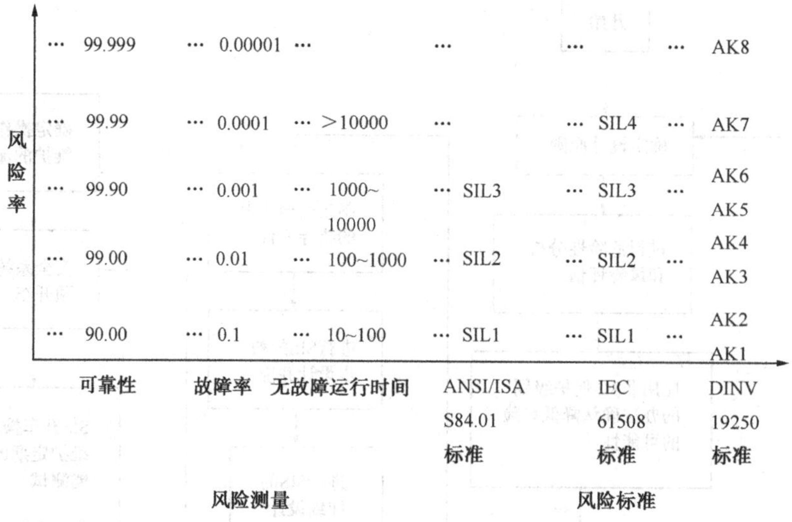

风险率	可靠性	故障率	无故障运行时间	ANSI/ISA S84.01 标准	IEC 61508 标准	DINV 19250 标准
	99.999	0.00001				AK8
	99.99	0.0001	>10000		SIL4	AK7
	99.90	0.001	1000~10000	SIL3	SIL3	AK6 / AK5
	99.00	0.01	100~1000	SIL2	SIL2	AK4 / AK3
	90.00	0.1	10~100	SIL1	SIL1	AK2 / AK1
		风险测量			风险标准	

图 8.4 三种国际标准中风险等级的比较

大多数使用安全系统的工业应用场合风险等级属于 AK4~AK6 级，其中一般锅炉、加热炉为 AK4 级，石化、化工为 AK5 级，涉及人身安全要求等级的场合很少，要特殊考虑。此外还有一些特殊用途的标准，如 DIN VDE 0116 是适用于锅炉管理应用的德国标准；EN 54 的第三部分是适用于火灾检测报警系统的欧洲标准；NFPA 72 是美国的适用于火灾报警系统的"国家火灾报警标准"；NFPA 8501 是美国的适用于单烧嘴锅炉的"单烧嘴锅炉的操作标准"等。

随着有关标准的出台和完善，各 ESD 系统的制造商们正积极地按照相关的标准来发展各自的硬件设计和制造技术，建立操作简便，兼容性强，功能强大的软件设计平台，从而促使各种 ESD 系统改进技术，完善性能。

8.1.3 安全系统的常用指标

1．平均故障间隔时间

平均故障间隔时间（Mean Time Between Failure，MTBF）是指各次故障间隔时间 t_i 的平均值，即各段连续工作时间的平均值。

$$\text{MTBF} = \frac{\sum_{i=1}^{n} t_i}{n} \qquad (i=1,2,3,\ldots,n) \qquad (8.1)$$

MTBF 是一个经过多次采样检测，长期统计后求出的平均数值。

2．平均故障修复时间

平均故障修复时间（Mean Time To Repair，MTTR）是指设备或系统经过维修，恢复功能并投入正常运行所需要的平均时间，即

$$\text{MTTR} = \frac{\sum_{i=1}^{n} \Delta t_i}{n} \qquad (i=1,2,3,\ldots,n) \qquad (8.2)$$

式中 Δt_i——每次维修所花费的时间。

MTTR 也是一个统计值，它远小于 MTBF。MTBF 越大，MTTR 越小的系统，其可靠性越高。

3. 平均失效时间

平均失效时间（MTTF）是指大宗相同部件（或系统）中该部件（或系统）期望发生故障的时间。

4. 可用性

可用性（A）是一个概率，指系统在任何情况下都可使用的工作期，用百分数计算，即

$$A = \frac{MTTF}{MTBF} = \frac{MTTF}{MTTF + MTTR} \tag{8.3}$$

5. 可靠性

可靠性（R）是一个概率，指系统在规定时间间隔（t）内发生故障的概率，即

$$R(t) = \exp\left[-\left(\frac{1}{MTTF}\right)^t\right] \tag{8.4}$$

6. 容错

容错（Fault Tolerance）是指对失效的控制系统元件进行认识和补偿，并允许在继续完成分配的任务，不中断过程的情况下进行修复的能力。容错是通过冗余和故障屏蔽的结合来实现的。

7. 表决

表决（Voting）是指系统中用多数原则将每个支路的数据进行比较和修正的一种机理。如 1OO2（1 OUT OF 2）表示 2 取 1 表决，2OO2（2 OUT OF 2）表示 2 取 2 表决，2OO3（2 OUT OF 3）表示 3 取 2 表决等。

8. 故障安全

故障安全是指 ESD 系统发生故障时，被控过程能做到安全停车。正常工况时系统处于励磁状态，故障工况时处于非励磁状态。

9. 安全完整性级别

安全完整性级别（Safety Integrity Level，SIL）用于定性分析 ESD 系统故障对生产装置和周围的人员的伤害程度，根据 IEC 61508 标准划分为 4 级。SIL1 级适用于财产和产品的一般保护；SIL2 级适用于主要财产和产品的保护，有可能造成人身伤害；SIL3 级适用于保护人员；SIL4 级适用于灾难性伤害。

8.1.4　安全系统应用的场合

石油化工生产装置一般存在一定的风险，但何种装置需要配置安全仪表系统，应当遵循2004 年 7 月正式发布实施的《石油化工安全仪表设计规范（CSH/T 3018—2003）》，进行安全仪表系统的设计。

1. 对检测元件的要求

检测元件（传感器）分开独立设置，指采用多台检测仪表将控制功能与安全联锁功能隔离，即安全仪表系统与过程控制系统的实体分离。

传感器冗余设置，指采用多台仪表完成相同的功能，通过冗余提高系统的安全性。不宜采用信号分配器，将模拟信号分别接到安全仪表系统和过程控制系统。安全仪表系统和过程控制系统共用一个传感器时，宜采用安全仪表系统供电。

2. 对最终执行元件的要求

最终执行元件（切断阀、电磁阀）是安全仪表系统中可靠性低的设备。由于安全仪表系统在正常工况时是静态、被动的，系统输出不变，最终执行元件一直保持在原有的状态，很难确认最终执行元件是否有危险故障。在正常工况时，过程控制系统是动态、主动的，控制阀动作随控制信号的变化而变化，不会长期停留在某一位置。因此，当符合安全度等级要求时，可采用控制阀及配套的电磁阀作为安全仪表系统的最终执行元件。当安全度等级为 3 级时，可采用一台控制阀和一台切断阀串联连接作为安全仪表系统的最终执行元件。

3. 对 ESD 逻辑控制器结构选择的要求

安全仪表系统故障有两种：显性故障（安全故障）和隐性故障（危险故障）。当系统出现显性故障时，可立即检测出来，系统产生动作进入安全状态。显性故障不影响系统的安全性，但会影响系统的可用性。当系统出现隐性故障时，只能通过自动测试程序检测出来，系统不能产生动作进入安全状态。隐性故障影响系统的安全性，但不影响系统的可用性。因此通过对逻辑控制器结构的选择，克服隐性故障对系统安全性的影响，通常选择 2OO3（三取二）或者 2OO4D（四取二，带诊断功能）结构。

8.2　冗余控制器

8.2.1　冗余控制器的构成

HIMA 公司的 H41q/H51q 系统中，控制器的 CPU 采用四重化结构（QMR），即系统的中央控制单元共有四个微处理器，每两个微处理器集成在一块控制单元（Control Unit，CU）模件上，再由两块同样的 CU 模件构成中央控制单元 CU1，如图 8.5 所示。

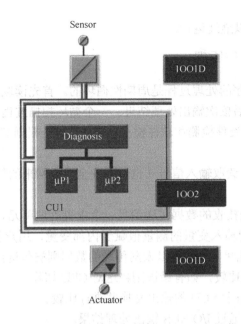

图 8.5　两个微处理器构成的 1OO2 系统

来自现场检测元件（或传感器）的信号，通过输入模件（1OO1D，一取一，带诊断功能）分别进入两个微处理器单元，在 CU1 内进行诊断（1OO2，二取一），其结果从输出模件输送到现场的执行元件；当其中一个微处理器发生故障时将被自动切除，与之对应的另一个处理器可以继续运行。一块 CU 模件已经构成 1OO2D 结构，而 1OO2D 结构可以满足 AK6/SIL3 的安全标准。

如图 8.6 所示，采用双 1OO2D 结构，即 2OO4D 结构，这样可以提供最大的实用性（即可利用性），其容错功能使系统中任何一个部件发生故障时，均不影响系统的正常运行。

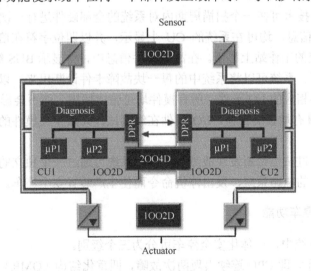

图 8.6　两个 1OO2 系统构成四重化（QMR）系统

来自现场检测元件（或传感器）的信号，通过两套输入模件（1OO2D，二取一，带诊断功能）分别进入两个 CU 单元，在 CU1 和 CU2 内进行诊断（2OO4D，四取二，带诊断功能），其结果从两套输出模件输送到现场的执行元件；当其中一个 CU 发生故障时将被自动切除，与之对应的另一个 CU 可以继续运行。

8.2.2 冗余控制器的工作原理

H41q/H51q 系统对程序的处理过程是周期性循环的。首先读取过程输入信号，再按预定的逻辑功能进行处理，然后依次输出处理结果。一个循环扫描过程由七个步骤完成。

① 周期性自检，包括硬件检测和软件检测，这个过程是根据 CU 发出的连续测试信号进行的。

② 数据接收，检测并读取输入信号（也包括安全以太网来的信号），完成过程变量对应数据的接收。

③ 数据传送，将系统接收的数据传送到另一个中央处理单元。

④ 输入数据处理，把输入变量的测量值赋予内部变量，用户程序则会对内部变量进行处理。处理的结果送到输出单元（需要以太网传送的数据则被传送到以太网卡），并在系统内存中进行双 CPU 的点对点比较，如有错误则将这对 CPU 切除。

⑤ 输出交换比较，将两个 CU 的输出交换并进行比较。

⑥ 结果输出，主 CU 通过 I/O BUS 输出处理结果。

⑦ 结果回读，从 CU 中把输出结果回读，与下一个周期的正确逻辑输出比较。若结果不相等，则将输出模块切除，扫描过程跳到第⑤步。

冗余的中央处理单元在每个过程循环完后都进行一次时钟同步，而通过串行通信和有自检功能的部分完成检测不依赖于一个过程循环。

8.2.3 冗余控制器的特点

1．强大的自诊断功能

HIMA 的自诊断技术可在一个扫描周期内对系统的全部硬件进行一次扫描诊断。CPU 和 I/O 卡件的故障检测信息，均可在系统的 CU 上显示，并以四位字符在信息窗（信息窗位于 CPU 模件上）和系统的工作站上显示。在故障模件信息中，将显示 BUS 编号、I/O 卡机架编号和 I/O 槽路编号等。系统可以将系统中的每一块故障卡件诊断出来，以便维护人员了解故障卡件的位置，替换相应的 I/O 卡件。所有模件均可带电插拔，而不会影响系统的运行。

HIMA ESD 还具有增强的自检，I/O 模件在线测试，冗余中央模件的数据传输和数据比较等功能。

当中央处理器通过扫描诊断发现故障时，整个系统可通过一个独立的高优先级别的检测看门狗（Watchdog）的电路系统，发出停机命令而使生产装置安全停车。

2．一体化安全停车功能

在 HIMA 安全系统中，一体化安全停车可分为三个级别。

① 整体安全停车，即 CPU 连续出现两次故障，四重化结构（QMR）系统的两级容错功能已不能满足系统正常运行的需要，操作系统会通过独立的 DO 通道，使系统达到一个安全释放的状态。如果输出模件在运行中自检到发生故障，它将被一体化安全停车功能自动切除。能自检的 I/O 模件可达到 AK6/SIL3 安全等级，在运行中某个 I/O 模件出现故障的情况下，无故障修复时间的限制。

② 部分功能切除，即一对 CPU、一条 BUS 总线、一块 I/O 卡或一个 WD（看门狗）信号出现故障，系统仅仅切除有故障的部分，其余部分不受影响。

③ 安全组切除，即类似于控制系统中的"控制域"的概念，不相关装置的信号被分在不同的安全组中，一个安全组的硬件故障仅仅造成相关安全组被切除，不会使问题扩大化。根据 DIN VDE 0110 标准，HIMA ESD 系统中所有 I/O 模块均具有各个通道之间安全隔离的功能。

8.3 ESD 在工业生产装置上的应用

8.3.1 工艺简介

某乙烯生产装置可分为七个单元。10 号单元为原料预热单元，将界区外的不同原料经过缓冲罐脱除水和杂质，以便降低原料变化对下游生产的影响。20 号单元为裂解炉单元。裂解炉区共有 5 台裂解炉，在不同通道都可以同时裂解两种原料，并且裂解炉的每一通道在其他组进行裂解操作时都可以进行在线蒸汽清焦，具有裂解原料分配灵活的特点。将来自预热单元的裂解炉原料通过流量控制进入裂解炉对流段与烟道气换热后，与来自稀释蒸汽发生系统的稀释蒸汽按一定比例混合再换热后，经文丘里管被平行分成 8 通道进入裂解炉辐射段，在辐射室固定热值的条件下，通过辐射炉管的出口温度来控制进料流量以保证期望的裂解深度。30 号单元为急冷单元。急冷单元主要包括急冷油、急冷水和稀释蒸汽系统。它将来自裂解炉单元急冷后的裂解气冷却，脱除裂解焦油、焦炭颗粒；在急冷水塔内直接与塔中部和顶部的循环急冷水接触冷却，最大限度地回收热量。40 号单元为压缩碱洗单元，用来提高裂解气的压力，脱除裂解气中的二氧化碳和硫化氢。50 号单元为冷热分单元。高压脱丙烷塔脱除来自裂解气压缩机三段出口裂解气中的 C4 和较重组分，低压脱丙烷塔将来自高压脱丙烷塔底产品中的 C3 和 C4 进行最终分离。脱甲烷汽提塔汽提出甲烷及更轻的组分，在脱除甲烷、氢气过程中设置了冷箱。脱乙烷塔侧线采出丙烯产品。60 号单元为乙烯分离及制冷单元。乙烯压缩机是一个开式 A 型热泵，即乙烯产品连续进入系统同时乙烯产品连续送出。丙烯制冷系统是一个闭路系统，为分离系统提供 $-42℃, -15℃, 7℃$ 三个温位等级的冷剂。70 号单元为公用单元，主要包括各种等级的蒸汽系统、循环水系统、化学品注入系统、空气系统等。

乙烯装置共有五台裂解炉，联锁控制逻辑比较复杂。主要的联锁条件有烃进料流量低低值联锁停车，稀释蒸汽流量低低值联锁停车，高压汽包液位高高值、低低值联锁停车，燃料气压力高高值、低低值联锁停车等。但在开车时烃的进料量为零，此时不能触发联锁停车系统。下面主要介绍开车时烃加料量为零旁通联锁的逻辑及组态方法。

8.3.2 系统配置

乙烯生产装置采用 HIMA 公司 H51q ESD 系统，共采用四个控制站、一个工程师站、一个 SOE 站。其中 1 号 ESD 控制站用来承担 1 号、2 号裂解炉的联锁控制，2 号 ESD 控制站用来承担 4 号、5 号裂解炉的联锁控制，3 号 ESD 控制站承担 3 号裂解炉及乙烯三机的联锁控制，4 号 ESD 控制站用来承担加氢反应器的联锁控制。整个乙烯生产装置 ESD 系统的配置如图 8.7 所示。

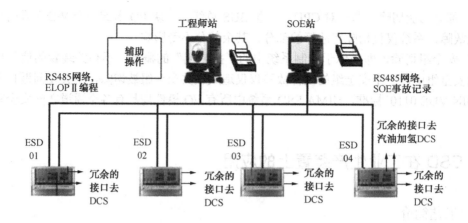

图 8.7　乙烯装置 ESD 系统配置图

1. 工作站的功能特性

（1）工程师站。工程师站用来完成整个系统的组态及维护工作，它和控制器之间是通过 RS-485 通信总线连接起来的。利用安装并运行在工程师站上的 HIMA 系统专用组态编程软件（ELOPⅡ），可以对控制器进行组态、诊断、修改、测试、软件装载及维护。

（2）事件顺序记录站（SOE）。主处理器和通信模块协同工作，为 HIMA 控制器提供事件顺序处理能力。在每个扫描周期内，控制器检查离散变量的状态改变。当一个事件发生时，控制器将变量的当前状态和时间标签存储在缓冲区内，事件顺序记录数据能实时传送到 SOE 站，并可自动记录在 SOE 站的硬盘上，需要时还可以打印出来。系统配置的 SOE 站具有以下功能。

① SOE 站的分辨率为 1ms，具有事件追忆功能。

② SOE 站通过 RS-485 通信总线和 H51q 连接，完成对系统事件的记录。SOE 站最多可记录 65 000 个事件。

③ SOE 站上安装运行 HIMA 系统专用的事故记录软件——WIZCON LOGIN。

④ SOE 站打印机专门用于打印报警信息。

（3）控制站。HIMA ESD 系统采用 H51q-HRS 控制站。所有 HIMA ESD 系统的硬件和软件均通过了 TUV 认证。

控制站的 CPU 及控制总线为四重化冗余容错结构，按 4-2-0 模式工作，同时具有 SOE（事件顺序记录）功能。4-2-0 是 ESD 系统出现故障时性能递减表示方式。其工作原理是系统中两个控制模块各有两个 CPU，它们同时工作又相对独立。当一个控制模块中 CPU 被检测出故障时，该 CPU 被切除，切换到 2-0 工作方式；其余一个控制模块中两个 CPU 以 1OO2D 方式投入运行，若这一个控制模块中再有一个 CPU 被检测出故障，则系统停车。

控制站的每种类型 I/O 卡、机柜内电源、通信卡件、控制器及电源均为冗余配置。所有 I/O 卡件均能支持在线插拔和更换。冗余配置增加了系统可靠性，当其中一个模件发生故障时，它将被自动切除，与其对应的另一个模件将继续运行。系统允许在线修改、下装程序，允许同时运行多个独立的程序。控制站的性能见表 8.1。

表 8.1　控制站的性能

序号	设备或部件	型号或规格
1	处理器	INTEL 386 EX，32bits，25MHz
2	程序存储器	闪存 EPROM 1MB——操作系统和 HIMA 建立块
3	后备电池	在中央 CMOS-RAM 模件上的锂电池，断电情况下，可保持中间数据（建议 4～5 年更换一次）
4	数据处理软件	ELOP Ⅱ-Windows 2000 软件包的反向编译功能允许在线修改

2. I/O 卡件

HIMA ESD 系统所配置的 I/O 卡件如下。

① 数字量输入模件（DI），选用 F3236，通过 TUV 认证，安全等级为 SIL3/AK6。通道与通道之间安全隔离（符合 IEC 61000 标准），每卡 16 点，无源，正常时外部输入触点闭合，输入干接点信号直接至 HIMA 系统机柜的接线端子。

② 数字量输出模件（DO），选用 F3330，通过 TUV 认证，安全等级为 SIL3/AK6。通道与通道之间安全隔离（符合 IEC 61000 标准），每卡 8 点，每点的最大带负载能力为 0.5A。

③ 模拟量输入模件（AI），选用 F6217，通过 TUV 认证，安全等级为 SIL3/AK6。通道与通道之间安全隔离（符合 IEC 61000 标准），每卡 8 点，通过配置不同的电缆插头可以接收有源或无源的 4～20mA DC 或 1～5V DC 标准信号。

④ 模拟量输出模件（AO），选用 F6706，通过 TUV 认证，安全等级为 SIL3/AK6。通道与通道之间安全隔离（符合 IEC 61000 标准），每卡 2 点，可输出 4～20mA DC 信号，DCS 显示。

I/O 模件满足 ANSI 37190 抗冲击测试要求。所有卡件具有抗 10mV/m 场强的电磁及无线电干扰的能力。

3. 系统软件 ELOP Ⅱ 介绍

ELOP Ⅱ 软件包是符合 IEC 61131-3 标准的工业化软件包，它通过了 TUV 认证，符合 TUV AK6 标准。该软件提供标准功能块语言进行编程，可执行逻辑运算、PID、顺序控制等各种控制程序。ELOP Ⅱ-Windows 2000 软件包的反向编译功能允许在线修改、下装程序，而不须进行下装后 100%逐点测试（此功能经 TUV 认证），完全可以满足炼油、石化、天然气等行业的安全控制要求。

ELOP Ⅱ 的运行基于 Windows 2000/XP 操作系统，计算机配置要求不低于 Pentium 700 MHz，128 MB 内存。ELOP Ⅱ 具有编程、下装、监视和文档处理等功能，通常被预装在工程师站中。

① 应用 ELOP Ⅱ 软件，配置系统硬件。根据硬件的实际安装情况，从卡件列表中选出所用的 I/O 模件和机架，用拖/放（Drag & Drop）功能进行硬件配置组态，如图 8-9 所示。

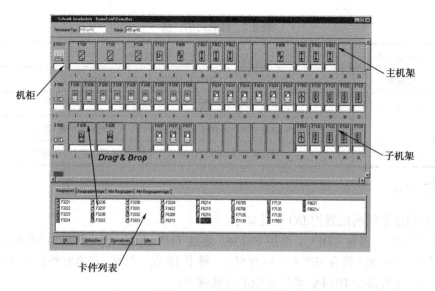

图 8.8　利用 ELOP Ⅱ进行系统硬件组态

图 8.8 中，整个画面代表一个 ESD 控制站，其中第一排为主机架，下面几排为子机架。按照实际主机架和子机架中卡件类型配置规定，适当选择卡件类型，并在相应的硬件物理位置上加以定义，即可完成硬件组态。

② 利用 I/O 卡件的自检功能查找故障。ELOP Ⅱ软件采用系统的 HZ-FAN-3 功能块，对所有 I/O 模块进行自诊断。如果卡件或某个通道的外部电路出现故障，则会在相应的 CU 卡上报出故障卡的物理地址（包括机柜号、机架号、模件号和通道号等），同时还可在 ELOP Ⅱ的用户程序里查看故障所在。具体做法是先将需要自诊断的每一通道创建为变量，然后将如图 8.9 所示的逻辑图写入用户程序即可。

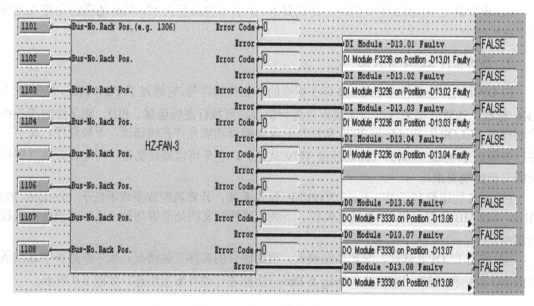

图 8.9　利用 ELOP Ⅱ的功能块组态 I/O 自诊断

图 8.9 中，数字 1101 各位从左到右依次代表总线编号、子机架编号及该子机架上的槽路编号（最后两位）。其中 HIMA ESD 系统有两条总线，每条总线最多可以连接 16 个子机架，

每个子机架上最多可安装 16 块卡件，这是系统的最大容量。工程上，通常都留有充足的余量，以保证系统的扫描周期满足要求。这样，一旦 I/O 卡件出现故障，只要利用系统软件在线察看，即可得到故障卡的物理地址和发出的错误代码信息，由此便可及时判断出是哪个卡件发生了哪种性质的故障。例如，AI Module –D13.12 Faulty 报告故障，Error Code 是 4，这就说明位于第一条总线上，第三个 I/O 子机架上，12 号卡槽中的 AI 模块的第 3 通道的外部线路出现了故障。错误代码的含义见表 8.2。

表 8.2 错误代码的含义

代　码	故 障 原 因
0	无故障
1	通道 1 的外部回路故障（短路或断路）
2	通道 2 的外部回路故障（短路或断路）
4	通道 3 的外部回路故障（短路或断路）
8	通道 4 的外部回路故障（短路或断路）
16	通道 5 的外部回路故障（短路或断路）
32	通道 6 的外部回路故障（短路或断路）
64	通道 7 的外部回路故障（短路或断路）
128	通道 8 的外部回路故障（短路或断路）
255	自身卡件故障

③ 用户逻辑组态。逻辑组态时，首先创建一个项目，然后根据用户的需要，离线完成逻辑组态。ELOP Ⅱ 软件使用类似 Windows 的操作环境，并提供了符合 IEC 标准的功能模块（如与、或、非、同或、异或等），用户还可以根据任务的需要编写一些常用程序模块（如三取二，模拟量输入小于 3.6mA 或大于 20.5mA 的判断等），利用这些功能模块组态所需要的逻辑，定义所需要的变量，并引入逻辑组态中。

图 8.10 所示是一个功能模块组态画面，用户可以方便地利用 ELOP Ⅱ 的标准功能模块，经过简单的"拖放"组态需要的逻辑，同时也完成变量定义。

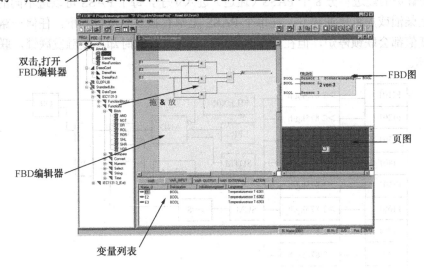

图 8.10 功能模块逻辑组态画面

当逻辑组态、变量定义都完成之后，在项目下按鼠标右键选择 ON LINE，然后双击项目程序名就可以进行在线逻辑运行，其中红色线条表示"1"，蓝色线条表示"0"，如图 8.11 所示。

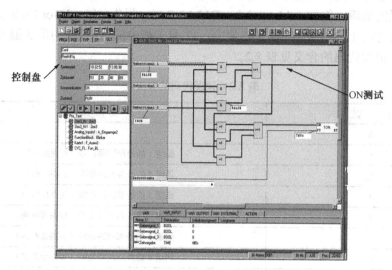

图 8.11　ELOP Ⅱ的在线测试画面

图 8.11 中，左面控制盘上显示系统时间、本控制器的运行状态及扫描周期，右面为在线逻辑测试显示。

8.3.3　主要控制方案及其组态

1. 主要控制方案

乙烯生产装置裂解炉联锁逻辑比较复杂，主要有烃进料流量低低联锁停车，稀释蒸汽流量低低联锁停车，高压汽包液位高高、低低联锁停车，燃料气压力高高、低低联锁停车等条件。每个裂解炉的烃进料分 8 个 PASS（通道）进入炉子，每个 PASS 可以进不同的原料（如石脑油、轻柴油或加氢尾油等），在每个 PASS 上都有独立的流量测量。任何一路 PASS 流量达到低低值都会联锁停炉，但在开车时烃进料量为零，此时却不能触发联锁，联锁逻辑如图 8.12 所示。

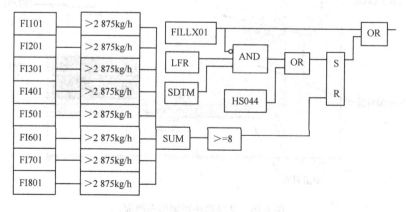

图 8.12　乙烯裂解炉烃进料开车逻辑

图 8.12 中，FI101～FI801 分别为一台裂解炉 8 个 PASS 的烃进料量指示值。SDTM（完全停车）是裂解炉全火停车状态标志，当裂解炉全火停车时，SDTM 为"0"，正常时 SDTM 为"1"。LFR 是裂解炉半火停车状态标志，当裂解炉半火停车时，LFR 为"0"，正常时 LFR 为"1"。FILLX01 是裂解炉 8 个 PASS 中任意一个 PASS 烃进料流量达到低低值时的状态标志，当某个 PASS 烃进料流量达到低低值时，FILLX01 为"0"，正常流量时为"1"。HS044 是一个手动开关，当裂解炉在裂解状态时，HS044 为"0"，在清焦状态时，HS044 为"1"。

从上述逻辑可以看出，裂解炉投入原料油之前处于清焦状态，HS044 为"1"，此时每个 PASS 的烃进料流量为 0，RS 触发器的 S 端为 1，R 端为 0，所以 RS 触发器输出为 1。经过"或门"后输出为 1，裂解炉正常开车。当裂解炉投料正常生产时，将 HS044 改为 0，当 8 个 PASS 的烃进料流量都超过 2 875kg/h 时，此时 RS 触发器的 R 端为 1，S 端为 0，所以 RS 触发器输出为 0，而此时裂解炉 8 个 PASS 的流量都超过了低低流量值，则 FILLX01 为 1，经过"或门"后输出为 1，裂解炉处于正常运行状态。

2. 实际应用中几个具体问题的处理

（1）工程量程之间的转换。ESD 与 DCS 之间模拟量的通信规定采用无符号整数，主要是考虑有的模拟量量程有负数。若通信时定义为浮点数，则占用系统资源太大，而工艺变量信号传送到 DCS 只是为了显示用，并非用于运算。所以，规定 ESD 与 DCS 之间模拟量的通信采用无符号整数，此时就需要进行量程转换。

由于输入的模拟量不管其实际量程是多少，它产生的电流值范围都是 4～20mA DC。例如，某一模拟量 PT111，它原有的量程和需要转换的量程之间具有以下关系：

$$OUT = \frac{(SCAL\ END - SCAL\ BGIN) \times (AIN\ VAL - AIN\ BGIN)}{AIN\ END - AIN\ BGIN} + SCAL\ BGIN \qquad (8.5)$$

式中　　SCAL END——目标量程上限；

　　　　SCAL BGIN——目标量程下限；

　　　　AIN END——原量程上限；

　　　　AIN BGIN——原量程下限；

　　　　AIN VAL——实际测量值；

　　　　OUT——转换后输出显示值。

依据上面公式作出相应的逻辑图，如图 8.13 所示。

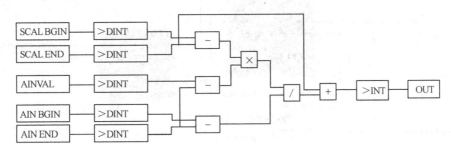

图 8.13　模拟量量程转换逻辑

把这一逻辑组合成一个功能块（Function Block），命名为 Rang Convert 保存，在需要量程转换时即可随时调用。例如，140TT582A 的量程为−50～50℃，送至 DCS 显示时则需相应转换到 0～100℃。应用功能模块 Rang Convert 来实现这种转换，其逻辑组态如图 8.14 所示 。

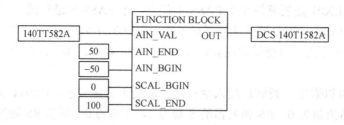

图 8.14　量程转换功能模块

（2）超量程值的切除。在逻辑设计中，当输入模拟信号小于 3.6mA DC 或者大于 20.5mA DC 时，则应在 DCS 上显示开路短路报警，输出显示为 0，并发出高、低报警。一般情况下，输入模拟信号在 3.6～4mA 和 20～20.5mA 之间的值并没有进行处理，若将这个段间信号送到 DCS，则在 DCS 上的显示值将为最大，这与实际情况不符。为解决这一问题，需要做超量程值的切除。

HIMA 在 ELOP II 中建有标准的功能模块 H_FS06-1_AIRED_R 和 FS06-1_AIRED_INRT。将相应的变量及其变化范围与该功能模块相连，做成逻辑写入用户程序，就可实现超量程值的切除功能。现选用基本功能模块 LIMIT，对变量输出作限幅处理，将变量输出限制在其量程内。下面以 112FT021 为例，说明具体的组态方法。

112FT021 检测仪表的量程为 0～8 400kg/h，流量低低报警设定值为 700 kg/h。这里选用功能模块 FS06-1_AIRED_INRT、LIMIT 和低选功能模块 H_FS05-1_LIML_R。由此设计出的逻辑图如图 8.15 所示。

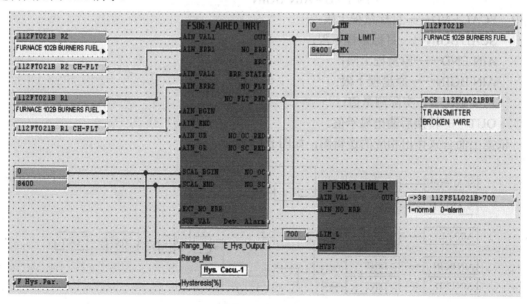

图 8.15　超量程值切除逻辑组态

图 8.15 中利用系统标准功能模块 FS06-1_AIRED_INRT 对模拟量 112FT021 进行判断，当模拟量大于 20.5mA 或小于 3.6mA 时输出故障报警。然后利用 LIMIT 功能模块限制输出，当

模拟量大于 3.6mA 而小于 4mA DC 时，输出量程下限 0；当模拟量大于 20mA 小于 20.5mA 时，输出量程上限 8 400 kg/h。功能块 H_FS05-1_LIML_R 的作用是当模拟量小于 700 kg/h 且模拟量在 4～20mA 范围内时产生低值报警信号。

本 章 小 结

本章以 HIMA ESD 系统为例，主要介绍了设置 ESD 系统的目的和作用，对主要的控制器冗余结构进行了重点描述，并结合乙烯装置的应用，叙述了 ESD 系统硬件、软件组态，介绍了主要的控制方案。

思考题与习题

1. 紧急停车系统的定义是什么？
2. 试比较两类紧急停车系统的优劣。
3. 紧急停车系统有哪些特点？
4. 简述 ESD 系统主要的通用安全标准，并进行比较。
5. 试说明"3-2-1-0"和"3-2-0"的含义？
6. 安全仪表系统有哪些设计原则？
7. 以 HIMA ESD 系统为例，说明中央处理器单元的冗余结构和工作原理。
8. 简述 HIMA ESD 系统工作站的功能特性，说明 HIMA ESD 系统的主要 I/O 卡件及性能。

第9章

集散控制系统实践训练

知识目标

- 掌握 JX-300X 实训系统的使用;
- 掌握 MACS 组态方法;
- 掌握 TPS GUS 作图方法;
- 熟悉 MCGS 工控组态软件的组态界面;
- 掌握计算机控制系统的数据库组态;
- 掌握计算机控制系统的设备组态;
- 掌握计算机控制系统的算法组态;
- 掌握计算机控制系统的组态;
- 掌握计算机控制系统调试方法;
- 掌握 GUS 的流程图绘制方法。

技能目标

利用集散控制系统实训装置,培养以下技能。

- 能够根据生产工艺情况确定控制站卡件类型和数量;
- 能够熟练安装系统配置的软件包;
- 能够熟练进行控制站、操作站组态;
- 能够结合工艺熟练制作流程图并设置动态参数;
- 能够实现系统实时监控和各种画面的切换;
- 能够在线调整控制器参数;
- 根据生产工艺情况对数据库、设备、算法、显示画面进行组态;
- 学会计算机控制系统的调试;
- 能够应用 GUS 的基本流程图绘制方法;
- 能够制作静态流程图;
- 能够对静态流程图进行调试。

为将理论知识学习与实际技能提高很好地结合起来,专门将集散控制系统的实际操作部分设为一章,共分三节。第 1 节重点介绍浙大中控技术有限公司 JX-300X 实训系统;第 2 节重点介绍北京和利时公司 MACS 组态软件使用;第 3 节简要介绍绘制 GUS 用户流程图的专用软件包。通过实际训练,不仅可以对集散控制系统有更具体的认识,而且还可对集散控制系统的软、硬件构成,通信系统特征,基本组态方法,流程图绘制技巧,实时监控作用等有更深入的理解,从而达到理论与实践结合,对技能培养大有好处。

9.1 JX-300X DCS 实训

9.1.1 实训装置认识

JX-300X 集散控制系统实训装置由浙大中控（SUPCON）技术有限公司生产的 JX-300X 集散控制系统和上海新奥托（NEW AUTO）实业有限公司研制的模拟过程控制对象构成。实训装置详细介绍参见附录 A。

1. 实训目的

从事工业生产过程自动化应用的职业技术人员不仅应精通本专业的业务知识，还应当与其他专业人员相互配合，了解生产工艺流程，熟悉工艺过程对控制的要求、操作规程、测点情况、传感器类型、安装位置、仪表盘、电气元件接线、电源部分等，只有这样才能使所设计的自动控制系统工艺合理，运行可靠，满足设计要求。因此，全面了解系统硬件设备及工艺机理是非常重要的。

2. 实训预备知识

实训之前，应阅读"附录 A　JX-300X 集散控制系统实训装置"介绍。

3. 实训任务及要求

① 掌握控制站和操作站的硬件配置情况。
② 熟悉被控对象的构成、工艺情况和控制要求等。

4. 实训设备和器材

① JX-300X 集散控制系统实训装置。
② 数字万用表及信号连接线等。

5. 实训步骤

① 了解操作站的配置，并将观察结果填于表 9.1 中。

表 9.1　操作站配置情况列表

名称	容量（型号）
CPU	
内存	
硬盘	
软驱	
光驱	
图形加速器	
声卡	
显示器	

名称	容量（型号）
标准键盘	
操作员键盘	
音箱	

② 熟练掌握 JX-300X DCS 卡件命名原则，将实训室控制站内的所有类型卡件列在表 9.2 中，尤其应当注意哪些卡件是冗余配置的。

表 9.2　控制站卡件列表

卡件型号	卡件名称	卡件数量	冗余	输入/输出点数（每块）
例：SP243X	主控制卡	2	√	
合　计				

③ 了解被控对象的工艺情况，确定测点位号及传感器名称、型号、规格、用途、控制要求等，并填写现场传感器汇总表 9.3、被控对象测点列表 9.4 和控制方案列表 9.5。

表 9.3　现场传感器汇总表

序号	图位号	型　号	规　格	名　称	用　途
例：	FE-1	LDG-10S	0～300L/h	电磁流量传感器	测进水流量

表 9.4　被控对象测点列表

类　型	序　号	测点/位号	传感器规格	卡　件
模入量	1	例：进水流量变送、转换 FIT-1	4～20 mA DC	SP313
	2			
	3			
	4			

类　型	序　号	测点/位号	传感器规格	卡　件
模出量	1			
	2			
	3			
	4			
开入量	1			
	2			
开出量	1			
	2			
…				
合计				

表 9.5　控制方案列表

序号	被控变量	控制方案	输入信号及位号	输出信号及位号	备注
例：	进水流量	单回路控制	进水流量 FIT-1	进水流量控制阀 M1	

④ 对照实物，观察和认识 JX-300X DCS 通信系统的构成，理解 SCnet 通信系统、SBUS 的性能和特性。

⑤ 总结并列出 JX-300X DCS 控制站主控制卡 SP243 和数据转发卡的 IP 地址设置范围，填入表 9.6 中。

表 9.6　主控制卡和数据转发卡 IP 地址列表

名　称	IP 地址		备　注
	网络码	IP 地址	
主控制卡			
操作站			

⑥ 检查主控制卡、数据转发卡的硬件跳线和冗余跳线是否符合规定，注意应与其 IP 地址设置绝对一致。

6. 注意事项

① 在进行控制站卡件登录时，要特别注意哪些卡件是互为冗余的，相应的卡件冗余跳线设置是否正确，因为这一点关系到整个集散控制系统通信系统是否能正常工作。

② 在设置硬件跳线地址和冗余跳线时，要按照操作规程，小心谨慎，防止静电，准确无误。

③ 本实训项目建议在 2～4 学时内完成。

7. 思考题

主控制卡或数据转发卡的硬件跳线地址设置与 IP 地址不一致时，会有什么后果？

9.1.2 AdvanTrol 软件包的安装

1. 实训目的

本实训以 AdvanTrol 软件包的安装为主要内容。通过实训，学生应掌握 AdvanTrol 软件包的组成，并熟悉软件包中常用软件的快捷方式图标，以便正确启动相关软件。

2. 实训预备知识

一般将用于给 CS，OS，MFS 等进行组态的专用软件称为 AdvanTrol/ AdvanTrol-Pro 组态软件包。图 9.1 所示为 JX-300X 系统软件体系图。

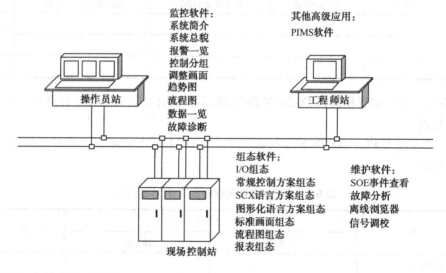

图 9.1　JX-300X 系统软件体系图

JX-300X 软件包 AdvanTrol/ AdvanTrol-Pro 软件刻录在一张 CD 内，主要由以下软件组成。

① SCKey 系统组态软件，用于对系统硬件构成的软件进行设置，如设置网络节点、冗余状况、控制周期、卡件数量、地址、类型，选择控制方案，定义操作画面等。

② SCDraw 流程图制作软件，基于 Windows 开发的全中文界面的绘图工具软件，具有良好的用户界面。

③ SCLang C 语言组态软件（简称 SCX 语言），它是工程师站为控制站开发复杂控制算法的平台，可以提供丰富的库函数供用户调用，编写程序灵活方便。

④ SCControl 图形组态软件，是用于编制系统控制方案的图形编程工具，可在线进行调试及查看程序的运行情况，包括功能块图（FBD）、梯形图（LD）、顺控图（SFC）和 ST 语言。

⑤ SCForm 报表制作软件，实现自动报表和实时报表，功能强大，编辑方便，灵活易用。

⑥ AdvanTrol/AdvanTrol-Pro 实时监控软件，是用于过程实时监视、操作、记录、打印、事故报警等功能的人机接口软件。

此外，还有可选的 SCSOE 顺序事件查看软件、SCDiagnose 故障分析软件、SCSignal 信号调校软件、SCViewer 离线浏览器软件及 PIMS 软件等。

3．实训任务及要求

① 掌握常用软件的安装和卸载方法。

② 熟悉 JX-300X 集散控制系统 AdvanTrol 软件包的构成，认识和了解其中各软件的名称、对应图标和功能，以及各软件主画面的组成等。

③ 熟悉 TCP/IP 协议的安装，操作站 IP 地址的设置方法。

4．实训设备和器材

① JX-300X 集散控制系统实训装置。

② AdvanTrol 安装光盘。

5．实训步骤

JX-300X DCS AdvanTrol 软件包必须在 Windows 2000/NT 系统软件平台上安装，若计算机中没有安装系统软件，则应先安装中文 Windows 2000、中文 Windows NT 4.0，安装显卡驱动程序，然后对操作站的双网卡地址进行设置。

上述过程进行完毕之后，将 SUPCON JX-300X 系列软件的安装光盘插入光驱，按照安装向导的提示进行安装。

① 安装画面弹出"欢迎"对话框，单击"下一步"按钮。

② 接受软件许可协议。

③ 目标文件夹设置为默认值。

④ 在"安装类型"中有操作站安装、工程师站安装、自定义安装 3 个选项，如图 9.2 所示。安装时可根据需要选择相应的类型。

⑤ 将"程序文件夹"设置为默认值。

⑥ 待复制完文件后，输入相应的用户名称和装置名称。

⑦ 在"建立特权用户"对话框中，填入欲添加的特权用户名称，并设置相应的密码。单击"增加"按钮后，该特权用户被添加在左面的"特权用户列表"中，如图 9.3 所示。若需多个特权用户，可重复设置，方法同前。

⑧ 单击"下一步"按钮，将弹出"设置主操作站"对话框，提示"您是否需要将当前操作站设置为主操作站？"，并提示"注意：一个控制系统只能有一个主操作站！！！"，安装时根据实际情况确定。为使其他操作站的时钟与其保持一致，以主操作站的时间为标准时间，每隔一段时间，主操作站向控制站和其他操作站发出时钟信息。

⑨ 重新启动计算机，完成 AdvanTrol 软件包的安装。

⑩ 系统软件正常使用前，应检查以下内容。

a．检查 Windows 资源管理器中 C 盘根目录下安装的 AdvanTrol 软件包内容，如图 9.4 所示。

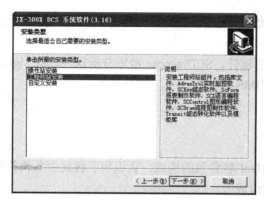

图 9.2 AdvanTrol 软件包的安装画面之一

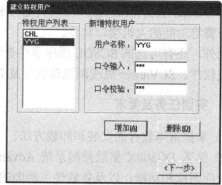

图 9.3 AdvanTrol 软件包的安装画面之二

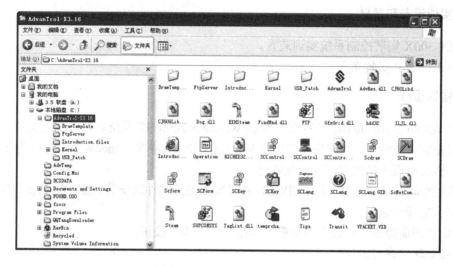

图 9.4 AdvanTrol 软件包

b. 检查 Windows 桌面上自动生成的两个图标：实时监控软件快捷图标 和 SCKey 系统组态软件快捷图标 。依次双击快捷图标打开相应文件，在执行每一项功能时均不会退出软件窗口。若退出，则说明安装有错误，可按上述步骤重新安装。若安装多次重复出错，则应与厂方联系。

⑪ 为了方便操作，可在计算机桌面上创建另外几个常用软件的快捷方式，如 SCDraw 流程图制作软件的快捷图标 、SCControl 图形组态软件的快捷图标 等。通过双击应用程序的快捷图标，即可直接启动相应软件。

⑫ 软件的卸载采用标准的卸载过程，即在 Windows 桌面上，单击"开始"按钮，找到"控制面板"项后单击，在打开的窗口中双击"添加或删除程序"项，在列表中选中"JX-300X系统软件"后单击"删除"按钮，即可将程序完全卸载。

6. 注意事项

① JX-300X DCS 的操作平台应为中文 Windows 2000/ NT 4.0。

② 建议 C 盘安装操作系统和监控运行软件，D 盘保存安装软件和组态软件备份，E 盘作为监控运行数据存储盘，其他盘可以保存监控软件生成的过程数据库文件（历史趋势、报警记录、报表等）或根据实际情况使用。

③ 本实训项目建议在2学时内完成。

7．思考题

① 操作站双网卡的IP地址应当如何设置？

② 如何判断操作站的网卡是否安装成功？（提示：ping命令）

③ 对照第5章有关JX-300X DCS的知识，说明所安装的AdvanTrol软件包可以实现哪些功能。

9.1.3 系统组态

1．实训目的

通过对JX-300X集散控制系统控制站、操作站进行组态实训，学生应初步掌握JX-300X基本组态软件SCKey的使用方法和步骤，并且通过组态实训，使学生对组态有进一步的认识和理解，同时培养学生严谨的科学态度和工作作风。

2．实训预备知识

组态实训前应掌握组态窗口的基本操作、总体信息组态、控制站组态和操作站组态等基本知识。

（1）组态窗口的基本操作。组态窗口的基本操作包括组态树的基本操作，组态窗口的基本操作，位号选择窗口等。

① 组态树的基本操作。组态软件主画面左边的操作显示区显示当前组态的"组态树"，"组态树"以分层展开的形式，直观地展示了组态信息的树形结构，可清晰地看到从控制站直至信号点的各层硬件结构及相互关系，也可以看到操作站上各种操作画面的组织方式。"组态树"提供了总览整个系统组态体系的极佳方式。

无论系统单元、I/O卡件，还是控制方案，或某页操作画面，只要展开"组态树"，在其中找到相应"树节点"内容，用鼠标双击，就能直接进入该单元的组态窗口进行修改。

对"组态树"可直接进行复制、粘贴和剪切操作。

② 组态窗口的基本操作。在图9.5和图9.6所示的组态窗口中，列表框中可以直接进行修改，修改将被保存。基本功能按钮有设置、整理、增加、删除、退出、编辑、确定、取消等，具体操作说明如下。

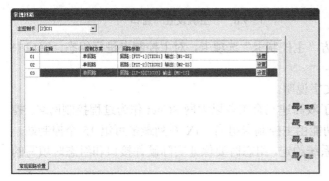

图9.5 常规控制方案组态窗口

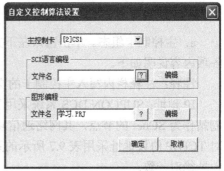

图9.6 自定义控制方案组态窗口

单击"设置"按钮，会弹出所在栏参数设置对话框，在此对话框进行相应参数的设置。

单击"整理"按钮，会将组态窗口中各单元按其地址值或序号值从小到大排列。

单击"增加"按钮，将一个新单元加入到组态窗口中。按快捷键"Ctrl＋A"也同样具有此功能。

单击"删除"按钮，将删除列表框内选中的一个单元。但应注意如果被删除单元有下属信息，此操作也将删除其下属的所有组态信息，请谨慎使用。按快捷键"Ctrl＋D"也同样具有删除功能。在"查看"菜单"选项"中选择"删除时提示确认"后，会有窗口弹出提示是否删除。

单击"退出"按钮，退出该组态窗口。

单击"编辑"按钮，可打开选中文件进行编辑修改。

单击"确定"按钮，表示确认窗口参数有效并退出组态窗口。

单击"取消"按钮，将取消本次对窗口内参数的修改，并退出组态窗口。

③ 位号选择窗口。在许多要求提供已经存在的位号旁边有一 ? 按钮，该按钮提供对该位号的选取功能。单击 ? 按钮，即弹出如图 9.7 所示的对话框。双击列表框中的条目或者单击条目后选择"确定"按钮，均可关闭窗口并将所选中的位号自动填写到 ? 前的编辑框中。位号支持多选。

（2）总体信息组态。总体信息组态包括主机设置，编译，备份数据，组态下载和组态传送五个功能。

① 主机设置。启动 SCKey 组态软件后，选中"总体信息"菜单中的"主机设置"选项，打开"主机设置"窗口，如图 9.8 所示。

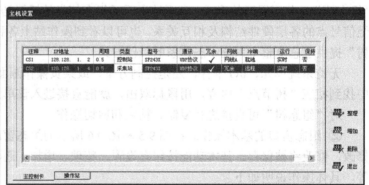

图 9.7　控制位号选择窗口　　　　　　　　图 9.8　"主机设置"窗口

a．主控制卡组态。单击窗口左下方"主控制卡"选项卡，对主控制卡进行组态，窗口中各项内容说明如下。

注释：注释栏内写入主控制卡的文字说明。

IP 地址：SUPCON DCS 系统采用了双高速冗余工业以太网 SCnet 作为过程控制网络。控制站作为 SCnet 的节点，其网络通信功能由主控制卡担当。JX 系列最多可组 15 个控制站，对 TCP/IP 协议地址采用表 9.7 所示的系统约定，组态时要保证实际硬件接口和组态时填写的地址绝对一致。

表 9.7　TCP/IP 协议控制站地址的系统约定

类　别	地　址　范　围		备　注
	网　络　码	主　机　码	
控制站地址	128.128.1	2～31	每个控制站包括两块互为冗余的主控制卡。每块主控制卡享用不同的网络码。IP 地址统一编排,相互不可重复。地址应与主控制卡硬件上的跳线地址匹配
	128.128.2	2～31	

周期:运算周期必须为 0.1s 的整数倍,范围在 0.1～5.0s 之间,一般建议采用默认值 0.5s。运算周期包括处理输入/输出时间、回路控制时间、SCX 语言运行时间、图形组态运行时间等。运算周期主要耗费在自定义控制方案的运行上,大致 1KB 代码需要 1ms 运算时间。

类型:通过软件和硬件的不同配置可构成不同功能的控制结构,如过程控制站、逻辑控制站、数据采集站。

型号:目前可以选用的型号为 SP243X。

通信:数据通信过程中要遵守的协议。目前通信采用 UDP 用户数据报协议,具有通信速度快的特点。

冗余:一般情况下,在偶数地址放置主控制卡;在冗余的情况下,其相邻的奇数地址自动被占据用以表示冗余卡。

网线:填写需要使用网络 A、网络 B,还是冗余网络进行通信。

冷端:选择热电偶的冷端补偿方式,可以选择"就地"或"远程"。"就地"表示直接在主控制卡上进行冷端补偿,"远程"表示在数据转发卡上进行冷端补偿。

运行:选择主控制卡的工作状态,可以选择"实时"或"调试"。选择"实时",表示运行在一般状态下;选择"调试",表示运行在调试状态下。

b.操作站组态。选中"操作站"选项卡,进入操作站组态窗口,如图 9.9 所示。

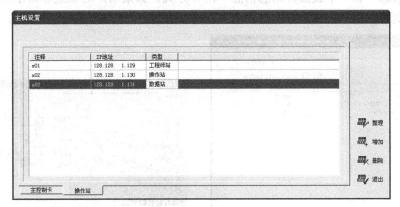

图 9.9　操作站组态窗口

注释:注释栏内写入操作站的文字说明。

IP 地址:JX 系列最多可组 32 个操作站(或工程师站),对 TCP/IP 协议地址采用表 9.8 所示的系统约定。

表 9.8　TCP/IP 协议操作站地址的系统约定

类　别	地址范围		备　注
	网络码	主机码	
操作站地址	128.128.1	129～160	每个操作站包括两块互为冗余的网卡。两块网卡享用同一 IP 地址，但应设置不同的网络码。IP 地址统一编排，不可重复
	128.128.2	129～160	

类型：操作站类型分为工程师站、数据站和操作站三种，可在下拉组合框中选择。

② 编译。组态编译是对系统组态信息、流程图、SCX 自定义语言及报表信息等一系列组态信息文件的编译。编译包括快速编译和全体编译两种，快速编译只编译改动的部分，全体编译编译组态的所有数据。编译的情况（如编译过程中发现有错误信息）显示在右下方操作区中。

用户定义的组态文件必须经过系统编译，才能下载给控制站执行，以及传送到操作站监控。编译是通过"总体信息"菜单中的"编译"命令进行的，且只可在控制站与操作站都组态以后进行，否则"编译"操作不可选。编译之前 SCKey 会自动将组态内容保存。

编译过程中显示的错误信息及解决方法参考相关资料。

③ 备份数据。编译成功后选择"总体信息"菜单中的"备份数据"选项，弹出"组态备份"对话框，如图 9.10 所示。可单击"备份到…"这一项后面的 [?] 按钮，从浏览文件夹对话框中选择备份的路径，从"需要备份的文件"列表框中选择要备份的文件，单击"备份"按钮后，所选文件将被复制备份到指定目录下。注意，备份数据之前需编译成功，否则会弹出一个警告框，提示"编译错误，请在编译正确后再试！"。

④ 组态下载。组态下载用于将上位机中的组态内容编译后下载到控制站。单击"总体信息"菜单中的"组态下载"选项，将打开组态下载对话框，如图 9.11 所示。组态下载有"下载所有组态信息"和"下载部分组态信息"两种方式。如果用户对系统非常了解或有某一明确的目的，则可采用"下载部分组态信息"，否则请采用"下载所有组态信息"。

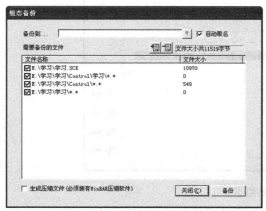
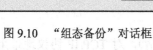

图 9.10　"组态备份"对话框

图 9.11　组态下载对话框

在修改与控制站有关的组态信息（主控制卡配置，I/O 卡件设置，信号点组态，常规控制方案组态，SCX 语言组态等）后，需要重新下载组态信息；如果修改操作主机的组态信息（标准画面组态、流程图组态、报表组态等），则不需要下载组态信息。

信息显示区中"本站"一栏显示正要下载的文件信息，其中包括文件名、编译日期及时间、文件大小、特征字。"控制站"一栏则显示当前控制站中的.SCC文件信息，由工程师来决定是否用本站内容去覆盖原控制站中的内容。下载执行后，本站的内容将覆盖控制站原有内容，此时，"本站"一栏中显示的文件信息与"控制站"一栏显示的文件信息相同。

特征字是随机产生的，操作站的组态被更改后，其特征字也随之改变，从而与控制站上的特征字不相符合。

当组态下载出现阻碍时，会弹出一个警告框，提示"通信超时，检查通信线路连接是否正常，控制站地址设置是否正确"。

⑤ 组态传送。组态传送用于将编译后的.SCO操作信息文件、.IDX编译索引文件、.SCC控制信息文件等通过网络传送给操作站。组态传送前必须在操作站安装FTP Serve（文件传输协议服务器），设置传送路径，这些会在安装时自动完成。选择"总体信息"菜单中的"组态传送"命令，打开"组态传送"对话框，如图9.12所示。

根据一般组态传送情况，此对话框中"直接重启动"复选框默认选中，表示在远程运行的AdvanTrol监控软件将重载组态文件，该组态文件就是传送过去的文件；由"启动操作小组选择"项选择的操作小组直接运行。若未选择此复选框，则AdvanTrol重载组态文件后，弹出对话框要求操作人员选择操作小组。

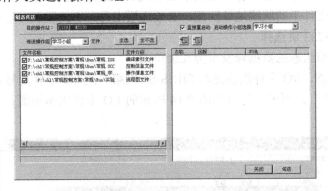

图9.12 "组态传送"对话框

信息显示区中，"远程"为将被传送文件传送给目的操作站。"本地"为本地工程师站上的文件信息，由工程师决定是否用本地内容去覆盖原目的操作站中的内容。在"目的操作站"下拉组合框中选择要接受传送文件的操作站，单击"传送"按钮，按设置情况进行组态信息传送。当传送成功，AdvanTrol软件接收到向操作站发送的消息后，将其复制到执行目录下便可运行。

组态传送功能一方面快速将组态信息传送给各操作站，另一方面可以检查各操作站与控制站中组态信息是否一致。

（3）控制站组态。控制站组态是指对系统硬件和控制方案的组态，主要包括系统I/O组态，自定义变量，常规控制方案组态，自定义控制方案组态和折线表定义等五个部分。

① 系统I/O组态。系统I/O组态是分层进行的。

a.数据转发卡组态。对某一控制站内部的数据转发卡的冗余情况，卡件在SBUS-S2网络上的地址进行组态。

单击"控制站"菜单中的"I/O组态"项后，"I/O输入"窗口被打开，在其中选择"数据转发卡"选项卡后将看到如图9.13所示的组态窗口。

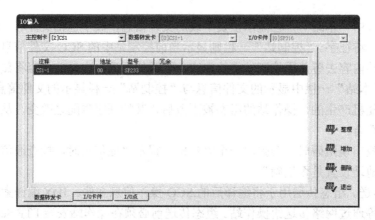

图 9.13　数据转发卡组态窗口

主控制卡：此项下拉列表列出登录的所有主控制卡，可选择当前主控制卡。数据转发卡窗口中列出的数据转发卡都将挂接在该主控制卡上。一块主控制卡最多可组 16 块数据转发卡。

注释：写入当前组态数据转发卡的文字说明。

地址：定义当前数据转发卡在主控制卡上的地址，最好设置为 0～15 内的偶数。注意地址应与数据转发卡硬件上的跳线地址匹配，必须递增上升，不能跳跃，不可重复。

型号：只有 SP233 供选择。

冗余：设置当前组态的数据转发卡为冗余单元。

b. I/O 卡件组态。I/O 卡件组态是对 SBUS-S1 网络上的 I/O 卡件型号及地址进行组态。

单击"I/O 卡件"选项卡，打开如图 9.14 所示的 I/O 卡件组态画面。一块数据转发卡下可组 16 块 I/O 卡件。

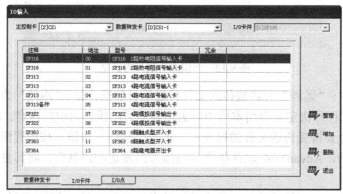

图 9.14　I/O 卡件组态画面

注释：写入对当前 I/O 卡件的文字说明。

地址：定义当前 I/O 卡件在数据转发卡上的地址，应设置为 0～15。注意地址应与它在控制站机笼中的排列编号匹配，且不可重复。

型号：下拉列表框中可选定当前组态 I/O 卡件的类型。SUPCON DCS 系统提供多种卡件供选择。

冗余：设置当前组态的 I/O 卡件为冗余单元。

c. I/O 点组态。I/O 点组态窗口如图 9.15 所示。

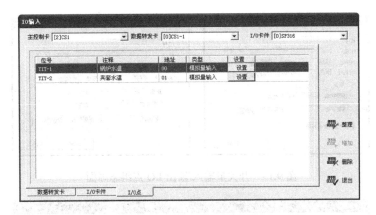

图 9.15　I/O 点组态画面

位号：定义当前 I/O 点在系统中的位号。每个 I/O 点在系统中的位号应是唯一的，不能重复，位号只能以字母开头，不能使用汉字，且字长不得超过 10 个英文字符。

注释：写入对当前 I/O 点的文字说明，字长不得超过 20 个字符。

地址：定义指定 I/O 点在当前 I/O 卡件上的编号。I/O 点的编号应与信号接入 I/O 卡件的接口编号匹配，不可重复使用。

类型：显示当前 I/O 点信号的输入/输出类型，包括模拟信号输入 AI、模拟信号输出 AO、开关信号输入 DI、开关信号输出 DO、脉冲信号输入 PI、位置输入信号 PAT、顺序事件输入 SOE 输入七种类型。

设置：单击"设置"按钮，系统将根据该 I/O 点所设的信号类型，进入与之匹配的 I/O 点参数设置组态窗口。

d. I/O 点参数设置组态。单击图 9.15 所示窗口中的"设置"按钮，组态软件根据 I/O 点的类型分别进行不同的组态，共分为六种不同的组态窗口，如图 9.16～图 9.20 所示。

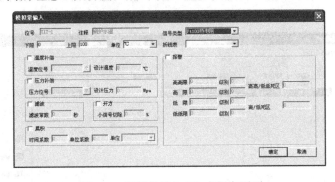

图 9.16　模拟量输入 I/O 点组态画面

图 9.17　模拟量输出 I/O 点组态画面

图 9.18　PAT 卡件组态画面

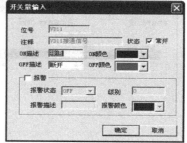

图 9.19　开关量输入/输出 I/O 点组态画面

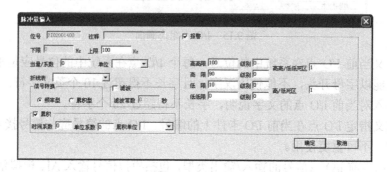

图 9.20　脉冲量输入 I/O 点组态画面

② 自定义变量。自定义变量的作用是在上、下位机之间建立交流的途径。上、下位机均可读可写。上位机写，下位机读时，是上位机向下位机传送信息，表明操作人员的操作意图；下位机写，上位机读时，是下位机向上位机传送信息，一般是需要显示的中间值或需要二次计算的值。

单击"控制站"菜单中的"自定义变量"菜单项，进入如图 9.21 所示的"自定义声明"组态窗口。

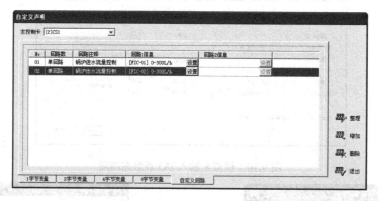

图 9.21　"自定义声明"组态窗口

a. 自定义回路组态。每个控制站可支持 64 个自定义回路。

No：写入当前自定义回路的回路号。编写 SCX 语言时，该序号与 bsc 和 csc 的序号对应（bsc 和 csc 是 SCX 语言中的单回路控制模块和串级控制模块的名称）。

回路数：此栏可选单回路或双回路。选择单回路时只可填写回路 1 的信息；选双回路时，回路 1（内环）和回路 2（外环）的信息都必须填写。

回路注释：填入对当前设置回路的描述。

回路 1 信息：单击该回路的"设置"按钮，会自动弹出"自定义回路输入"对话框，如图 9.22 所示。

回路 2 信息：单击"设置"按钮对回路 2 进行设置，设置方法同回路 1。

b. 1 字节变量定义。SUPCON DCS 系统在处理操作站和控制站内部数据的交换中，在控制站主机的内存中开辟了一个数据交换区，通过对该数据区的内存编址，实现了操作站与控制站的内部数据交换。用户在定义控制算法中如果需要引用这样的内部变量，就需要为这些变量进行定义。每个控制站支持 4 096 个 1 字节自定义变量。

选择"控制站"菜单中的"自定义变量"选项，选择"1 字节变量"选项卡，如图 9.23 所示。

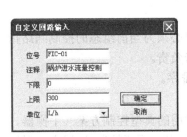

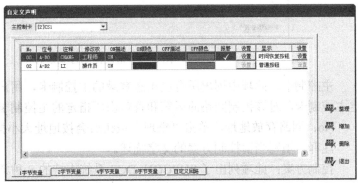

图 9.22　"自定义回路输入"对话框　　　图 9.23　自定义 1 字节变量组态画面

No：自定义 1 字节变量存放地址。当某一地址中不需存放变量时，此地址依然存在。例如图 9.23 中 No 栏不填 1 号地址，表示 1 号地址中不存放变量，且 1 号地址依然存在。

位号：写入对当前自定义 1 字节变量的定义位号。

注释：写入对当前自定义 1 字节变量的文字描述。

修改权：此栏下拉列表框中提供当前自定义 1 字节变量的修改权限，有观察、操作员、工程师、特权 4 级权限保护。观察权限时该变量处于不可修改状态；操作员权限表示可供操作员、工程师、特权级别用户修改；工程师权限表示可供工程师、特权级别用户修改；特权时仅供特权级别用户修改。

ON/OFF 描述、ON/OFF 颜色：对开/关量信号状态进行描述和颜色定义。

报警：信号需要报警时选中报警项，此栏以"√"显示。

设置：当报警被选中时，单击"设置"按钮将打开"开关量报警设置"对话框，对报警状态、报警描述、报警颜色、报警级别进行设置。其中"报警级别"选项为此 1 字节自定义变量报警设置报警级别（0～90）。

显示：下拉列表框中提供 3 种显示按钮，即时间恢复按钮、位号恢复按钮和普通按钮。

设置：设置恢复时间和恢复位号。

此外，2 字节、4 字节和 8 字节变量定义也都与上面的操作相似，每个控制站分别支持 2 048 个用户自定义 2 字节变量、512 个自定义 4 字节变量和 256 个自定义 8 字节变量。

③ 系统控制方案组态。完成系统 I/O 组态后，就可以进行系统的控制方案组态了。控制方案组态分为常规控制方案组态和自定义控制方案组态。

a. 常规控制方案组态。单击"控制站"中的"常规控制方案"菜单项，启动系统常规控制方案组态窗口，如图9.24所示。每个控制站支持64个常规回路。

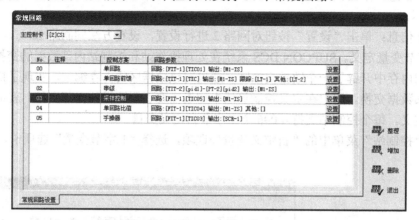

图9.24 常规控制方案组态窗口

主控制卡：此项中列出所有已组态登录的主控制卡，用户必须为当前组态的控制回路指定主控制卡，对该控制回路的运算和管理由所指定的主控制卡负责。

No：回路存放地址，单击"整理"按钮后会按地址大小排序。

注释：填写当前控制方案的文字描述。

控制方案：此项列出了SUPCON DCS系统支持的8种常用的典型控制方案（手操器、单回路、串级、单回路前馈、串级前馈、单回路比值、串级变比值、采样控制），用户可根据需要选择适当的控制方案。

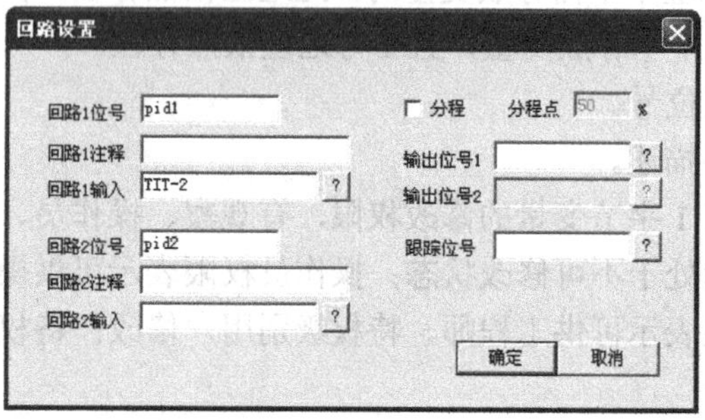

回路参数：用于确定控制方案的输出方法。单击"设置"按钮，弹出如图9.25所示的"回路设置"对话框，进行回路参数的设置。

回路1/回路2功能组，用以对控制方案的各回路进行组态（回路1为内环，回路2为外环）。回路位号项填入该回路的位号；回路注释项填入该回路的说明描述；回路输入项填入相应输入信号的位号，常规回路输入位号只允许选择AI模入量。位号也可通过 ? 按钮查询选定。SUPCON DCS系统支持的控制方案中，最多包含两个回路；如果控制方案中仅一个回路，则只需填写回路1功能组。

图9.25 "回路设置"对话框

当控制输出需要分程输出时，选择"分程"选项，并在"分程点"输入框中填入适当的百分数（40%时填写40）。如果分程输出，"输出位号1"填写回路输出分程点时的输出位号，"输出位号2"填写回路输出。如果不加分程控制，则只需填写"输出位号1"项，常规控制回路输出位号只允许选择AO模出量，位号可通过旁边的 ? 按钮进行查询。

跟踪位号：当该回路外接硬手操器时，为了实现从外部硬手动到自动的无扰动切换，必须将硬手动阀位输出值作为计算机控制的输入值，跟踪位号就用来记录此硬手动阀位值。

其他位号：当控制方案选择前馈类型或比值类型时，其他位号项变为可写。当控制方案为前馈类型时，在此项填入前馈信号的位号；当控制方案为比值类型时，在此填入传给比值器信号的位号。

对一般要求的常规控制，系统提供的控制方案基本都能满足要求，控制方案易于组态，操作方便，运行可靠，稳定性好。因此，对于无特殊要求的常规控制，采用系统提供的控制方案，用户不必自定义。

b. 用户自定义控制方案组态。常规控制回路的输入和输出只允许选择 AI 和 AO，对一些有特殊要求的控制，用户必须根据实际需要自己定义控制方案。用户自定义控制方案可通过 SCX 语言编程和图形编程两种方式实现。

单击"控制站"中的"自定义控制方案"菜单项，进入"自定义控制算法设置"窗口，如图 9.26 所示。

主控制卡：此项中指定当前是对哪一个控制站进行自定义组态，一个控制站（即主控制卡）对应一个代码文件，列表中包括所有已组态的主控制卡以供选择。

SCX 语言编程：此框中选定与当前控制站相对应的 SCX 语言源代码文件，源代码存放在一个以".SCL"为扩展名的文件中。旁边的 ? 按钮提供文件查询功能。选择一个"SCX 语言源代码"文件后，单击"编辑"按钮，将打开此文件进行编辑修改。

图形编程：此框中选定与当前控制站相对应的图形编程文件，图形文件以".PRJ"为扩展名。旁边的 ? 按钮提供文件查询功能。选定一个"图形编程"文件后，单击"编辑"按钮，将打开此文件进行编辑修改。

④ 折线表定义。用折线近似地将信号曲线分段线性化以达到对非线性信号的线性化处理。单击"控制站"菜单中的"折线表定义"选项，打开"折线表输入"窗口，如图 9.27 所示。在折线表定义窗口中最多可定义 64 张自定义折线表。

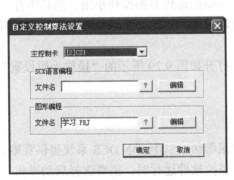

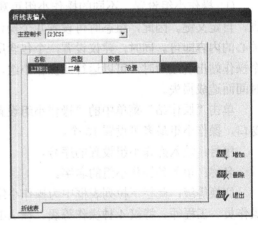

图 9.26　"自定义控制算法设置"窗口　　　　图 9.27　"折线表输入"窗口

名称：折线表的名称。系统自动提供的折线表名为"LINE＋数字"。

类型：折线表类型分为一维折线表和二维折线表两种，如图 9.28 所示。

数据：单击"设置"按钮设置。一维折线表是把折线在 X 轴上均匀分成 16 段，将 X 轴上 17 点所对应的 Y 轴坐标值依次填入，对 X 轴上各点则做归一化处理。二维折线表则把非线性处理折线不均匀地分成 10 段，系统把原始信号 X 通过线性插值转换为 Y，将折点的 X 轴、Y 轴坐标依次填入表格中。所取的 X、Y 值均应在 0 和 1 之间。

自定义折线表是全局的，一个主控制卡管理下的两个模拟信号可以使用同一个折线表进行非线性处理，一个主控制卡能管理 64 个自定义折线表。

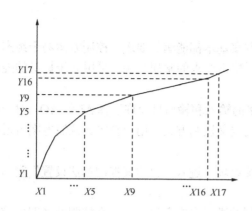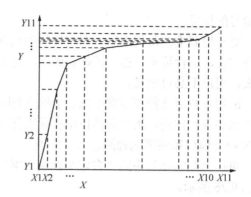

图 9.28　一维折线表和二维折线表

综上所述，对 SUPCON DCS 系统的控制组态过程可归纳为以下四个步骤。

➢ 进行系统单元登录，以确定系统的控制站（即主控制卡）和操作站的数目。

➢ 进行系统 I/O 组态，分层、逐级、自上而下依次对每个控制站硬件结构进行组态。

➢ 进行自定义变量组态和折线表组态。

➢ 进行系统的控制方案组态。控制方案组态又可分为常规控制方案组态和自定义控制方案（SCX 语言和 SCControl 图形编程）组态。

完成了系统控制站的组态，即可开始面向操作站的组态。

（4）操作站组态。操作站组态时应当注意，必须首先进行系统的单元登录和系统控制站组态。只有在这些信息已经存在的前提下，系统操作站的组态才有意义。

① 操作小组设置。不同的操作小组可观察、设置、修改不同的标准画面、流程图、报表、自定义键。因此，组态时可设置几个操作小组，在各操作站组态画面中只设定该操作站关心的内容即可。同时，建议设置一个包含所有操作小组组态内容的操作小组。当其中有一个操作站出现故障时，可以运行此操作小组，查看出现故障的操作小组运行内容，以免耽搁时间而造成损失。

单击"操作站"菜单中的"操作小组设置"项，打开如图 9.29 所示的"操作小组设置"窗口，操作小组最多可设置 16 个。

序号：填入操作小组设置的序号。

名称：填入各操作小组的名字。

切换等级：此栏下拉列表框中为操作小组选择登录等级，SUPCON DCS 系统提供观察、操作员、工程师、特权 4 种操作等级。在 AdvanTrol 监控软件运行时，需要选择启动操作小组名称，可以根据登录等级的不同进行选择。"切换等级"为"观察"时，只可观察各监控画面，而不能进行任何修改；"切换等级"为"操作员"时，可修改修改权限设为操作员的自定义变量、回路、回路给定值、手自动切换、手动时的阀位值、自动时的 MV 值；"切换等级"为"工程师"时，还可修改控制器的 PID 参数、前馈参数；"切换等级"为"特权"时，可删除前面所有等级的口令，其他与工程师等级权限相同。

报警级别范围：为了操作站中操作方便，在报警级别一栏中对每个操作小组都定义了需要查看的报警级别，这样在报警一览画面中只可看到该级别值的报警，并且监控软件只对该级别的报警做出反应。

② 系统标准画面组态。系统标准画面组态指对系统已定义格式的标准操作画面进行组

态，包括总貌画面、趋势曲线、分组画面、一览画面 4 种操作画面的组态。

a. 总貌画面组态。单击"操作站"菜单中的"总貌画面"选项，进入如图 9.30 所示的"总貌画面设置"窗口。

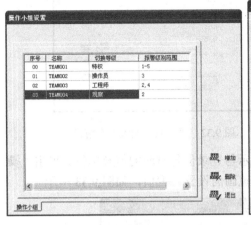

图 9.29　"操作小组设置"窗口　　　　图 9.30　"总貌画面设置"窗口

操作小组：指定总貌画面的当前页在哪个操作小组中显示。

页码：此项选定对哪一页总貌画面进行组态。

页标题：此项显示指定页的页标题，即对该页内容的说明。

显示块：每页总貌画面包含 8 行 4 列共 32 个显示块。每个显示块包含描述和内容，上行写说明注释，下行填入引用位号，旁边的 ? 按钮提供位号查询服务。

总貌画面组态窗口右边的列表框中显示已组态的总貌画面页码和页标题，用户可在其中选择一页进行修改等操作，也可使用 Pageup 和 Pagedown 键进行翻页。

b. 趋势画面组态。系统的趋势曲线画面可以显示登录数据的历史趋势。单击"操作站"菜单中的"趋势画面"选项，进入如图 9.31 所示的系统"趋势画面设置"窗口。

操作小组/页码/页标题：意义同总貌画面中的定义。

记录周期：指定当前页中所有趋势曲线共同的记录周期。指定趋势画面中的趋势曲线必须有相同的记录周期，记录周期必须为整数秒，取值范围为 1～3 600。

记录点数：此项指定当前页中所有趋势曲线共同的记录点数。指定趋势画面中的趋势曲线必须有相同的记录点数，取值范围为 1 920～2 592 000。

趋势曲线组：每页趋势画面至多包含 8 条趋势曲线，每条曲线通过位号来引用，旁边的 ? 按钮提供位号查询的功能。

注意趋势曲线不包括模出量、自定义 4 字节变量和自定义 8 字节变量。

c. 分组画面组态。系统的分组画面可以实时显示登录仪表的当前状态。单击"操作站"菜单中的"分组画面"选项，进入系统"分组画面设置"窗口，如图 9.32 所示。

操作小组/页码：意义同总貌画面的定义。

页标题：此项显示指定页的页标题，即对该页内容的说明。标题可使用汉字，字符数不超过 20 个。

仪表组：每页仪表分组画面至多包含八个仪表，每个仪表通过位号来引用，旁边的 ? 按钮提供位号查询的功能。

图 9.31　"趋势画面设置"窗口

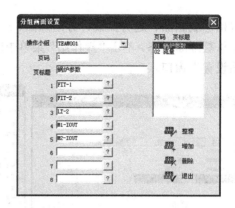

图 9.32　"分组画面设置"窗口

d. 一览画面组态。系统的一览画面可以实时显示与登录位号对应的值及单位。单击"操作站"菜单中的"一览画面"选项，进入系统"一览画面设置"窗口，如图 9.33 所示。

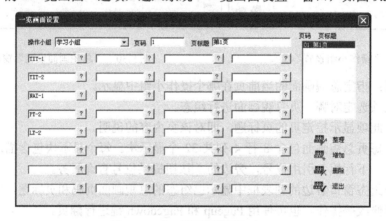

图 9.33　"一览画面设置"窗口

操作小组/页码/页标题：意义同总貌画面中的定义。

显示块：每页一览画面包含 8 行 4 列共 32 个显示块。每个显示块中填入引用位号，在实时监控中，通过引用位号引入对应参数的测量值。

e. 流程图登录。单击"操作站"菜单中的"流程图"菜单项，进行系统流程图登录，如图 9.34 所示。

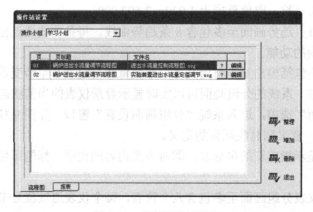

图 9.34　流程图登录画面

操作小组：指定当前页的流程图画面在哪个操作小组中显示。

页码：选定对哪一页流程图进行组态，每一页包含一个流程图文件。

页标题：显示指定页的标题，即对该页内容的说明。标题可使用汉字，字符数不超过 20 个。

文件名：此项选定欲登录的流程图文件。流程图文件必须以".SCG"为扩展名，每个文件包含一幅流程图。流程图文件名可通过后面的 ? 按钮选择。单击"编辑"按钮，将启动流程图制作软件，对当前选定的流程图文件进行编辑组态。

选中某个流程图文件，单击"删除"按钮并确认，表示在组态文件中取消该流程图文件的登录，但流程图文件本身仍然存在。

f. 报表登录。单击"操作站"菜单中的"报表"项，进入报表登录画面，如图 9.35 所示。

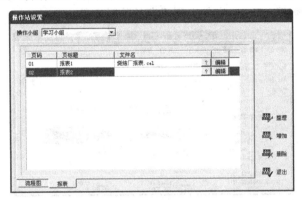

图 9.35　报表登录画面

其中各项用法与系统流程图登录定义基本一致。报表文件必须以".CEL"为扩展名，单击"编辑"按钮可启动报表制作软件，进行报表编辑。

此外还要进行系统自定义键和系统语言报警组态。

操作站组态直接关系到操作人员的操作界面，一个组织有序、分类明确的操作站组态能使控制操作变得更加方便、容易；而一个杂乱的、次序不明的操作站组态则不仅不能很好地协助操作人员完成操作，反而会影响操作的顺利进行，甚至导致误操作。因此，对系统的操作组态一定要做到认真、细致、周到。

3．实训任务及要求

① 熟悉 SCKey 组态软件的主画面及各菜单的功能。

② 掌握主控制卡组态和操作站组态的方法和步骤。

③ 掌握控制站 I/O 组态步骤（包括数据转发卡、I/O 卡件、I/O 点、I/O 点参数设置组态）。

④ 掌握常规控制方案的组态方法和步骤。

⑤ 掌握操作站的组态方法和步骤。

4．实训设备和器材

JX-300X 集散控制系统实训装置。

5．实训步骤

（1）进入组态环境的主画面。单击桌面上的 SCKey 组态软件图标，进入组态环境的主画面。若桌面上找不到组态软件的快捷方式，则打开资源管理器后，在 C 盘根目录下的 AdvanTrol 软件包文件夹中寻找 SCKey 组态软件图标并双击。

（2）保存组态软件。

① 第一次组态时，会出现"请首先为新的组态文件指定存放位置"的提示窗口，这时单击"确定"按钮为组态软件确定保存位置、保存路径和文件名。

② 单击"保存"按钮后，会看到在保存位置处会同时出现一个文件夹和一个文件，如图 9.36 所示。该文件夹中又自动生成七个文件夹，用于存放组态信息。Control 文件夹用于存放图形编程信息；Flow 文件夹用于存放流程图文件；Lang 文件夹用于存放语言编程文件；Report 文件夹用于存放报表文件；Run 文件夹用于存放运行数据信息；Run 中的 Report 文件夹用于存放报表运行数据；Temp 文件夹用于存放临时文件。

图 9.36　新组态文件说明

（3）启动组态软件。双击新生成的组态文件图标 后，启动组态软件进入组态窗口。组态时，请注意不要混淆一些文件的后缀，如表 9.9 所示。

表 9.9　SCKey 组态软件文件扩展名及说明

文件扩展名	文 件 说 明	备　注
.SCK	未编译的组态信息文件	
.SCC	组态编译产生的控制站使用的组态信息文件	AdvanTrol，SCKey 软件使用
.SCO	组态编译产生的操作站使用的组态信息文件	
.BAK	sck 文件的备份文件	
—TMP.TAG	位号文件（临时）	
.IDX	索引文件	AdvanTrol 软件使用
.SDS	语音报警组态文件	

（4）组态练习。按照主机设置、控制站组态、常规控制方案组态、操作站组态的顺序进行组态练习。

① 主机设置。在组态软件 SCKey 主画面中，选中"总体信息"菜单中的"主机设置"选项后单击，打开主机设置窗口，根据表 9.2～表 9.6 进行组态。

a. 选择"主控制卡"选项卡，进行设置。

b. 选择"操作站"选项卡，进入操作站主机的组态窗口进行设置。

② 控制站组态。在组态软件 SCKey 主画面中，单击"控制站"菜单中的"I/O 组态"命

令后，根据表 9.2～表 9.6 依次进行下列几个步骤。

a. 数据转发卡组态（一块主控制卡下最多组 16 块数据转发卡）。

b. I/O 卡件登录（一块数据转发卡下最多组 16 块 I/O 卡件）。

c. I/O 点组态包括位号、注释、地址、类型、设置。认真将每个 I/O 点的信息按顺序依次进行填写。

d. I/O 点参数设置组态包括模拟量输入信号点设置组态、模拟量输出信号点设置组态、开关量输入信号点设置组态、开关量输出信号点设置组态、脉冲量输入信号点设置组态和 PAT 信号点组态。

③ 常规控制方案组态。在组态软件 SCKey 主画面中，单击"控制站"菜单中的"常规控制方案组态"命令后，根据表 9.10 组态，也可以试着使用图形编程或 SCX 语言进行控制方案组态练习。

④ 操作站组态。操作站组态包括操作小组设置，系统标准画面组态，流程图登录和绘制。

a. 操作小组设置。在组态软件 SCKey 主画面中，单击"操作站"菜单中的"操作小组设置"选项后，依次填写序号、名称、切换等级（观察、操作员、工程师、特权）、报警级别范围。

b. 系统标准画面组态。在组态软件 SCKey 主画面中，单击"操作站"主菜单中相应画面的命令，依次对总貌画面、趋势画面、分组画面、一览画面进行组态。

c. 流程图登录和绘制。在绘制流程图之前，建议先进行流程图登录。在组态软件 SCKey 主画面中，单击"操作站"主菜单中的"流程图"命令，在打开的窗口中，为流程图输入文件名后，单击"编辑"按钮就可以绘制流程图了。流程图动态参数的组态是在流程图绘制完毕之后进行的。

若在流程图登录之前已经绘制了流程图，并将其保存在某个文件中，则单击 ? 按钮，即可选择已有的流程图进行登录。

（5）编译、备份、下载和传送。上述步骤（包括绘制流程图，制作报表等）全部进行完毕之后，单击"总体信息"菜单中的"全体编译"命令，如果组态完全正确，会在窗口的下方提示：编译正确！这时就可以进行组态备份、下载和传送了。

初次组态练习中，可能会发生一些错误，编译后在窗口的下方会详细列出错误信息，对每一条错误提示信息，都要认真检查纠错，直至编译全部正确。

6. 注意事项

① 组态是一件非常烦琐、工作任务量大的工作，这就要求组态工程师必须有严谨的科学态度，聚精会神，仔细认真，不得有半点马虎，否则编译后将会产生许多错误信息，反而需要花费大量的时间去查错、纠错，结果导致事倍功半。

② 组态时，请严格按照顺序有条不紊地进行。

③ 待全部组态进行完毕之后，才能进行编译、备份、下载及传送。

④ 本实训项目建议在 6～10 学时内完成。

7. 思考题

① 组态时，为什么要求按照先控制站、后操作站的顺序进行？

② 总结基本组态软件 SCKey 的组态流程。

9.1.4 流程图绘制

1. 实训目的

本实训的目的是使学生熟练掌握流程图制作软件 SCDraw 的使用方法和操作步骤，并培养和提高学生的观察能力和审美水平。

2. 实训预备知识

绘制流程图应掌握绘制工具、样式工具、图库的制作与使用等知识。

（1）绘制工具的使用。绘制流程图时应学会使用绘制工具，绘制工具栏如图 9.37 所示。它包括静态绘制工具和动态绘制工具。

图 9.37　绘制工具栏

静态绘制工具有直线、弧线、各种矩形、圆、多边形等各种工业装置的基本组成单元和字符输入，包括选取工具 ▶、直线绘制工具 ＼、矩形绘制工具 ▢、圆角矩形绘制工具 ▢、椭圆绘制工具 ○、多边形绘制工具 ℥、饼状图绘制工具 ◁、弧形图绘制工具 ／、弧线绘制工具 ⌒ 和文字写入工具 Ａ。

按 Esc 键直接选择其他功能或单击鼠标右键，退出文字写入功能操作。

在已写入的文字上双击鼠标右键可修改文字；选中文字后，选择 "文字"菜单中的"选择字体"命令，可改变文字的字体和大小；选中文字后，用光标箭头点住文字拖动鼠标即可移动文字。

动态绘制工具包括动态数据、动态棒状图、动态开关、命令按钮的添加和绘制工具。

① 动态数据添加工具 ▦。设置动态数据的目的，一方面是在流程图上可以动态显示数据的变化；另一方面是操作人员可以通过单击流程图画面中的动态数据，调出相应数据的弹出式仪表，进行实时监控。

单击 ▦ 按钮，光标至作图区后呈十字形状。在需要加入动态数据的位置（与矩形操作一致）加入该动态数据。动态数据的设定步骤如下。

a. 双击该动态数据框，弹出"动态数据设定"窗口，如图 9.38 所示。

b. 在"数据位号"处填入相应的位号。如果不清楚具体位号，可以单击位号查询按钮 ？进入"控制位号"窗口，如图 9.39 所示，用鼠标左键选定所需位号，再单击"确定"按钮返回。

c. 用户在"整数/小数"框中根据需要填入相应数字，该功能用于分别指定实时操作时动态数据显示的整数和小数的有效位数。

d. 当该数据比较重要时，选中"报警闪动效果"功能（√表示该功能有效），以使报警时操作员及时注意。用户可以单击 ▦ 按钮，打开如图 9.40 所示的"颜色"对话框，在图中根据实际情况及习惯来选择报警颜色。

e. 选取"边框样式"用于改变该动态数据的外观。

f. 单击"文字"主菜单中的"选择字体"命令，可对动态数据的字体进行设定。

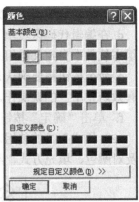

图 9.38　"动态数据设定"窗口　　图 9.39　"控制位号"窗口　　图 9.40　报警颜色选择窗口

② 动态棒状图添加工具 ▮ 。动态棒状图可以直观地显示实时数据的变化，如液位的动态变化。单击 ▮ 按钮，将光标移至作图位置，移动十字光标画出合适的棒状图，即完成棒状图绘制。动态棒状图的设定步骤如下。

a. 双击动态棒状图框，进入"动态液位设定"对话框，如图 9.41 所示。

b. 依次设定数据位号、报警颜色、报警闪动效果。

c. 根据实际情况及具体要求分别选择相应的显示方式、放置方式、方向及该动态液位的边框样式。

③ 动态开关绘制工具 ▮ 。动态开关主要用于动态开关量设定，在流程图上动态显示开关的状态，设定窗口如图 9.42 所示。

④ 命令按钮绘制工具 ▢ 。用户使用命令按钮工具，可以在流程图界面制作自定义键按钮。在实时监控软件的流程图画面中，操作人员可以单击该按钮来实现翻页和赋值等功能，大大简化操作步骤。

命令按钮的绘制方法同矩形的绘制。设定步骤如下。

a. 双击命令按钮图框，进入"命令键设置"窗口，如图 9.43 所示。

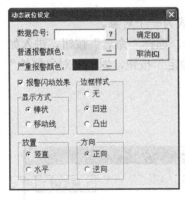

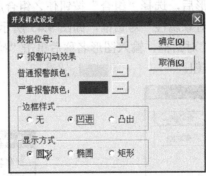

图 9.41　"动态液位设定"对话框　　图 9.42　"开关样式设定"窗口　　图 9.43　"命令键设置"窗口

b. 填写"命令键标签"的名称，选择"靠左"、"居中"或"靠右"，改变按钮标签的位置，单击"字体"按钮可对按钮标签进行字体编辑。

c. 单击位号查找按钮 ? ，进入位号引用对话窗口，在位号引用对话窗口中用鼠标左键选定所需位号，再单击"确定"按钮返回。

　　d. 在编辑代码区域填写命令按钮的自定义语言，其语法类似自定义键，具体操作可见系统组态软件中自定义键组态语言。

　　e. 命令按钮需要确认是指在 AdvanTrol 中，单击命令按钮时会提示是否要执行，这样可以有效防止用户的误操作。

　　f. 单击"确定"按钮完成一个命令按钮的设定。

　　（2）样式工具的使用。使用如图 9.44 所示的样式工具栏，可完成常用标准模板的添加，以及对颜色、填充方式、线型、线宽等的选择。

图 9.44　样式工具栏

　　① 颜色选择█████████，共有 16 种不同颜色的色块。在某一色块上单击鼠标左键，改变当前画线的颜色；在某一色块上单击鼠标右键，改变当前图形填充的颜色。

　　② 当前颜色示意块█，用两个矩形表示当前绘图颜色配置状态。前面矩形的颜色表示当前画线的颜色，后面矩形的颜色表示当前填充的颜色。

　　如果对所提供的 16 种颜色不满意，可用鼠标左键（编辑当前画线颜色）或右键（编辑当前填充颜色）单击当前颜色示意块█，将出现 48 种颜色的颜色对话框供选择；还可以自定义颜色直至满意。

　　③ 填充模式█████，提供 8 种不同填充模式的方块，单击某一方块，即选择该填充方式为当前填充模式，最上边的方块表示透明，不填充。

　　④ 线型、线宽选择───，有 7 种线型、3 种线宽可供选择。单击某线型或线宽，即选择了当前线型或线宽。若线宽不能满足要求，则可单击"自定义"按钮自定义线宽，数值取值范围为 1～8。

　　（3）图库的制作与使用。在流程图绘制中，要用到许多标准图形或相同、近似的图形。为了减少工作量，避免不必要的重复操作，可利用模板功能制作自己的图库。具体操作步骤如下。

　　① 在作图区绘制好图形后，选择"组合"按钮使之组合成为一个对象。

　　② 双击该图形进入"对象属性"对话框，如图 9.45 所示。选择"命名"按钮，进入如图 9.46 所示的"对象命名"对话框，输入图形名称后单击"确定"按钮，返回"对象属性"对话框，并单击"完成"按钮。

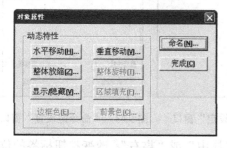

图 9.45　"对象属性"对话框

图 9.46　"对象命名"对话框

　　③ 单击样式工具栏中的 █ 图标，进入如图 9.47 所示的 SUPCON 模板对话窗口。

④ 单击"新建模板类"按钮，将出现"另存为"对话窗口，在空白的文件名中填入一文件名，将所建模板存入该文件内。

⑤ 单击"获取"按钮，即可将作图区中所组合的图形存入模板。模板列表中会列出新建立的模板，在模板栏可以看到其示意图。单击"删除"按钮，可将该图形模板删除。

⑥ 单击"隐藏"按钮，即可关闭 SUPCON 模板对话窗口。

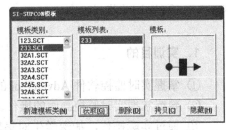

图 9.47　SUPCON 模板对话窗口

在绘制流程图时，经常需要直接调用图库中现成的模板。单击 模板图标，在 SUPCON 模板对话窗口的模板列表中选择所需图形，单击"拷贝"按钮，即可将图形模板拷入绘图区。用户可以根据需要改变图形模板大小并移动位置。单击"隐藏"按钮即可关闭 SUPCON 模板对话窗口。

3. 实训任务及要求

① 熟悉被控对象的工艺管线，现场安装的各种变送器、执行器等设备。

② 熟练掌握 SCDraw 软件绘制流程图的方法，结合实际被控对象和确定的控制方案，绘制相应的工艺流程图。

③ 能熟练地对流程图中的各类动态参数进行组态。

4. 实训设备和器材

JX-300X 集散控制系统实训装置。

5. 实训步骤

① 启动流程图制作软件。建议先进行流程图登录，然后单击"编辑"按钮，在打开的流程图绘制窗口中，熟悉相关菜单和绘图工具的使用，熟练掌握图库的制作和使用。

② 结合实际被控对象的工艺管线，画出相应的工艺流程图。

③ 动态参数组态时需要先将实时监控的参数列出来，然后依次在流程图中进行设置。有关动态棒状图、开关、按钮等，也同样根据实际需要进行设置。

④ 流程图绘制完毕后，单击"保存"按钮保存，这样可以确保在实时监控中调出流程图进行监控。

6. 注意事项

① 流程图是反映整个工艺过程的总图，也是操作人员对控制过程进行监视的主画面。绘制中力求清晰，简洁，切合实际，画面柔和。在绘制过程中，切忌烦琐、复杂和花哨。

② 本实训项目建议在 6～8 学时内完成。

7. 思考题

为什么要进行流程图登录？不进行流程图登录的后果是什么？实际操作试试，以证实你的想法。

9.1.5 系统实时监控

1. 实训目的

① 掌握实时监控软件 AdvanTrol 的基本使用方法。

② 熟练掌握实时监控画面的操作。

③ 通过实际操作，加深学生对集散控制系统的感性认识和理解，充分体会集散控制的特点，深刻理解集散控制与模拟控制的区别。

2. 实训预备知识

在进行系统实时监控过程中，要反复使用操作工具栏中的按钮，如图 9.48 所示。

图 9.48　实时监控软件操作工具栏

（1）系统 🖲。单击该按钮，用户将在"系统"对话框中获取实时监控软件版本，版权所有者，拥有本版本软件合法使用权的装置，相应的用户名称，组态文件信息等。

（2）口令 🖲。实时监控软件启动并处于观察状态时，不能修改任何控制参数。只有通过单击"口令"按钮登录到一定权限的操作人员才能操作。

实时监控软件提供 32 个其他人员（操作权限可任设）进行操作，操作权限分为观察、操作员、工程师和特权 4 级。

（3）报警确认 🖲。该按钮只在报警一览画面中有效，用于对监控过程中出现的报警情况进行确认，表明操作者对系统运行状况的知晓和认定。出现报警的时间、位号、描述、类型、优先级、确认时间、消除时间等有关报警的信息，会自动记录在报警一览画面中。

（4）消音 🖲。当操作者对监控过程出现的报警情况了解后，可以用"消音"按钮关闭当前的报警声音。AdvanTrol 具有时钟同步和报警确认功能。

（5）快速切换 🖲。用鼠标左键单击该按钮，可在当前画面中的任意一页之间相互切换。用鼠标右键单击该按钮，画面可在控制分组、系统总貌、趋势图、流程图、数据一览表任意一页之间互相切换。

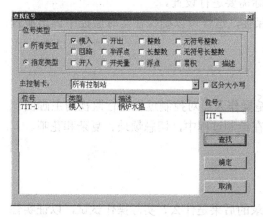

图 9.49　查找位号

（6）查找位号 🔍。单击该按钮可列出所有符合指定属性的位号并可选择其一，或用键盘直接输入位号后可显示该位号的实时信息。对于模入、回路和 SC 语言模拟量位号以调整画面显示，其他位号则以控制分组显示，如图 9.49 所示。

（7）载入组态文件 🖲。如需调用新的组态，无须退出 AdvanTrol，只要单击该按钮，弹出"载入组态文件"对话框，选择正确的组态文件和操作小组，单击"确定"按钮，新的组态文件即被重新载入。

（8）操作记录 🖲。单击该按钮可记录任何对控制站数据作了改变的操作。例如，手/自动切换，给定阀位的变化，下载组态，系统配置更改等。

（9）退出系统 ✖️。在工程师以上权限（包括工程师）时可退出实时监控软件。注意：退出实时监控软件则意味着本操作站将停止采集控制站的实时控制信息，并且不能对控制站进行监控，但对过程控制和其他操作站无影响。在退出实时监控软件时，要求输入当前操作人员的指定密码（即登录时的口令），输入正确密码后即退出实时监控软件。

（10）报警一览画面 ⚒️。报警一览画面是主要监控画面之一，根据组态信息和工艺运行情况动态查找新产生的报警信息，并显示符合显示条件的信息，如图 9.50 所示。

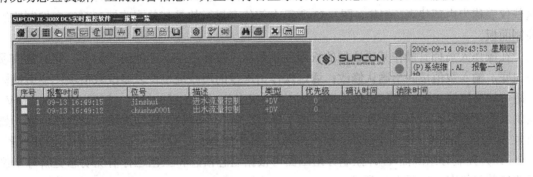

图 9.50　报警一览画面

报警一览画面滚动显示最近产生的 1 000 条报警信息，每条报警信息可显示报警时间、位号、描述、动态数据、类型、优先级、确认时间、消除时间；可以根据需要组合报警信息的显示内容，包括报警时间、描述、动态数据、报警类型、优先级、确认时间、消除时间。在报警信息主画面区内单击鼠标右键，可进一步选择所需或不需选项。

报警信息的颜色也表明报警状态。对于模入、回路的报警信息，用鼠标右键双击报警信息，可显示该位号的调整画面。

（11）系统总貌画面 ▦。系统总貌画面是各个实时监控操作画面的总目录，也是主要监控画面之一，由用户在组态软件中生产，主要用于显示重要的过程信息，或作为索引画面用。它可作为相应画面的操作入口，也可以根据需要设计成特殊菜单页，如图 9.51 所示。

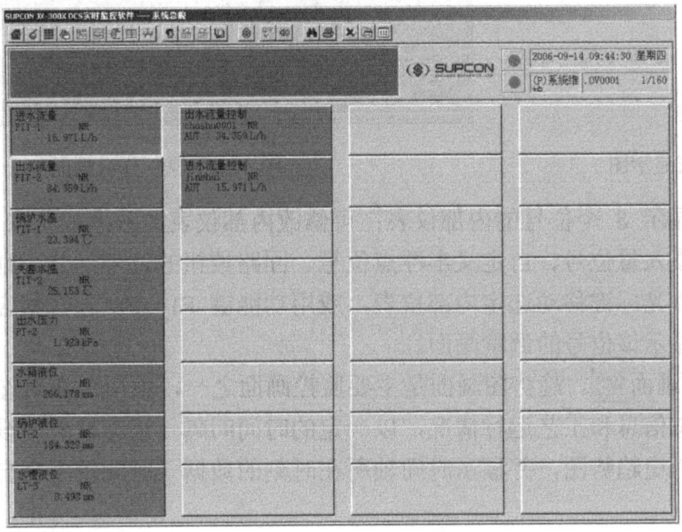

图 9.51　系统总貌画面

每页画面最多显示 32 块信息，操作组态时可将相关操作的信息放在同一显示画面上。每块信息可以为过程信号点（位号）、标准画面（系统总貌、控制分组、趋势图、流程图、数据一览等）或描述。过程信号点（位号）显示相应的信息、实时数据和状态。例如控制回路位号显示描述、位号、反馈值、手/自动状态、报警状态与颜色等。

当信息块显示的信息为模入量位号、自定义半浮点位号、回路及标准画面时，单击信息块可进入相应的画面。

（12）内部仪表。在操作站画面中，许多位号的信息以模仿常规仪表的界面方式显示，这些仪表称为内部仪表。例如，图 9.52 所示内部仪表显示的是某单回路控制系统中控制器的控制面板。

在操作人员拥有操作某项数据的权限及该数据可被修改时，才能修改数据。此时数值项为白底，输入数值按回车确认修改；通过操作员键盘的增减键也可以修改数值项；使用鼠标左键可切换按钮，如回路仪表的手动/自动/串级状态；回路仪表的给定（SV）和输出（MV）及仪表的描述状态以滑动杆方式控制，按下鼠标左键（不释放）拖动滑块至修改的位置（数值），释放鼠标左键，按回车确认。单击内部仪表的"jinshui"处，可切换到相应的调整画面。

（13）控制分组画面 🖐。控制分组画面可根据组态信息和工艺运行情况动态更新每个仪表的参数和状态，如图 9.53 所示。

图 9.52　内部仪表显示图

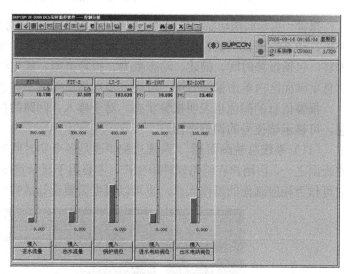

图 9.53　控制分组画面

每页最多可显示 8 个位号的内部仪表；可修改内部仪表的数据或状态（键盘或鼠标）；用鼠标左键单击模入量位号、自定义半浮点位号、回路按钮的位号部分，则进入该位号的调整画面；通过键盘光标键移动选定内部仪表，或用功能键 F1～F8 选择相应的仪表，然后按调整画面键也可显示该位号的调整画面。

（14）趋势图画面 🖼。趋势图画面是主要监控画面之一，由用户在组态画面中产生。趋势图画面根据组态信息和工艺运行情况，以一定的时间间隔（组态软件中设定）记录一个数据点，动态更新历史趋势图，并显示时间轴所在时刻的数据（时间轴不会自动随着曲线的移动而移动）。

每页最多显示 8 个位号的趋势曲线，在组态软件中进行操作组态时确定曲线的分组。

（15）数据一览画面 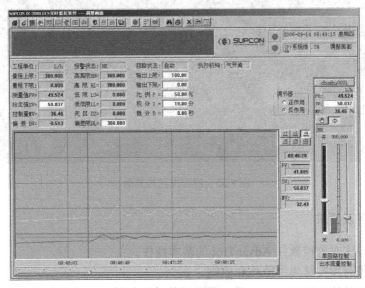。数据一览画面根据组态信息和工艺运行情况，动态更新每个位号的实时数据值。

每页画面最多显示 32 个位号，操作组态时确定数据的显示分组。每个位号显示位号、描述、数据值、单位、报警状态等。双击模入量、自定义半浮点位号、回路数据点可调出相应位号的调整画面。

（16）调整画面 。调整画面是由实时监控软件根据相关组态信息自动产生的监控画面，以数值、趋势图和内部仪表图显示位号信息，如图 9.54 所示。

图 9.54　调整画面

数值方式显示位号的所有信息，并可修改。显示位号的类型包括模入、自定义半浮点量、手操器、自定义回路、单回路、串级回路、前馈控制回路、串级前馈控制回路、比值控制回路、串级变比值控制回路、采样控制回路。

调整画面显示最近 132min 的趋势，显示时间范围（1,2,4,8,16,32min）可改变；用鼠标拖动时间轴可显示某一时刻的曲线数值。

（17）流程图画面 。流程图画面是工艺过程在实时监控画面上的仿真，是主要的监控画面之一。流程图画面根据组态信息和工艺运行情况，在实时监控过程中动态更新各个动态对象（如数据点、图形、趋势图等），因此大部分的过程监视和控制操作都可以在流程图画面上完成。图 9.55 显示了某工艺流程图监控画面。

流程图可显示静态图形和动态参数（动态数据、开关、趋势图、动态液位）。单击动态参数和开关图形，可在流程图画面上弹出该信号点相应的内部仪表。在动态数据上单击鼠标右键，可进行多仪表操作，一张流程图上可同时观察最多 5 个内部仪表的状态。

（18）故障诊断画面 。故障诊断可对控制站的硬件和软件运行情况进行远程诊断，及时、准确地掌握控制站运行状况。

此外还有系统简介、打印、关于软件版本、前页、后页、历史报表、SOE 信息等按钮。需要说明的是，某些功能只有在组态软件中组了相应的卡件（如 SOE 卡）或相应的画面或在工程师以上权限操作时，才会出现在实时监控软件的操作工具栏内。

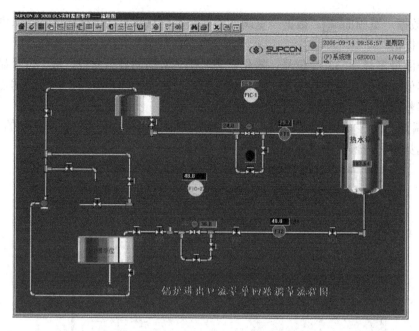

图 9.55　流程图监控画面

3. 实训任务及要求

① 熟练掌握实时监控软件 AdvanTrol 的基本操作。

② 对某过程对象实施集中监视和控制。

③ 通过修改某控制器的 PID 参数，观察系统的运行情况，以获得较为理想的动态特性。

④ 使用不同权限登录，体会不同权限对操作的影响。

4. 实训设备和器材

JX-300X 集散控制系统实训装置。

5. 实训步骤

① 系统按步骤安全上电后，双击桌面上实时监控软件的快捷图标 ，启动实时监控软件。输入或选择登录的文件名，并对登录权限和操作小组进行设置后，单击"确定"按钮，进入实时监控软件的初始画面。

② 在打开的实时监控画面中，找到标题栏、操作工具栏、报警信息栏、综合信息栏及主画面区。单击操作工具栏上的相关按钮，熟悉按钮的功能及主画面区的变化和结构。

③ 打开总貌画面，浏览总貌画面中显示的信息块，选择其中的模入量位号和控制回路，单击信息块进入相应调整画面进行观察。

④ 对回路控制的调整画面，可小范围调整 PID 控制器的 P，T_I，T_D 参数，观察过程曲线的变化情况，以加深对控制器参数的变化对对象动态过程影响的认识和理解。

⑤ 对控制回路进行手动/自动切换，观察执行器的动作情况有哪些变化。

⑥ 打开流程图画面，观察整个工艺的运行情况和其中的动态参数的变化，体会在进行操作组态时，设置动态参数的必要性与重要性。单击某动态参数，观察所弹出的内部仪表的

组成和所显示的信息。

⑦ 打开故障诊断画面，观察目前集散系统的控制站及通信状态是否正常。

⑧ 退出实时监控。

6．注意事项

① 保证系统按步骤安全上电后，方可进行实时监控。

② 不要进行频繁的画面翻页操作（连续翻页时应超过 10s）。

③ 在没有必要的情况下，不要同时运行其他软件（特别是大型软件），以免其他软件占用太多的内存资源。

④ 监控软件运行之前，若系统剩余内存资源不足 50%，则要重新启动计算机后再运行实时监控软件。

⑤ 本实训建议在 4～6 学时内完成。

7．思考题

有人想从操作站了解一下当前生产过程中的几个重要参数，但找了个遍也没有，这是什么原因？对这种情况应该如何处理？

9.2　MACS 组态实训

MACS 组态实训主要以单容水箱液位定值控制系统和水箱液位串级控制系统为例，来介绍 MACS 组态软件的组态方法。MACS 组态主要包括数据库组态、设备组态、算法组态和画面组态。组态完成后与装置连接进行系统统调。

9.2.1　单容水箱液位定值控制系统

1．实训目的

① 熟悉集散控制系统（DCS）的组成（实训装置说明见附录 B）。

② 掌握 MACS 组态软件的使用方法。

③ 培养学生灵活组态的能力。

④ 掌握系统组态与装置调试的技能。

2．实训内容

① 数据库组态。

② 设备组态。

③ 算法组态。

④ 画面组态。

⑤ 系统调试。

3．实训设备和器材

① THSA-1 型生产过程自动化技术综合实训装置。

② 万用表一个，PC/PPI 通信电缆一根。

4. 实训接线图

参照图 9.56 完成线路连接。

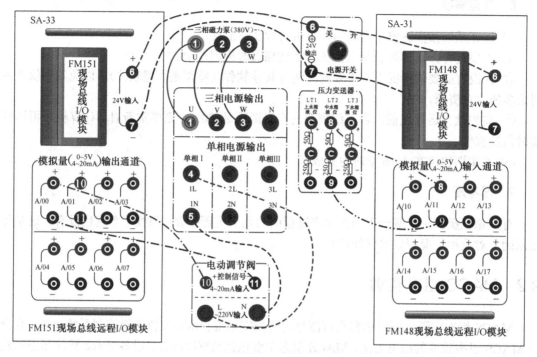

图 9.56 单容水箱液位定值控制系统接线图

5. 实训步骤

（1）工程分析。单容水箱液位定值控制系统需要一个输入测量信号、一个输出控制信号。因此需要一个模拟量输入模块 FM148 和一个模拟量输出模块 FM151，采集上水箱液位信号（LT1）控制电动控制阀的开度。

（2）工程建立。

① 参照图 9.57 和图 9.58，打开数据库组态工具，进入数据库组态界面。

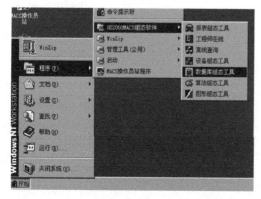

图 9.57 数据库组态工具打开步骤

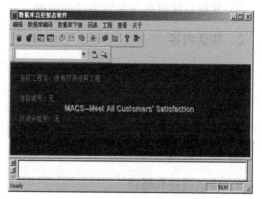

图 9.58 数据库组态界面

② 在数据库总控组态界面工具栏下单击新建工程按钮，弹出如图 9.59 所示的"添加工程"对话框，填入工程名，单击"确定"按钮。工程建立之后可以在 c：\hs2000macs 文件下看到一个以新建的工程名命名的文件夹。

（3）编辑数据库。

① 选择"编辑"→"编辑数据库"命令，弹出对话框，如图 9.60 所示，输入用户名 Bjhc 和密码 3dlcz 后单击"确定"按钮，进入数据库编辑界面。

图 9.59　"添加工程"对话框　　　　　图 9.60　进入数据库编辑界面

② 参照图 9.61（a），选择"系统"→"数据操作"，单击"确定"按钮后弹出窗口。因为单容水箱液位定值控制系统用到两个模块和两个通道，所以需要编辑两个点号。

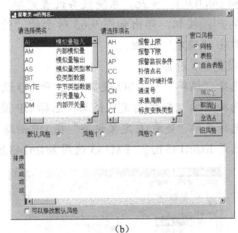

（a）　　　　　　　　　　　　　（b）

图 9.61　数据库编辑

③ 如图 9.61（b）所示，单击数据操作后，选择模拟量输入，在右边选择项名列表框中选择需要设置的项目名称，见表 9.10，单击确定并添加记录。

表 9.10　模拟量输入项

记录号	通道号	采集周期	标度变换类型	设备号	量程下限	量程上限	输出格式	点名	信号范围	站号
1	1	1	标度变换	2	0	200	xxxxxx	lt1	1～5V	10

④ 选择 AO 模拟量输出，参照表 9.11 选择项名，单击确定并添加记录。

表 9.11　模拟量输出项

当前值	通道号	采集周期	标度变换	设备号	量程下限	量程上限	输出格式	点名	站号
0	1	1	4～20mA/1～5V	4	0	100	xxxxxx	O1	10

⑤ 设备号即设备地址，输入通道为 2 （FM148），输出通道为 4 （FM143），单击"更新数据库"按钮即可保存。

⑥ 单击"数据库编译"→"基本编译"，若显示数据库编译成功，则数据库组态完毕。

（4）设备组态。

① 按照"开始→程序→MACS 组态软件→设备组态工具"的顺序打开设备组态工具，定义系统设备和 I/O 设备。

② 设置系统设备。

➢ 选择打开新建的工程。

➢ 选择"编辑"→"系统设备"，打开系统设备组态对话框。

➢ 选中 MACS 设备组态，右击鼠标选择添加节点。

➢ 在"现场控制站、操作员站、服务站"中选择现场控制站。

➢ 选中现场控制站，右击鼠标选择添加设备，分别添加主控单元、以太网卡。

➢ 重复前三个步骤，参照图 9.62 分别添加操作员站、服务站。

➢ 操作员站以太网卡属性设置，右击以太网卡选择属性，将其 IP 地址改为 128.0.0.2。服务站以太网卡属性设置，右击以太网卡选择属性，将其 IP 地址分别改为 128.0.0.1 和 168.0.0.1。至此，系统设备设置完毕。

➢ 单击 ▦ 按钮，弹出如图 9.63 所示的"检查类型"对话框，选择"单以太网结构"，单击"确定"按钮。

③ 设置 I/O 设备。

➢ 选择"编辑"→"I/O 设备"，打开 I/O 设备组态对话框。

➢ 选择菜单"查看/自定义链路"选择 DP 链路，关连主卡选择"HSFM121.hsg"。

➢ 选择菜单"查看/自定义设备"在 DP 链路下添加新的设备，引入所用的设备，FM148 选用 hsfm145.hsg，FM143 选用 hsfm143.hsg，FM151 选用 hsfm151.hsg。

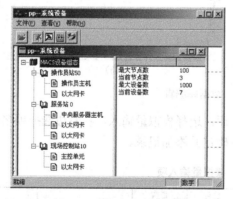

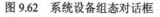

图 9.62　系统设备组态对话框

图 9.63　"检查类型"对话框

➢ 选择"现场控制站"，参照图 9.64（a），单击鼠标右键添加 DP 链路。

➢ 选择 DP，参照图 9.64（b），单击鼠标右键添加新的设备 FM145，FM143，FM151。

➢ 选中 FM145，更改属性为地址 2，选用通道的信号量程为 0～5V。FM143 更改属性地址为 3，选用通道的信号量程为 16（-200～200）。FM151 更改属性地址为 4，选用通道的信号量程为 4～20mA。组态结果如图 9.64（c）所示。

➢ 单击 ▦ 按钮，显示编译成功，如图 9.64（d）所示。

➢ 将组态数据保存到数据库，至此，设备组态完毕。

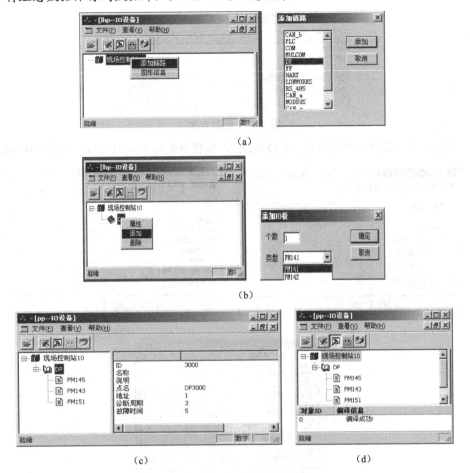

图 9.64　I/O 设备组态对话框

（5）算法组态。

① 按照"开始→程序→MACS 组态软件→算法组态"的顺序打开算法组态界面。选择"文件"→"新建工程"，打开新建的工程文件。

② 选择"文件"→"新建站"，在新建的工程下新建站为服务器和控制站 10，如图 9.65 所示。

③ 选中控制站 10，右击鼠标选择输入方案，在弹出的对话框中输入方案的名称，如图 9.66 所示。

图 9.65　新建站

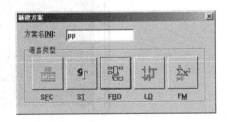

图 9.66　新建方案

④ 选择 FBD 的编程方式，保存方案如图 9.67 所示。

图 9.67　保存方案

⑤ 选择"功能模块→控制算法→PID 模块"，参照图 9.68（a），（b），（c）设置 PID 属性。

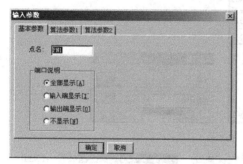

（a）

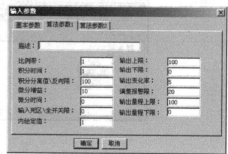

（b）

（c）

图 9.68　PID 属性设置

⑥ 参照图 9.69，将 PID 功能模块放在窗口合适的位置上。

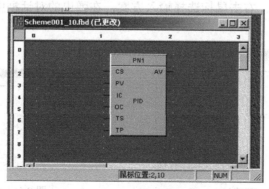

图 9.69　放置控制模块

⑦ 参照图 9.70，选择"输入/输出端子"→"输入端子"，将其连接到图 9.69 所示 PID 模块的 PV 端。

⑧ 参照图 9.71，选择"输入/输出端子"→"输出端子"，将其连接到图 9.69 所示 PID 模块的 AV 端。

图 9.70　设置输入端子

图 9.71　设置输出端子

⑨ 单击"编译"→"当前方案"，编译成功后退出算法组态。

（6）图形组态。

① 按"开始→程序→MACS 组态软件→MACS 图形组态工具"的顺序打开图形组态界面。选择"文件"→"打开项目"，打开新建的工程文件。

② 选择"文件"→"打开文件"，在工具栏中单击打开文件夹的按钮，系统有一个自带的图形文件$main，打开系统自带的图形，选择图形，在右键菜单中选择交互特性，将会发现有切换底图的特性，切换为菜单.hsg 的图形。

③ 新建一个单容水箱的图形文件，利用绘图工具绘制如图 9.72 所示图形。

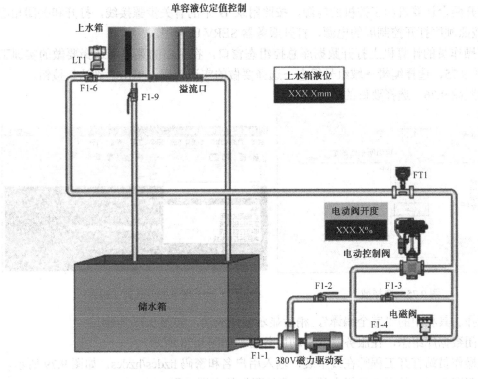

图 9.72　图形组态效果图

④ 参照图9.73，单击上水箱液位的文字特性 XXX.x mm，右击鼠标选择动态特性。

⑤ 参照图9.74，单击上水箱液位的文字特性 XXX.x mm，右击鼠标选择交互特性。

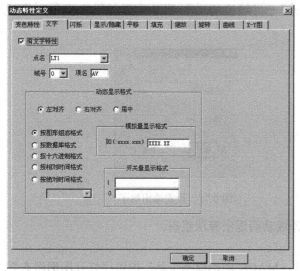

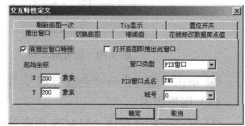

图 9.73　上水箱液位文字动态特性设置　　　　图 9.74　上水箱液位文字交互特性设置

⑥ 单击电动控制阀开度的文字特性 XXX.X %，右击鼠标选择动态特性，在文字标签中选择"有文字特性"，点名为 01，域号为 0，项名为 AV，其他选择默认。

⑦ 保存文件，图形组态完毕。

（7）组态结果与装置调试。

① 打开两台计算机和工控机的电源，按照附录 B 中的有关步骤接线，打开和关闭相应的阀门。按照顺序打开控制屏的电源，打开服务器 SERV-U 程序。

② 在操作员的计算机上打开数据库总控组态窗口，在空白的菜单下选择要做的实训工程。参照图9.75，选择编辑→域组号组态→选择要做的实训工程，单击"确认"按钮。

③ 参照图9.76，选择要做的工程。

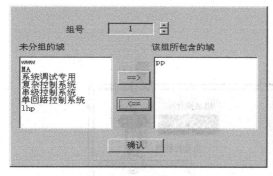

图 9.75　选择域　　　　　　　　　　　图 9.76　选择工程

④ 选择工具栏中的"完全编译"，稍后显示编译成功，如图 9.77 所示。

⑤ 关闭数据库组态，在服务器端启动服务器，如图 9.78 所示。

⑥ 在操作员站打开工程师在线下装，输入用户名和密码 hzdcs/hzdcs，如图 9.79 所示。

⑦ 参照图9.80，单击工具栏中的 P，选择要做的实训工程。

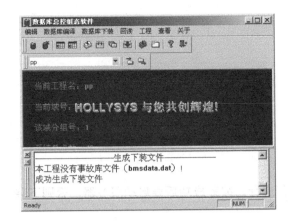

图 9.77　编译工程

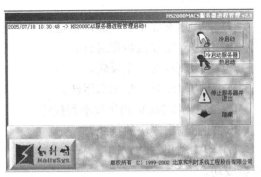

图 9.78　启动服务器

图 9.79　输入用户名和密码

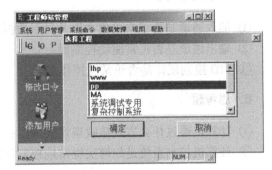

图 9.80　选择工程

⑧ 如图 9.81 (a),(b) 所示,选择菜单中的系统命令→下装,选择服务器下装,选择服务器 IP 地址 128.0.0.1,单击"下一步"按钮,直到下装成功。

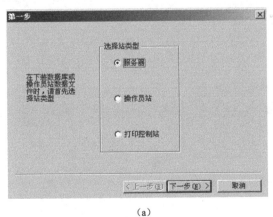

(a)

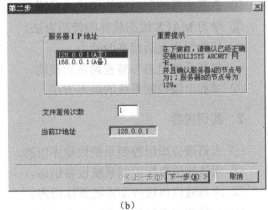

(b)

图 9.81　下装服务器

⑨ 选择菜单中的系统命令→下装,选择操作员站下装,双击 128.0.0.2,单击"下一步"按钮,直到下装成功。

⑩ 关闭工程师在线下装,在服务器端重新启动服务器。在操作员站打开操作员站在线软件,在工程师功能中选择登录,输入用户名 superman 和口令 zy。服务器启动成功后,就可以用新组态的工程做实训了。

6. 注意事项

① 各项组态完毕必须编译通过。

② 组态一定要按步骤进行。

③ 磁力驱动泵的正反转。

④ 磁力驱动泵严禁无水运转。

⑤ 220V 和 380V 的接线不得接错。

⑥ 注意输出模块的接线。

⑦ 组态结果与装置调试时，一定要按步骤进行，编译成功后要启动服务器，否则下装不会成功。

7. 实训结果分析

① 输入通道是否正常采集数据并显示数据。

② 输出通道是否正常驱动控制阀。

③ PID 控制规律是否正常发挥作用。

8. 思考题

① 计算机通过什么方式接收现场的模拟信号？

② 计算机控制系统是如何实现常规控制功能的？

9.2.2 水箱液位串级控制系统

1. 实训目的

① 熟悉集散控制系统的组成（见附录 B）。

② 学习 MACS 组态软件的使用方法。

③ 培养学生灵活组态的能力。

④ 掌握系统组态与装置调试的技能。

⑤ 掌握串级控制系统的组态方法。

2. 实训内容

① 水箱液位串级控制系统数据库组态。

② 水箱液位串级控制系统设备组态。

③ 水箱液位串级控制系统算法组态。

④ 水箱液位串级控制系统画面组态。

⑤ 水箱液位串级控制系统调试。

3. 实训设备和器材

① THSA-1 型生产过程自动化技术综合实训装置。

② 万用表一个，PC/PPI 通信电缆一根。

4．实训接线

参照图 9.82 完成系统接线。

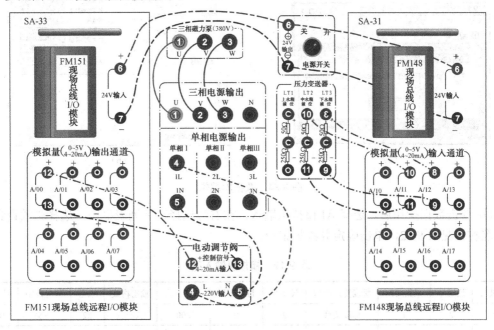

图 9.82　水箱液位串级控制系统接线图

5．实训步骤

（1）工程分析。水箱液位串级控制系统需要两个输入信号端子和一个输出端子，因此选用一个模拟量输入模块（FM148）和一个模拟量输出模块（FM151）。FM148 的通道 2 采集上水箱液位数据，FM148 的通道 3 采集中水箱液位数据，控制输出信号由模拟量输出模块（FM151）的通道 1 送出，去操纵电动控制阀的开度。

（2）建立工程。

① 参照图 9.57 和图 9.58，打开数据库组态工具，进入数据库组态界面。

② 在数据库总控组态界面中工具栏下单击新建工程按钮，弹出如图 9.83 所示的"添加工程"对话框，填入工程名称，单击"确定"按钮。

③ 工程建立之后可以在 c：\hs2000macs 组态软件下看到新建的工程名称。

图 9.83　"添加工程"对话框

（3）编辑数据库。

① 选择"编辑"→"编辑数据库"，在弹出的对话框中，输入用户名 Bjhc 和密码 3dlcz，单击"确定"按钮，进入数据库编辑界面。

② 参照图 9.84（a）选择"系统"→"数据操作"，单击"确定"按钮，弹出如图 9.84（b）所示窗口。因为单容水箱液位串级控制系统使用两个模块和三个通道，所以需要编辑三个点号。

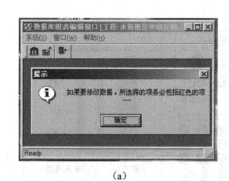

(a)   (b)

图 9.84 数据库编辑

③ 单击数据操作后，选择 AI 模拟量输入，在右边选择项名列表框中，选择必须设置的项目名称，见表 9.12，单击确定并添加记录。

表 9.12 模拟量输入项

记录号	通道号	采集周期	标度变换类型	设备号	量程下限	量程上限	输出格式	点名	信号范围	站号
1	2	1	标度变换	2	0	200	xxxxxx	lt2	1～5V	10
2	3	1	标度变换	2	0	200	xxxxxx	lt3	1～5V	10

④ 选择 AO 模拟量输出，按表 9.13 所示选择项名称，单击确定并添加记录。

表 9.13 模拟量输出项

当前值	通道号	采集周期	标度变换	设备号	量程下限	量程上限	输出格式	点名	站号
0	1	1	4～20mA/1～5V	4	0	100	xxxxxx	O1	10

⑤ 设备号即设备地址，输入通道为 2（FM148），输出通道为 4（FM143），单击更新数据库按钮即可保存。

⑥ 单击"数据库编译"→"基本编译"，若显示数据库编译成功，则数据库组态完毕。

（4）设备组态。

① 按照"开始→程序→MACS 组态软件→设备组态工具"的顺序，打开设备组态工具，定义系统设备和 I/O 设备。

② 设置系统设备。

➢ 选择打开新建的工程。

➢ 选择"编辑"→"系统设备"，打开系统设备组态对话框。

➢ 选中 MACS 设备组态，右击鼠标，选择添加节点。

➢ 在"现场控制站、操作员站、服务站"中选择现场控制站。

➢ 选中现场控制站，右击鼠标选择添加设备，分别添加主控单元、以太网卡。

➢ 重复以上步骤分别添加操作员站、服务站，如图 9.85 所示。

➢ 操作员站以太网卡属性设置方法是右击以太网卡选择属性，将它的 IP 地址改为 128.0.0.2; 服务站以太网卡属性设置方法是右击以太网卡选择属性，将它的 IP 地址分别改为 128.0.0.1 和 168.0.0.1。系统设备设置完毕。

➢ 单击█按钮，弹出如图 9.63 所示的"检查类型"对话框，选择"单以太网结构"，单击"确定"按钮。

③ 设置 I/O 设备。

➢ 选择"编辑" → "I/O 设备"，打开 I/O 设备组态对话框。

➢ 选择菜单"查看/自定义链路"，选择 DP 链路，关连主卡选择"HSFM121.hsg"。

➢ 选择菜单"查看/自定义设备"，在 DP 链路下添加新的设备，引入所使用的设备，FM148 选用 hsfm145.hsg，FM151 选用 hsfm151.hsg。

➢ 选择"现场控制站"，单击鼠标右键添加 DP 链路，如图 9.86 所示。

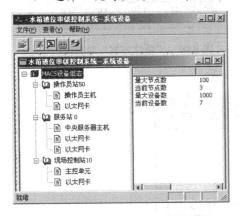

图 9.85　设置系统设备

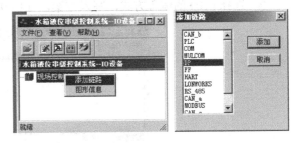

图 9.86　I/O 设备

➢ 选择 DP，单击鼠标右键添加新的设备 FM145,FM151，如图 9.87 所示。

➢ 选中 FM145，更改属性将地址设置为 2，选用通道的信号量程为 0～5V DC；选中 FM151，更改属性将地址设置为 4，选用通道的信号量程为 4～20mA DC。组态结果如图 9.88 所示。

➢ 单击█按钮，显示编译成功，如图 9.89 所示。

➢ 将组态数据保存到数据库。至此，设备组态完毕。

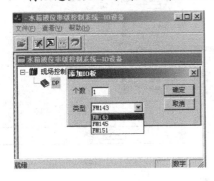

图 9.87　添加 I/O 设备

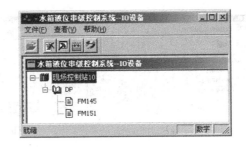

图 9.88　I/O 设备组态结果

（5）算法组态。

① 按照"开始→程序→MACS 组态软件→算法组态"的顺序打开算法组态界面。选择"文件" → "新建工程"，打开新建的工程文件。

② 选择"文件" → "新建站"，在新建的工程下新建站为服务器和控制站 10，如图 9.65

所示。

③ 参照图 9.90，选中控制站 10，右击鼠标选择新建方案，在弹出的"新建方案"对话框中输入方案的名称"串级"。

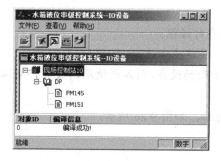

图 9.89　I/O 设备组态编译成功

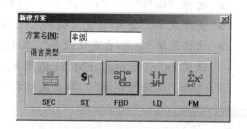

图 9.90　"新建方案"对话框

④ 选择 FBD 的编程方式，写入方案，如图 9.91 所示。

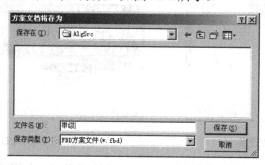

图 9.91　方案存档

⑤ 参照图 9.92，选择"功能模块→控制算法→PID 模块"，设置 PID 属性。

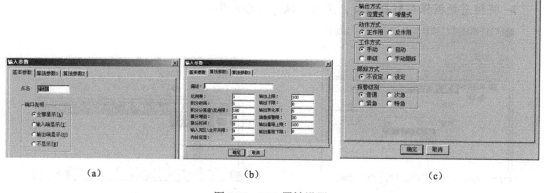

图 9.92　PID 属性设置

⑥ 参照图 9.93，将 PID 功能模块放在窗口合适的位置上。

⑦ 重复步骤⑤～⑥，将 PID2 放在相应的位置上。

⑧ 选择"功能模块→四则运算→乘法"，将乘法功能模块放在相应的位置上。选择"输入/输出端子→输入端子"，连接到图 9.93 所示 PID 模块的 PV 端。参照图 9.94，选择"输

入/输出端子→输出端子"，连接到图 9.93 所示 PID 模块的 AV 端。设置结果如图 9.95（a），（b）所示。

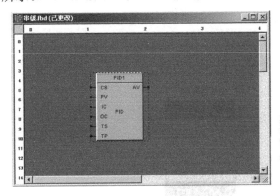

图 9.93　放置控制模块

图 9.94　设置输出端子

（a）输入端子设置

（b）输出端子设置

图 9.95　设置结果

⑨ 控制方案总图如图 9.96 所示。

⑩ 单击"编译"→"当前方案"，编译成功后，再单击"编译"→"基本编译"，退出算法组态。

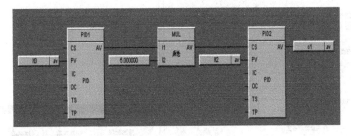

图 9.96　控制方案总图

（6）图形组态。

① 按照"开始→程序→MACS 组态软件→MACS 图形组态工具"的顺序打开图形组态界面；选择"文件"→"打开项目"，打开新建的工程文件。

② 选择"文件"→"打开文件"，在工具栏中单击打开文件夹的按钮，系统有一个自带的图形文件\$main，打开系统自带的图形，选择图形，在右键菜单中选择交互特性，将切换底

图的特性，切换为菜单.hsg 的图形。

③ 新建一个两级水箱上下串联的图形文件。参照图 9.97，利用绘图工具绘制两级水箱上下串联的图形。

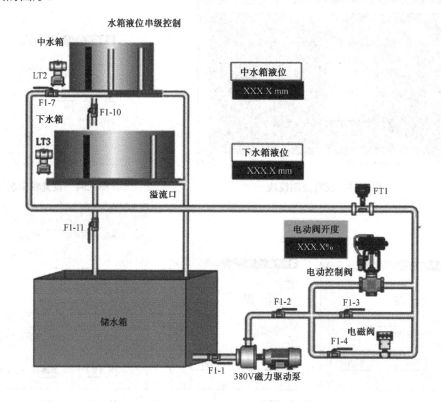

图 9.97　图形组态效果图

④ 单击中水箱液位的文字特性"XXX.X mm"，右击鼠标，参照图 9.98 选择动态特性。

⑤ 单击中水箱液位的文字特性"XXX.X mm"，右击鼠标，参照图 9.99 选择交互特性。

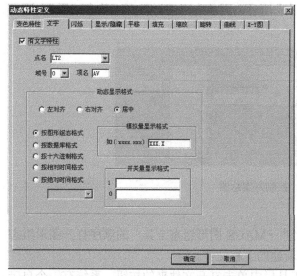

图 9.98　中水箱液位文字动态特性设置

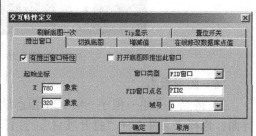

图 9.99　中水箱液位文字交互特性设置

⑥ 单击下水箱液位的文字特性"XXX.X mm"，右击鼠标，参照图 9.100 选择动态特性。

⑦ 单击下水箱液位的文字特性"XXX.X mm"，右击鼠标，参照图 9.101 选择交互特性。

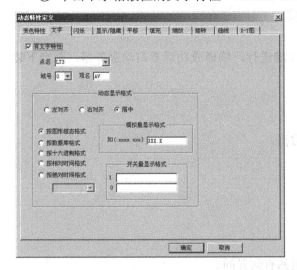 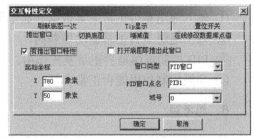

图 9.100　下水箱液位文字动态特性设置　　　　图 9.101　下水箱液位文字交互特性设置

⑧ 单击电动控制阀开度的文字特性"XXX.X %"，右击鼠标，选择动态特性，在文字标签中选择"有文字特性"，点名为 01，域号为 0，项名为 AV，其他选择默认。

⑨ 保存文件，图形组态完毕。

（7）组态结果与装置调试。

① 打开两台计算机和工控机的电源，按照实训步骤接线，打开或关闭阀门。顺序打开控制屏的电源，打开服务器 SERV-U 程序。

② 在操作员站上打开数据库总控，在空白的菜单下选择要做的实训工程，选择编辑→域组号组态→参照图 9.75 选择要做的实训工程，单击"确认"按钮。

③ 如图 9.76 所示，选择要做的工程。

④ 选择工具栏中的"完全编译"，稍后显示编译成功，如图 9.77 所示。

⑤ 关闭数据库组态，在服务器端启动服务器。

⑥ 在操作员站打开工程师在线下装，输入用户名和密码 hzdcs/hzdcs。

⑦ 单击工具栏中的 P，选择要做的实训工程，如图 9.80 所示。

⑧ 选择菜单中的系统命令→下装，选择服务器下装，双击 128.0.0.1，单击"下一步"按钮，直到下装成功。

⑨ 参照步骤⑧，选择菜单中的系统命令→下装，选择操作员站下装，双击 128.0.0.2，单击"下一步"按钮，直到下装成功。

⑩ 关闭工程师在线下装，在服务器端重新启动服务器。在操作员站打开操作员站在线软件，在工程师功能中选择登录，输入用户名 superman 和口令 zy。服务器启动成功后，就可以用新组态的工程做实训了。

6. 注意事项

① 各项组态完毕必须编译通过。

② 组态一定要按步骤进行。

③ 磁力驱动泵的正反转。

④ 磁力驱动泵严禁无水运转。

⑤ 220V AC 和 380V AC 的接线不得接错。

⑥ 注意两个输出模块的接线。

⑦ 组态结果与装置统调时，一定要按步骤进行，编译成功后要启动服务器，否则下装不成功。

7. 实训结果分析

① 输入通道是否正常采集数据并显示数据。

② 输出通道是否正常驱动控制阀。

③ PID 控制规律是否正常发挥作用。

④ 串级控制作用能否正常实现。

8. 思考题

① 串级控制系统组态与简单控制系统组态有何异同？

② 如何完成图形组态？

9.3　TPS GUS 作图实训

流程图绘制是 DCS 组态的基本内容，流程图是工业装置操作的基本画面，掌握其绘制方法是学习 TPS 系统应用的基础。

9.3.1　Display Builder 流程图绘制

1. Display Builder 介绍

Display Builder 是绘制 GUS 用户流程图的专用软件包。Display Builder 在 Windows NT 平台上开发，采用目前流行的绘图界面，提供多种基本图形工具，可嵌入位图文件及 OLE 对象。Display Builder 还提供基于 Microsoft VB 的功能强大的 Script 语言，用于完成 GUS 流程图对过程变化的实时显示及过程操作接口。Display Builder 包括 Off-line 及 On-line 两种版本，Display Builder Off-line 可安装在 PC 上离线作图（TPS builder），Display Builder On-line 安装在 GUS 工作站上，配合下列软件使用：

➤ TPS Base System——GUS 基本软件包；

➤ Display Server——支持 GUS 流程图运行软件包；

➤ Multiple Display——支持多幅 GUS 流程图显示软件包（可选）。

（1）GUS 作图常用的术语。常用的 GUS 作图术语有属性、GUS 脚本、事件、全局变量、局部变量等。

属性（Property）：对象（Object）的颜色、角度、大小等方面的特征值。不同类型的对象，其属性不同。

GUS 脚本（Script）：脚本就是程序编码。GUS 作图的脚本语言与 Visual Basic 相似，它与 Visual Basic 具有相同的语法结构和大部分函数，并增加了针对流程图的特殊函数。脚本的编写和执行，与对象和事件有关。编写 GUS 脚本的主要目的是为实现当数据发生变化时，流程图会发生相应的动态变化。

事件（Event）：GUS 流程图编辑器的脚本是由许多个子程序组成的，每个子程序与某一个特定的事件相关。当事件发生时，与该事件相关的子程序被激活执行。事件的类型包括操作员操作引起的事件，流程图的激活和关闭，过程数据的变化及鼠标操作等。

全局变量（如 global x as single）：变量在流程图上的所有脚本内有效；必须在每一个要用到该变量的脚本上定义。

局部变量（如 dim x as single）：在子程序外定义，变量在该脚本内有效；在子程序内定义，变量在该子程序内有效。

（2）GUS 流程图作图基本步骤。

① 运行 GUS 流程图作图软件 GPB.EXE，打开 Display Builder。

② 画静态图形，设置属性，编辑脚本，检查脚本语法。

③ 运行（Display→Run）流程图，进行测试。

④ 用 Save With Validation 或 Save as With Validation 保存文件，文件扩展名为.pct。

⑤ 关闭文件和 Display Builder。

⑥ 运行流程图，从开始（START）进入运行（RUN），输入如：C：\ HONEYWELL\ GUS\ BIN\ RUNPIC C：\STUDENT \ SAMPLE.PCT。

2．Display Builder 作图的基本步骤

① 打开 Display Builder。

菜单：Start→Programs→Honeywell TPS→Display Builder。

Display Builder 包括菜单栏、工具栏、状态栏、Display 作图界面、Script 脚本编辑界面等，如图 9.102 所示。

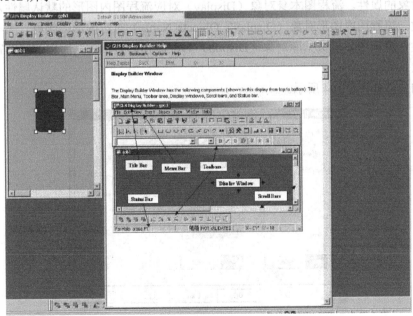

图 9.102　Display Builder 窗口

② 绘制静态图形。

③ 定义动态显示，编写 Script 脚本代码。

④ 测试 GUS 流程图 Display→Run。

⑤ 编辑并存储 GUS 流程图文件 FILE→Save as With Validation。GUS 流程图文件的扩展名必须为.pct。

3. 绘制 GUS 静态图形

（1）基本绘图工具。基本绘图工具包括线段、矩形、圆角矩形、椭圆、非封闭多边形、封闭多边形、非封闭多边曲线、封闭多边曲线、弧、文本等，其工具栏如图 9.103 所示。

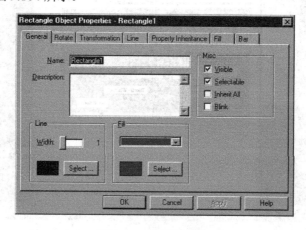

图 9.103　工具栏

（2）图形编辑工具。图形编辑时可根据需要选择以下方式：改变大小方式（Size）、旋转方式（Rotate）、改变形状方式（Shape）、复制（Copy）、移动（Move）、剪切/粘贴（Cut/Paste）、取消（Delete）。

（3）绘制图形方法。在工具栏中选取图形工具，按住鼠标左键拖至绘图界面中；鼠标移动到图形对象上，双击左键弹出属性菜单，设置相关属性。

4. GUS 流程图的对象及其属性

（1）GUS 流程图中的对象 Objects。GUS 流程图中的对象包括流程图本身对象（Display），流程图内图形对象（Display's Objects Name），流程图显示数据库对象（Dispdb），本地 TPS 系统 TPN（LCN）过程数据对象，其他 TPS 系统 TPN（LCN）过程数据对象（HCI），过程操作键（PMK）。

（2）对象的属性。流程图本身对象（Display）对应流程图内图形的默认属性及流程图内定义的参数。流程图内图形对象（Display's Objects Name）对应图形的颜色、大小、位置等方面的特性。流程图显示数据库对象（Dispdb）对应流程图显示数据库中的中间寄存器及一些系统参数。

对象的属性如图 9.104 所示。

图 9.104　对象的属性

5. 定义 GUS 动态显示

GUS Display 图形的属性菜单中提供了旋转角度、填充百分比、棒状图、数据等可填写动态表达式的属性，使之与过程数据相关联。动态表达式以对象、属性形式填写，并支持简单的数学运算。

6. 脚本编辑

脚本是附着于图形对象上的由特定事件触发执行的一组代码，通过编写脚本代码定义流程图对过程变化的实时显示，以及过程操作接口，如图 9.105 所示。

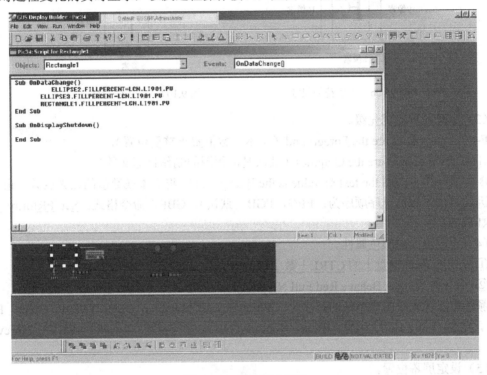

图 9.105 编写脚本代码

一个对象的脚本代码可以由若干个子程序组成，每个子程序与特定事件相关，当事件发生时该子程序被触发执行。事件包括系统事件、操作员事件。其中系统事件是指由应用程序本身产生的事件，如过程数据改变事件、流程图关闭事件、流程图启动事件、周期发生事件等；操作员事件是指由操作员对流程图内某一个对象操作产生的事件，如操作员鼠标事件、操作员键盘事件。

7. GUS 流程图的运行

① 运行环境。在 NCF 组态时，GUS 节点需定义外部 External Load Modules 装载模件项，包括 UPBASE，MSCHEM，CSCHEM。在装载 GUS Personality 后，GUS LCNP 主板状态为 OK。

② 运行 GUS 流程图。在 Windows NT 环境下运行 GUS 流程图，RUNPIC C:\S101\test.pct；gpb-r C:\ S101\test.pct。

9.3.2　Picture Editor 流程图绘制

1. 概述

（1）屏幕格式。绘图屏幕幅面为 80 列，26 行（640×416）。

（2）字符尺寸。图 9.106 所示为大字符的尺寸，图 9.107 所示为小字符的尺寸。

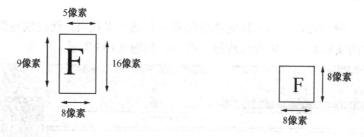

图 9.106　大字符的尺寸　　　　　图 9.107　小字符的尺寸

（3）字符图形的优先级。

F—Text or values are the Foreground（文本或数值置于首要位置）。

G—Drawn objects are the Graphics（其次是流程图的制作目标文件）。

B—The cell around the text or value is the Background（将文本或数值的元素放置在最后）。

因此，优先级的排序顺序为：FBG，FGB（默认），GBF。命令格式：Set PRIority FGB（S PRI FGB）。

（4）设定画面的颜色属性。

① 使用工程师键盘上的 CTRL＋数字键。

② 命令格式：Set Behave Red Full NB REV。

颜色按照优先级由高至低的排序为：White，Cyan，Magenta，Blue，Yellow，Green，Red，Black。亮度：Full，Half。闪烁：Blink，Noblink（NB）。字符反显：Reverse（REV），Noreverse（NR）。

（5）设定屏幕位置。

① PAGE FWD/ PAGE BACK 和 DISP FWD/ DISP BACK 键。

PAGE FWD/ PAGE BACK 键能在半屏（12 行）的编辑区域内上/下移动；DISP FWD/ DISP BACK 键能在半屏（40 栏）的编辑区域内左/右移动。

② 命令格式：Set Roll 0 3。

（6）光标移动方式。

R430 版本以前：CTRL＋TAB，CTRL＋F1 完成像素与字符位移方式的切换。

R430 版本以后：TAB，CTRL＋F1 完成像素与字符位移方式的切换。

（7）屏幕网格的设置。

命令格式：Set Grid on；Set Grid off。

2. 画图命令

① 画线：Add Line（A L）。

② 画实体：Add SOLide（A SOL）。

③ 加数据：Add Value（A V）。

④ 加字符：Add Text（A T）。

⑤ 设置字符尺寸：Set TextSize（S TS L 设置大字符；S TS S 设置小字符）。

⑥ 改变字符尺寸：Add TextSize（A TS L 修改大字符；A TS S 修改小字符）。

3. 编辑命令

① SELECT（SEL）选择。被选中的物体变成白色闪烁，通常为了移动、复制、改变物体尺寸或者属性，才将其选中。

命令格式：SEL qqqq；其中 qqqq 项为 BAR，SUBPICTURE，LINE，TARGET，SOLIDE，VALUE，TEXT，VARIANT。

➤ 按照对角线定矩形框选择 2 次，则矩形框内的物体即被选中。

➤ 选择某一类型的物体：SEL L；SEL SOL；SEL SUB。

➤ 如果选择线条，则只需定光标于线上后，选择两下。

② DESELECT（DES）取消选择。

③ DELETE（DEL）删除选中的物体。

④ MOVE（MOV）移动。

➤ 选择要移动的物体。

➤ 选择起始位置。

➤ 选择终止位置。

➤ 按下 Enter 键。

⑤ COPY（COP）（C）复制。

➤ 选择要复制的物体。

➤ 选择起始位置。

➤ 选择终止位置。

➤ 按下 Enter 键。

⑥ SCALL（SC）改变尺寸。

➤ 选择要求改变尺寸的物体。

➤ 第 1 次 Enter 可通过选择两点定对角线来确定矩形，使物体尺寸按该矩形缩放定位。

➤ 第 2 次 Enter 则填写参数以缩放物体尺寸，主要参数有：横轴放大系数（X Scale Factor）、纵轴放大系数（Y Scale Factor）、左右旋转（Right- Left Reflection）、上下翻转（Top-Bottom Reflection）、旋转角度（Rotation Angle）。

⑦ MODIFY LINE（MOD LIN）（M L）修改线条。

该命令用于修改事先已经选中的线条。

⑧ MODIFY SOLIDE（MOD SOL）修改实体。

该命令用于修改事先已经选中的实体。

⑨ ADD BEHAVIOR（A BEH）（A B）修改物体颜色属性。

➤ 选择要求改变属性的物体。

➤ 写入修改命令：A B Red Full NB REV。

⑩ DELETE BEHAVIOR（DEL BEH）（D B）删除物体原有属性，取而代之的是当前屏幕默认属性。

⑪ SELECT BEHAVIOR（SEL BEH）（SEL B）选中物体属性。

⑫ DESELECT BEHAVIOR（DES BEH）（DS B）对已经选中属性的物体，取消对其属性的选择。

4．子图

（1）建立子图的步骤。制作子图，设置原点（S O），写入（存盘）。写入格式命令：W NET＞PICT＞S001。

（2）修改子图的步骤。从数据库读取子图到屏幕上，格式命令：R NET＞PICT＞S001；运用画图命令、编辑命令修改子图，也可重新设置新原点；写入（存盘）。写入格式命令：W NET＞PICT＞S001。

（3）调用子图的步骤。写入格式：A SUB NET＞PICT＞S001；在主图上选择要加子图的位置（即子图原点对应的位置）。

（4）建立带参数的子图。

① 画出静态图形。

② 加数据。命令格式 A V ，按下 Enter 键，选中所加位置，再按下 Enter 键，显示：

| Value at xxxx, yyyy, | |
| Expression | &A. PV |

输入变量类型：

| &A. PV | |
| Variable Type | R |

输入数据格式：

| Variable Type | R-ZZZZ9.9 |

输入提示信息：

| Subpicture S001 | |
| Prompt for &A | enter point id? |

③ 可在子图上加条件，即当某一条件发生时，物体的颜色属性发生变化。首先，选中要加条件的物体，命令格式：A C，A 按下 Enter 键，书写表达式：

IF &A.PV＝10 THEN SET RED BLINK HALF

ELSE SET GREEN FULL NB NR

显示：

| TTTTTTTT |
| RRRRRRRR |

④ 带参数子图的调用。命令格式：A SUB NET＞PICT＞S001，显示：

・282・

```
Subpicture S001 AT xxxx, yyyy
PointID          TIC100
```

⑤ 修改子图。命令格式：MODIFY SUBPICTURE（MOD SUBPIC）（M SUB）（M S）。在主图上修改上述第④步加子图时填写的信息。

（5）增加功能的延续性。命令格式：ADD INHERIT（ADD INH）（ADD I）（A I）。该命令使子图被调用到主图上之后，仍可改变其颜色属性。

（6）其他相关的子图命令。其他相关的子图命令有 Copy,Move,Select,Delete,Scale,Deselect。

5. 棒图（Bar Charts）

① 加棒图 ADD BAR。命令格式：A BAR，显示：

```
Bar at xxxx, yyyy
Expression          TIC100.PV
Solid/Hollow Bar    Solid
Vert/Horiz Bar      Vert
Left/Bottom Bound   TIC100.PVEUHI
Right/Top Bound     TIC100.PVEULO
Origin              TIC100.PVEULO
```

② 修改棒图。命令格式：MODIFY BAR（MOD BAR）（M BAR）。

③ 其他相关的棒图命令有 Copy,Move,Select,Delete,Scale,Deselect。

6. 条件属性（Conditional Behavior）

① 加条件。命令格式：ADD CONDITION（ADD COND）（A C），显示：

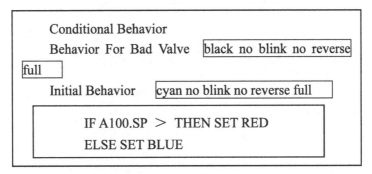

```
Conditional Behavior
Behavior For Bad Valve    black no blink no reverse
full
Initial Behavior    cyan no blink no reverse full

    IF A100.SP ＞ THEN SET RED
    ELSE SET BLUE
```

② 修改条件。命令格式：MODIFY CONDITION（MOD COND）（M C）。

③ 删除条件。命令格式：DELETE CONDITION（DEL COND）（D C）。

④ 选择条件。命令格式：SELECT CONDITION（SEL COND）（S C）。

⑤ 取消选择条件。命令格式：DESELECT CONDITION（DSE COND）（D C）。

7. 触摸区（Targets）

① 加触摸区。命令格式：ADD TARGET（ADD TAR）（A T），显示：

```
┌─────────────────────────────────────────────┐
│      Target at xxxx, yyyy                     │
│      Solid/Box, Invisible  ┌──────────────┐   │
│                            │ I            │   │
│      Action                └──────────────┘   │
│      ┌─────────────────────────────────────┐ │
│      │                                     │ │
│      │                                     │ │
│      └─────────────────────────────────────┘ │
└─────────────────────────────────────────────┘
```

其中 ACTION 包括：Detail（"位号"），Group（组号，0），Schem（"流程图名"），CHG-ZONE（位号，0）等。

② 修改触摸区。命令格式：MODIFY TARGET（MOD TARG）（M TAR）。

③ 其他相关的触摸区命令有 Copy,Move,Select,Delete,Deselect。

8. 变体（Variant）

① 加变体。命令格式：ADD VARIANT（ADD VAR），显示：

```
┌─────────────────────────────────────────────┐
│     Variant at xxxx, yyyy                     │
│     Subpicture or Text For Bad Value ┌───────┐│
│                                      │"BADVAL"││
│     Variant Body                     └───────┘│
│     ┌─────────────────────────────────────┐  │
│     │   If A100.pv ＞ 50 then sub cvalve   │  │
│     │   else sub ovalve                    │  │
│     └─────────────────────────────────────┘  │
└─────────────────────────────────────────────┘
```

② 修改变体。命令格式：MODIFY VARIANT（MOD VAR）（M VAR）。

③ 其他相关的变体命令有 Copy,Move,Select,Delete,Deselect,Scale（如果作字符变体，则该命令不适用）。

JX-300X 集散控制系统实训装置

A.1 JX-300X DCS 实训装置概述

JX-300X 集散控制系统实训装置由浙大中控（SUPCON）技术有限公司生产的 JX-300X 集散控制系统和上海新奥托（NEW AUTO）实业有限公司研制的模拟过程控制对象构成。模拟过程控制对象包括工艺设备、现场仪表和电气负载三部分。

A.1.1 工艺设备

过程控制对象中的主要工艺设备包括：
① 内部 4.5kW 三相星型连接电热丝和 19 L 热水夹套锅炉。
② 38 L 高位溢流水箱（作用是使作为工艺介质的水产生稳定压力）。
③ 35 L 液位水槽和 105 L 计量水槽。
④ 配三相电机的循环水泵。
⑤ 两个电磁阀（用于产生扰动）和若干个手动球阀。

A.1.2 现场仪表

过程控制对象中所安装的现场仪表见表 A.1。

表 A.1 现场仪表列表

序号	图位号	型号	规格	名称	用途
1	PL-1	Y-100	0～0.25MPa	弹簧管压力表	进水压力指示
2	PT-2	DBYG	0～100kPa（4～20mA DC）	扩散硅压力变送器	出水压力变送器
3	FE-1	LDG-10S	0～300L/h	电磁流量传感器	进水流量检测
4	FIT-1	LD2-4B	4～20 mA DC	电磁流量转换器	进水流量变送和显示
5	FE-2	LDG-10S	0～300L/h	电磁流量传感器	出水流量检测
6	FIT-2	LD2-4B	4～20 mA DC	电磁流量转换器	出水流量变送和显示
7	LT-1	DBYG	0～4kPa（0～400mm，4～20mA）	扩散硅压力变送器	水箱液位变送
8	LT-2	DBYG	0～4kPa（0～400mm，4～20mA）	扩散硅压力变送器	锅炉液位变送
9	LT-3	DBYG	0～4kPa（0～400mm，4～20mA）	扩散硅压力变送器	水槽液位变送
10	TE-1	WZP-270	155×100mm Pt100	铂电阻	锅炉水温检测
11	TE-2	WZP-270	155×100mm Pt100	铂电阻	夹套水温检测
12	M1	QS201	行程 16mm	直行程电子式电动执行器	配 VC1 控制阀
13	VC1	VT-16	$DN=20mm$，$dN=10mm$	线性铸钢阀	进水流量控制阀
14	M2	QS 201	行程 16mm	直行程电子式电动执行器	配 VC2 控制阀
15	VC2	VT-16	$DN=20mm$，$dN=10mm$	线性铸钢阀	出水流量控制阀

A.1.3 工艺流程图说明

本控制对象通过切换若干个手动阀开关,可以组成不同的工艺流程。在流程图中,⊥ 表示阀全开,⊥ 表示阀全关,⊥ 表示阀半开半关。删去这些截止状态的手动阀,就得到了变更后的工艺流程图。

控制对象的工艺流程如图 A.1 所示。流程图中绘有安装在框架内的工艺设备及流量、压力、液位、温度信号的检测、变送和执行单元。例如,FIT-1 为测量进水流量的电磁流量传感器,M2 为控制出水流量的控制阀。此外,还有组态中生成的控制器等功能,例如 FIC-1,FIC-2 分别表示进、出水流量控制器。

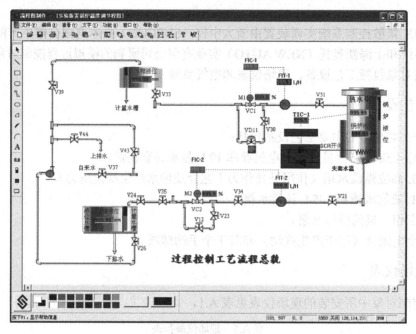

图 A.1　工艺流程图

A.2　系统硬件

A.2.1　控制站设备

控制站是 JX-300X 系统直接与生产过程联系的接口单元,是系统实现过程控制的主要设备之一。通过软件设置和硬件的不同配置可构成不同功能的控制结构,如数据采集站、逻辑控制站、过程控制站等。各种类型的控制站都支持以 SCLang 语言、SCControl 等软件构造的控制程序代码。它们的核心单元都是主控制卡 SP243X。

控制站主要由机柜、机笼、供电单元和各类卡件(包括主控制卡、数据转发卡和各种 I/O 卡件)组成。控制站内部以机笼为单位,机笼固定在机柜的多层机架上,每个机柜最多配置 7 个机笼,包括 1 个电源箱机笼和 6 个卡件机笼。

卡件机笼根据内部所插的卡件型号分为主控制机笼(配置主控制卡)和 I/O 机笼(不配置主控制卡)。每个机笼最多可以配置 20 块卡件,即除了最多配置互为冗余的主控制卡和数据转发卡各一对外，还可以配置 16 块各类 I/O 卡件。

1．机柜

采用拼装结构，机柜外壳均采用金属材料（钢板或铝材），活动部分（如柜门与机柜主体）之间保证良好的电气连接，为内部的电子设备提供完善的电磁屏蔽。机柜应可靠接地，接地电阻应小于 4 Ω。机柜顶部安装两个散热风机，底部安装有可调整尺寸的电缆线入口，侧面安装有可活动的汇线槽。

2．机笼

JX-300X DCS 控制站机械结构设计采用了插拔卡件方便，容易扩展的带导轨的一体化机笼框架结构。机笼主体由金属框架和母板组成，内部有 20 个槽位用于固定卡件，如图 A.2 所示。每个槽位的具体分工自左向右为主控制卡（两个槽位）、数据转发卡（两个槽位）、I/O 卡件（编号为 0～15，共 16 个槽位）。

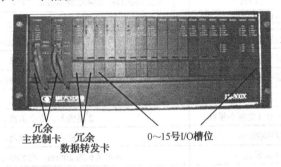

图 A.2　JX-300X DCS 机笼正面结构图

同一控制站的各个机笼通过双重化串行通信总线 SBUS-S2 相连，I/O 机笼可以与主控制机笼放置在一个机柜中，也可以放置在不同的机柜中，而且还允许把 I/O 机笼放置在远离控制室的生产现场（必须加 SBUS 中继器）。

母板介质为印制电路板，位于机笼背面。母板上焊有 20 个欧式插座，与机笼框架内部固定的 20 条导轨相对应。它一方面与插入导轨的卡件底部插针相连接，固定卡件；另一方面为卡件提供工作所需直流电源（5V、24V），同时实现卡件之间，卡件与系统统一的电气连接。

3．电源

电源配置可按照系统容量及对安全性的要求灵活选用单电源供电、冗余双电源供电等配电模式。控制站卡件要求供电电压为＋5V 和＋24V，由 220V 交流电经过电源转换，引出 5 根电源线，其中两根为＋5V，1 根为＋24V，两根为 GND（直流地）。

JX-300X 电源系统供电可靠，安装、维护方便。通过电源系统内部的设计，还可限制系统对交流电源的污染，并使系统不受交流电源波动和外部干扰的影响；电源还具有过流保护、低电压报警等功能。

4．控制站卡件

控制站卡件位于控制站的卡件机笼内，主要由主控制卡、数据转发卡和 I/O 卡（信号输入/输出卡）组成。所有的卡件采用统一的外形尺寸，按一定的规则组合起来，完成信号采集、信号处理、信号输出、控制、计算和通信等功能。卡件命名规则如下。

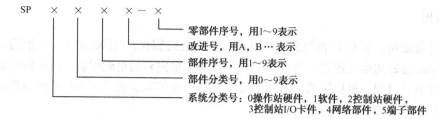

控制站卡件的类型及功能如表 A.2 所示。

表 A.2　控制站卡件一览表

型　号	卡件名称	性能及输入/输出点数
SP243X	主控制卡（SCnet II）	负责采集、控制和通信等，10Mbps
SP244	通信接口卡（SCnet II）	RS232/RS485/RS422 通信接口，可以与 PLC、智能设备等通信
SP233	数据转发卡	SBUS 总线标准，用于扩展 I/O 单元
SP313	电流信号输入卡	4 路输入，可配电，分组隔离，可冗余
SP314	电压信号输入卡	4 路输入，分组隔离，可冗余
SP315	应变信号输入卡	2 路输入，点点隔离
SP316	热电阻信号输入卡	2 路输入，点点隔离，可冗余
SP317	热电阻信号输入卡（定制小量程）	2 路输入，点点隔离，可冗余
SP322	模拟信号输出卡	4 路输出，点点隔离，可冗余
SP323	四路 PWM 输出卡	总脉宽长为 200ms，与 SP542 端子板配合用
SP334	四路 SOE 信号输入卡	4 点分组隔离型
SP335	脉冲量输入卡	4 路输入，最高响应频率 10kHz
SP341	位置调节输出卡（PAT 卡）	1 路模入，2 路开入，2 路开出
SP361	电平型开关量输入卡	7/8 路输入，统一隔离
SP362	晶体管触点开关量输出卡	7/8 路输出，统一隔离
SP363	触点型开关量输入卡	7/8 路输入，统一隔离
SP364	继电器开关量输出卡	7 路输出，统一隔离
SP000	空卡	I/O 槽位保护板

（1）主控制卡（SP243X）。主控制卡又称控制站主机卡，是控制站的核心，负责协调控制站内的所有软、硬件关系和各项控制任务，如完成控制站中的 I/O 信号处理，控制计算，与上下网络通信控制处理，冗余诊断等功能。主控制卡的功能和综合性能（处理能力、程序容量、运行速度等）将直接影响系统功能的可用性、实时性、可维护性和可靠性。

每个控制站可以安装两块互为冗余的主控制卡，必须装在主机笼最左端的两个主控制卡槽位内。主控制卡结构如图 A.3 所示，其面板上有两个互为冗余的 SCnet II 通信端口和 7 个 LED 状态指示灯。

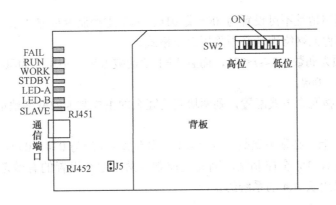

图 A.3　主控制卡结构示意图

PORT-A（RJ451）通信端口 0，通过双绞线 RJ45 连接器与冗余网络 SCnet Ⅱ 的 0#网络相连；PORT-B（RJ452）通信端口 1，通过双绞线 RJ45 连接器与冗余网络 SCnet Ⅱ 的 1#网络相连。

7 个 LED 状态指示灯分别是 FAIL（故障报警或复位指示）、RUN（工作卡件运行指示）、WORK（工作/备用指示）、STDBY（准备就绪指示，备用卡件运行指示）、LED-A（本卡件的通信网络端口 0 的通信状态指示灯）、LED-B（本卡件的通信网络端口 1 的通信状态指示灯）和 SLAVE（Slave CPU 运行指示，包括网络通信和 I/O 采样运行指示）。

主控制卡的网络（SCnet Ⅱ）节点地址是利用拨号开关 SW2 的 S4，S5，S6，S7，S8 共五位来设置的。采用二进制码计数方法读数，自左至右代表从高位到低位，即左侧（S4）为高位，右侧（S8）为低位。拨在"ON"侧时表示"1"，拨在"OFF"侧时表示"0"，详细设置参见表 A.3。

表 A.3　主控制卡的网络节点地址（SCnet Ⅱ）设置

地址选择 SW2					地址	地址选择 SW2					地址
S4	S5	S6	S7	S8		S4	S5	S6	S7	S8	
					—	ON	OFF	OFF	OFF	OFF	16
					—	ON	OFF	OFF	OFF	ON	17
OFF	OFF	OFF	ON	OFF	02	ON	OFF	OFF	ON	OFF	18
OFF	OFF	OFF	ON	ON	03	ON	OFF	OFF	ON	ON	19
OFF	OFF	ON	OFF	OFF	04	ON	OFF	ON	OFF	OFF	20
OFF	OFF	ON	OFF	ON	05	ON	OFF	ON	OFF	ON	21
OFF	OFF	ON	ON	OFF	06	ON	OFF	ON	ON	OFF	22
OFF	OFF	ON	ON	ON	07	ON	OFF	ON	ON	ON	23
OFF	ON	OFF	OFF	OFF	08	ON	ON	OFF	OFF	OFF	24
OFF	ON	OFF	OFF	ON	09	ON	ON	OFF	OFF	ON	25
OFF	ON	OFF	ON	OFF	10	ON	ON	OFF	ON	OFF	26
OFF	ON	OFF	ON	ON	11	ON	ON	OFF	ON	ON	27
OFF	ON	ON	OFF	ON	12	ON	ON	ON	OFF	OFF	28
OFF	ON	ON	OFF	ON	13	ON	ON	ON	OFF	ON	29
OFF	ON	ON	ON	OFF	14	ON	ON	ON	ON	OFF	30
OFF	ON	ON	ON	ON	15	ON	ON	ON	ON	ON	31

主控制卡的网络地址不可设置为 00#或 01#。如果主控制卡按非冗余方式配置，即单主控制卡工作，则卡件的网络地址必须采用以下格式。

I，其中 *I* 必须为偶数，2≤*I*<31，而且 *I*+1 地址被占用，不可作为其他节点地址使用。如地址：02#，04#，06#。

如果主控制卡按冗余方式配置，则两块互为冗余的主控制卡的网络地址必须设置为以下格式。

I，*I*+1 连续，且 *I* 必须为偶数，2≤*I*<31。如地址：02#与 03#，04#与 05#。

系统中最多可有 15 个控制站，因此主控制卡网络地址设置的有效范围为 2～31。对 TCP/IP 协议地址采用表 A.4 的系统约定。

表 A.4　TCP/IP 协议地址的系统约定

类　　别	地　址　范　围		备　　注
	网络码	IP 地址	
控制站地址	128.128.1	2～31	每个控制站包括两块互为冗余的主控制卡。同一块主控制卡享用相同的 IP 地址和两个网络码
	128.128.2	2～31	

注：网络码 128.128.1 和 128.128.2 代表两个互为冗余的网络。在控制站表现为两个冗余的通信口，上为 128.128.1，下为 128.128.2，如图 A.4 所示。

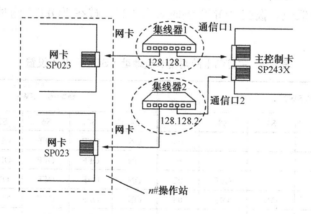

图 A.4　主控制卡网络安装调试示意图

SW2 的 S1 位是本卡件的 SBUS 总线端口波特率设置位。置"OFF"时，通信速率为 625Kbps；置"ON"时，通信速度为 156.25Kbps。

主控制卡的波特率设置必须与数据转发卡波特率设置保持一致，否则 SBUS 不能正常工作，主控制卡无法与 I/O 卡件正常通信。

J5 实现 RAM 后备电池开/断跳线控制。当 J5 插入短路块时（ON），卡件内置的后备电池将工作。如果用户需要强制清除主控制卡内 SRAM 的数据（包括系统配置、控制参数、运行状态等），只需拔去 J5 上的短路块。出厂时的默认设置为 ON，后备电池处于上电状态，在掉电的情况下组态数据不会丢失。

卡件供电为 DC5V，280mA；DC24V，5mA。

SP243X 具有 WATCHDOG 复位和冷热启动判断电路。WATCHDOG 复位功能是指系统在受到干扰或用户程序（系统定义的组态或用户控制程序）出错而造成程序执行混乱或跳飞后，自动对卡内 CPU 及各功能部件进行有效的复位，以快速恢复（热启动模式）到系统的正常运行状态；冷热启动判断电路能使系统正确判断系统复位状态，以进行合理初始化。

（2）数据转发卡（SP233）。数据转发卡是系统 I/O 机笼的核心单元，负责主控制卡与 I/O 卡件之间的数据交换，一方面驱动 SBUS 总线，另一方面管理本机笼的 I/O 卡件。通过数据转发卡，一块控制卡可扩展 1～8 个 I/O 机笼，即可以扩展 1～128 块不同功能的 I/O 卡件。如图 A.5 所示为 SP233 数据转发卡与 SBUS 的连接示意图。

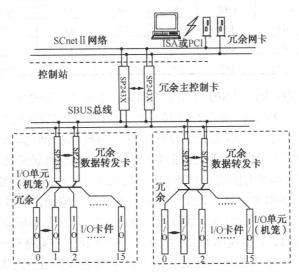

图 A.5　SP233 数据转发卡与 SBUS 的连接示意图

图 A.6 所示为数据转发卡结构简图，LED 状态指示灯分别是 FAIL（卡件故障指示）、RUN（卡件运行指示）、WORK（工作/备用指示）、COM（数据通信指示）和 POWER（电源指示）。

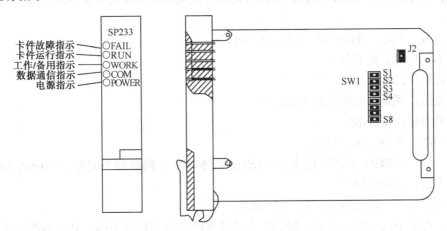

图 A.6　SP233 数据转发卡结构简图

SP233 地址（SBUS 总线）是利用拨号开关 SW1 的 S1，S2，S3，S4 共四位来设置的。S1 为低位，S4 为高位。SP233 跳线 S1～S4 与地址的关系见表 A.5。

表 A.5　数据转发卡 SP233 跳线与地址关系

地址选择跳线				地址	地址选择跳线				地址
S4	S3	S2	S1		S4	S3	S2	S1	
OFF	OFF	OFF	OFF	00	ON	OFF	OFF	OFF	08
OFF	OFF	OFF	ON	01	ON	OFF	OFF	ON	09
OFF	OFF	ON	OFF	02	ON	OFF	ON	OFF	10
OFF	OFF	ON	ON	03	ON	OFF	ON	ON	11
OFF	ON	OFF	OFF	04	ON	ON	OFF	OFF	12
OFF	ON	OFF	ON	05	ON	ON	OFF	ON	13
OFF	ON	ON	OFF	06	ON	ON	ON	OFF	14
OFF	ON	ON	ON	07	ON	ON	ON	ON	15

如果按非冗余方式配置，即 SP233 单卡工作时，卡件的地址必须符合以下格式。

I，必须为偶数，$0 \leqslant I < 15$；而且 $I+1$ 地址被占用，不可作为其他节点地址使用。在同一控制站内，把 SP233 卡件配置为非冗余工作时，只能选择偶数地址号，即 00#，02#，04#等。

如果按冗余方式配置，两块互为冗余的数据转发卡的网络地址必须设置为以下格式。

I，$I+1$ 连续，且 I 必须为偶数，$0 \leqslant I < 15$。如地址：00#与 01#，02#与 03#。

SP233 地址在同一 SBUS 总线中，即同一控制站内统一编号，不可重复。

用 SW1 的 S8 位设置通信波特率。跳线用短路块插上为 ON，不插为 OFF。OFF 时，通信速率为 625Kbps；ON 时，通信速率为 156.25Kbps。SW1 拨位开关的 S5～S7 为系统保留资源。

SP233 冗余设置时，互为冗余的两块卡件的 J2 调线必须都用短路块插上（ON）。

（3）系统 I/O 卡件。控制站卡件除了主控制卡、数据转发卡外，还设置了多种 I/O 卡件。下面仅列出电流信号输入卡（SP313）的主要性能指标，其他卡件性能指标参阅《JX-300X 集散控制系统使用手册》。

功能：带模拟量信号调理功能的 4 路智能信号采集卡，并可为 4 路变送器提供＋24V 的隔离电源。

输入点数：4 点，分组隔离（两点为一组）。

分辨率：15bit，带极性。

输入阻抗：200Ω。

隔离电压：现场与系统之间 500V AC。

共模抑制比：≥20dB。

卡件供电：＋5V，<35mA；

　　　　　　＋24V，四路均配电，<160 mA（MAX）；四路均不配电，<0 mA（MAX）。

配电方式：＋24V DC。

短路保护电流（配电情况下）：<30 mA。

精度：对于不同的输入信号，SP313 卡可调理的范围及精度不同。Ⅱ型标准电流时，测量范围 0～10mA，精度±0.1%FS；Ⅲ型标准电流时，测量范围 4～20mA，精度±0.1%FS。

5. 系统端子板

系统端子板由安装有端子的印制电路板和端子盒构成，端子盒起固定和保护作用。JX-300X 系统现场信号线可采用端子板转接，再进入相关功能的 I/O 卡件。端子板具有滤波，抗浪涌冲击，过流保护，驱动等功能电路，提供对信号的前期处理及保护功能。

6. 控制站特点

（1）卡件任意冗余配置。控制站的主控制卡、数据转发卡和模拟量卡，均可以不冗余或余用冗余方式配置（开关量卡不能冗余），从而在保证系统可靠性和灵活性的基础上，降低使用费用。系统中的关键部件建议按 1：1 冗余要求配置，如主控制卡、电源、通信网络、数据转发卡、SBUS 总线等。

（2）回路控制和逻辑控制。JX-300X 系统具有 DCS 控制运算功能和 PLC 联锁逻辑控制功能，适用于连续过程控制、顺序过程控制和批量过程控制。对于回路控制和模拟量信号输入/输出，信号处理的周期为 100ms～5s（可选）；而对逻辑控制和数字量输入/输出，处理的周期为 50ms～5s（可选）。

（3）信号隔离 I/O。信号处理采用磁隔离或光电隔离等技术，实现了信号的对地隔离、对交流电源隔离和相互之间隔离，将干扰拒于系统之外，有效地消除信号之间共模干扰和串模干扰的影响，提高信号采样处理的可靠性。

（4）冗余电源供电。JX-300X 控制站中交流（AC）和直流（DC）的配电部分都采用冗余设计，安装有双路低通滤波器净化电源，配置双路 AC/DC 的隔离转换器。所有模件均设计有电源冗余逻辑电路、故障自动切换和故障报警电路，保证在任何一路电源出现故障的情况下，均不会影响控制站的运行，并且通过故障报警提醒操作人员及时更换部件。建议安装时提供双路交流电源进线。

（5）带电插拔卡件。所有卡件都具有带电插拔的功能，在系统运行过程中可进行卡件在线修理或更换，而不影响系统的正常运行。

（6）低功耗技术。所有卡件均采用大规模集成电路设计，有效降低系统功耗，减少系统辐射噪声，提高系统抗干扰能力。在通常温度下，无须安装散热风扇，系统即能安全运行。

A.2.2 操作站设备

JX-300X 操作站硬件包括工控 PC、彩色显示器、鼠标、键盘、SCnetⅡ网卡、专用操作员键盘、操作台、打印机等。工程师站的硬件配置与操作站的硬件配置基本一致，它们的区别仅在于系统软件的配置不同。工程师站除了安装有操作、监视等基本功能的软件外，还装有相应的系统组态、维护等工程师专用的工具软件。

操作员站/工程师站应用的工业控制计算机的最低配置应为：Intel Pentium Ⅱ；64MB SDRAM；10GB 硬盘；3.5 in 软盘；48 倍速的 CDROM；64 bit 图形加速器；128 位声卡（报警声音输出）；DELL 21 in/17 in 扫描彩色显示器，256 色，分辨率 1 280×768；Windows NT/2000 操作系统；AdvanTrol 监控软件；SCKey 工程师软件包（工程师站软件选件）；标准键盘；操作员键盘（SP032）；鼠标；相应软件功能的软件狗；有源音箱（ICS 工控机配）；输出扬声器（DELL 工控机配）。

操作员键盘的操作功能由实时监控软件支持，操作员通过专用键盘并配以鼠标就可实现所有实时监控操作任务。键盘共有 96 个按键，分为自定义键、功能键、画面操作键、屏幕操作键、回路操作键、数字修改键、报警处理键及光标移动键等。

除此之外，操作站还应配备报表打印机、操作台等设备。

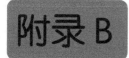

附录 B

THSA-1型生产过程自动化技术综合实训装置

B.1 概述

THSA-1 型生产过程自动化技术综合实训装置由模拟被控对象、控制台及上位监控 PC 三部分组成。它是一套集自动化仪表技术、计算机技术、通信技术、自动控制技术及现场总线技术于一体的多功能实训设备。该装置包括流量、温度、液位、压力等变量的测量，可实现单回路控制、串级控制、前馈-反馈控制、滞后控制、比值控制、解耦控制等多种控制系统。该装置还可根据用户的需要设计构成智能仪表控制系统、远程数据采集系统、集散控制系统（DCS）、可编程控制器（PLC）控制系统、现场总线控制系统（FCS）等多种检测和控制系统。

B.2 模拟被控对象

模拟被控对象主要由水箱组、模拟锅炉和盘管三大部分组成。供水系统分为两路：一路由三相（380V AC）磁力驱动泵、电动控制阀、直流电磁阀、涡轮流量计及手动控制阀组成；另一路由变频器、三相磁力驱动泵（220V AC 变频调速）、涡轮流量计及手动控制阀组成，如图 B.1 所示。

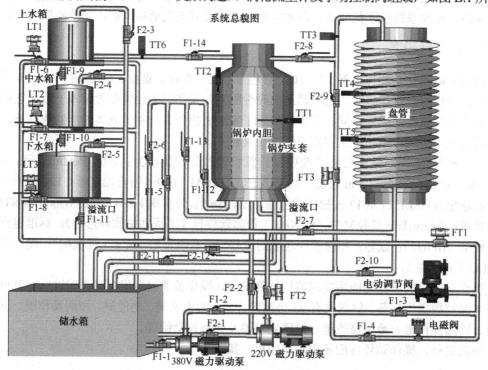

图 B.1 模拟被控对象示意图

B.2.1 工艺设备

1. 水箱组

水箱组包括上水箱、中水箱和下水箱。水箱底部均接有扩散硅压力变送器，可对水箱的压力和液位进行检测和变送。

2. 模拟锅炉

模拟锅炉是利用电加热管加热的常压锅炉，包括锅炉内胆和锅炉夹套。锅炉内胆和锅炉夹套装有热电阻式温度传感器，可检测介质温度。

3. 盘管

盘管用来模拟工业现场的流体输送管道和滞后环节，它可完成温度和流量纯滞后控制实训。

4. 管道及阀门

整个循环水系统管道由敷塑不锈钢管连接而成，所有的手动阀门均采用优质球阀，避免了管道系统生锈的可能性。

B.2.2 检测装置

1. 压力变送器

三个压力变送器分别用来对上、中、下三个水箱的液位进行检测，其量程为 0～5kPa，精度为 0.5%。压力变送器采用标准二线制传输方式，工作电源为 24V DC，输出信号为 4～20mA DC。

2. 温度传感器

实训装置中采用了六个 Pt100 铂热电阻温度传感器，分别用来检测锅炉内胆、锅炉夹套、盘管，以及上水箱出口等处的水温。Pt100 测温范围为 −200～+420℃。

3. 流量变送器

三个涡轮流量计分别用来对由电动控制阀控制的动力支路、由变频器控制的动力支路及盘管出口处的流量进行检测。它的优点是测量精度高，反应快。它采用标准二线制传输方式，工作时需提供 24V DC 直流电源。流量范围为 0～1.2m³/h，精度为 1.0%，输出信号为 4～20mA DC。

B.2.3 执行器

1. 电动控制阀

采用智能直行程电动控制阀，用来对控制回路的水流量进行操纵。控制阀的供电电源为单相 220V AC，控制阀输入信号为 4～20mA DC。

2．磁力驱动泵

磁力驱动泵的型号为 16CQ-8P，流量为 30L/min，扬程为 8m，功率为 180W。本装置采用两个磁力驱动泵，一个由三相 380V AC 恒压驱动，另一个由三相变频 220V AC 输出驱动。

3．电磁阀

电磁阀为电动控制阀提供旁通线路，用来施加阶跃干扰作用。

4．电加热器

电加热器由三根 1.5kW 电加热管星型连接而成，用来对锅炉内胆中的水进行加热，每根加热管的电阻值约为 50Ω左右。

B.3 综合实训平台

综合实训平台主要由控制屏组件和分布式控制组件等几部分组成。

B.3.1 控制屏组件

1．电源控制屏

如图 B.2 所示为电源控制屏（SA-01）示意图。送电操作程序如下。

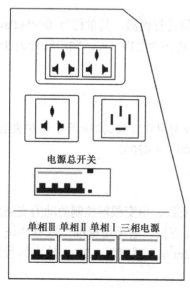
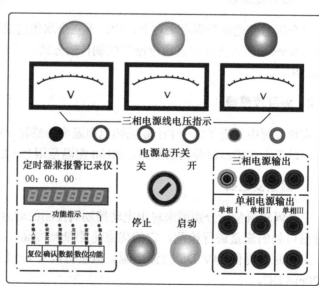

图 B.2　电源控制屏

① 当合上总电源空气开关及钥匙开关时，三个电压表均指示在 380V AC 左右，定时器兼报警记录仪点亮，停止按钮灯亮。

② 打开照明开关、变频器开关及 24V DC 电源开关即可为照明灯、变频器和 24V DC 用

电设备提供电源。

③按下启动按钮，启动按钮灯亮，停止按钮灯熄灭。此时，合上三相电源、单相Ⅰ、单相Ⅱ、单相Ⅲ等空气开关，即可为其他设备供电。

2．I/O 信号接口面板

利用一端与模拟被控对象相连接的航空插头，将各传感器的检测信号及执行器控制信号与 I/O 信号接口面板（SA-02）上自锁紧插孔相连，以便将过程 I/O 信号传送到控制组件上。

3．SA-11 交流变频控制挂件

交流变频控制挂件（SA-11）采用日本三菱公司的 FR-S520S-0.4K-CH（R）型变频器，输入信号为 4～20mA DC 或 0～5V DC，交流 220V AC 变频输出用来控制三相磁力驱动泵。

4．三相移相 SCR 调压装置

三相移相 SCR 调压装置采用三相可控硅移相触发装置。输入控制信号为 4～20mA DC，其移相触发角与输入控制电流成正比。输出交流电压用来控制电加热器的端电压，从而实现对锅炉温度的连续控制。

B.3.2　集散控制系统组件

集散控制系统（DCS）采用北京和利时公司的 MACS 系统，包括一台操作员兼工程师站、一台服务器、一台现场主控单元和三个挂件。在三个挂件中，FM148 为 8 路模拟量输入模块，FM143 为 8 路热电阻输入模块，FM151 为 8 路模拟量输出模块。如图 B.3 所示为 MACSⅡ系统结构图。

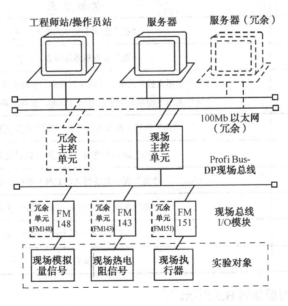

图 B.3　集散控制系统结构框图

1. 主控单元

主控单元（FM811）为模块化结构，它具备较强的数据处理能力和网络通信能力，是 MACS 系统现场控制站的核心单元。FM811 能够支持冗余的双网结构（以太网），通过以太网与 MACS 系统的服务器相连。FM811 还有 ProfiBus-DP 现场总线接口，与 MACS 系统的 I/O 模块通信。主控单元自身为冗余设计，以提高系统的可靠性。

主控单元主要由机壳、无源底板、CPU 卡、三块 100Mbps 以太网卡、FB193 多功能卡、电源模块、FB121DP 主站卡、FB194 状态显示卡等部分组成。

① 主控单元的前面板如图 B.4 所示。主控单元前面板上的信号灯及按键状态含义见表 B.1，若出现其他状态，则为异常状态。

图 B.4　主控单元的前面板

表 B.1　主控单元前面板信号灯及按键状态含义

信号灯及按键	状 态 含 义
POWER（绿灯）	"亮"表示主控单元电源打开
STANDBY（黄灯）	"亮"在双机系统中表示从机
RUN（绿灯）	"亮"表示主控单元处于在线运行状态，在双机系统中表示主机 "闪"表示主控单元处于在线运行状态，在双机系统中表示从机
ERROR（红灯）	"亮"表示主控单元运行错，"闪"表示无数据库
SNET1（黄灯）	"亮"表示系统网（以太网）数据交换
SNET2（黄灯）	"亮"表示系统网（以太网）数据交换
CNET（黄灯）	"亮"表示主站与从站通信（DP）正常
RNET（黄灯）	"亮"表示双机（以太网）数据交换
RESET	复位键

② 主控单元的背面板如图 B.5 所示。

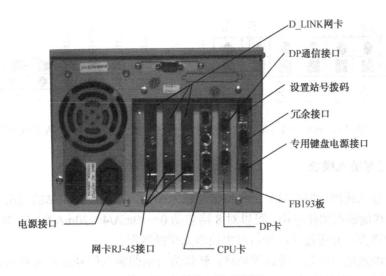

图 B.5　主控单元的背面板

③ DP 主站卡是主控单元（FM811）内的一块插卡，是一块智能 DP 协议卡，能完成 ProfiBus-DP 协议链路层和物理层功能，减轻主站 CPU 的负担。它的工作原理框图如图 B.6 所示。

a. 设置 ISA 总线中断源。接口卡上的单排两针跨接器 J15～J22 用于设置 DP 卡占用的 ISA 总线中断号，跨接表示选中，8 个中断源只能选中一个，如图 B.7 所示（图中所示为默认值，选用了中断 5）。

b. 设置内存地址。单排两针跨接器 J7～J14 用于设置 DP 卡占用的 ISA 总线内存起始地址，跨接为 0；不跨接为 1。8 个跨接器表示了总线内存地址的高 8 位。排列顺序是从高到低，J14 表示最高位，J7 表示最低位。图 B.8 所示为默认设置，内存的起始地址为 11010000（二进制）或 D0000（十六进制）。

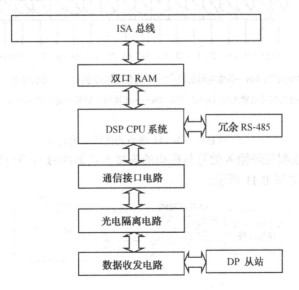

图 B.6　DP 主站卡工作原理框图

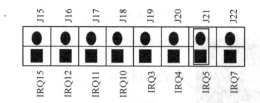

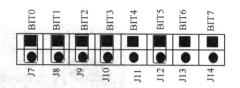

图 B.7　DP 主站接口卡 ISA 总线中断源的设置　　图 B.8　DP 主站接口卡 ISA 总线内存地址的设置

2. 模拟信号输入模块

模拟信号输入模块（FM141）是模拟信号输入单元，是现场控制站的通用 I/O 模块中的一种。它采用智能的模块化结构，可以对 8 路差动 0～10mA/4～20mA/0～5V/0～10V 模拟信号进行高精度转换，并通过通信接口与主控单元交换数据。

电压信号经过电阻分压、滤波等处理，转换为合适的输入信号送入 A/D 转换器，转换结果送入 CPU 处理，然后通过 DP 通信接口与主控单元交换数据。

（1）端子说明。FM141 模块与 FM141 底座连接构成完整的 I/O 模块，通过底座的接线端子与现场信号连接。模块的接线端的定义如图 B.9 所示。同一通道不可同时输入电压信号 $Vn+$ 和 $Vn-$ 或电流信号 $In+$ 和 $In-$（$n=0\sim7$）。

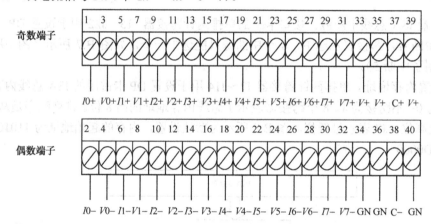

$V+$—模块 +24V DC 供电电源；GN—供电电源的地；$C+$—通信的正信号；$C-$—通信的负信号；$In+$—现场电流信号正输入端（$n=0\sim7$）；$In-$—现场电流信号负输入端（$n=0\sim7$）；$Vn+$—现场电压信号正输入端（$n=0\sim7$）；$Vn-$—现场电压信号负输入端（$n=0\sim7$）

图 B.9　FM141 底座的接线端的定义

（2）接线图。电压型现场输入信号与模块的连接方法如图 B.10 所示，电流型现场输入信号与模块的连接方法如图 B.11 所示。

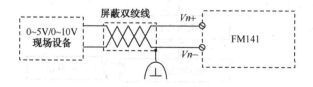

图 B.10　FM141 任一路电压型现场输入信号的连接（$n=0\sim7$）

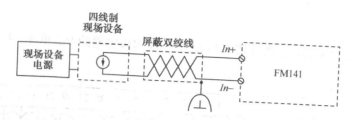

图 B.11　FM141 任一路电流型现场输入信号的连接（$n=0\sim7$）

3. 热电阻模拟量输入模块

热电阻模拟量输入模块（FM143）是热电阻信号输入单元，是 MACS 现场控制站的通用 I/O 模块中的一种。它采用智能的模块化结构，可以对 8 路 Cu50 型及 Pt100 型热电阻模拟信号进行高精度转换，并通过通信接口与主控单元交换数据。

（1）端子说明。FM143 模块与 FM143 底座连接构成完整的 I/O 模块，通过底座的接线端子与现场信号连接。模块的接线端的定义如图 B.12 所示。

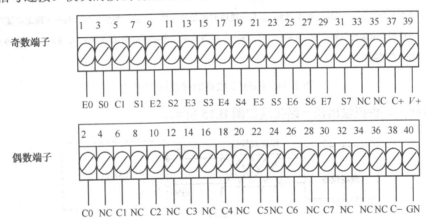

$V+$—模块+24V DC 供电电源；GN—供电电源的地；$C+$—通信的正信号；$C-$—通信的负信号；En—热电阻的 EXCITE 端（$n=0\sim7$）；Sn—SENSE 端（$n=0\sim7$）；Cn—COM 端（$n=0\sim7$）；NC—不用的端子

图 B.12　FM143 底座的接线端的定义

（2）接线图。现场信号与模块的连接方法如图 B.13 所示。

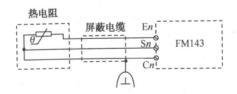

图 B.13　FM143 任一路输入信号的连接（$n=0\sim7$）

4. 模拟量输出模块

模拟量输出模块（FM151）是 4～20mA/0～20mA/0～24mA/0～5V 模拟信号输出单元，是构成 MACS 现场总线控制系统的多种过程 I/O 单元中的一种基本型号。本模块通过现场总线（ProfiBus-DP）与主控单元相连，由模块内的 CPU 对其进行处理，然后通过现场总线与主控单元通信。

（1）端子说明。FM151 模块与 FM151 底座相连构成完整的 I/O 单元，接线端子定义如图 B.14 所示。

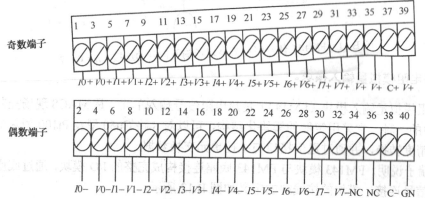

V+—模块+24V DC 电源；GN—电源的地；C+—通信的正信号；C-—通信的负信号；In+—现场电流信号正输出端（n=0~7）；In-—现场电流信号负输出端（n=0~7）；Vn+—现场电压信号正输出端（n=0~7）；Vn-—现场电压信号负输出端（n=0~7）；NC—未用端子

图 B.14 FM151 底座的接线端的定义

（2）接线图。模拟输出任一路接线如图 B.15 所示。

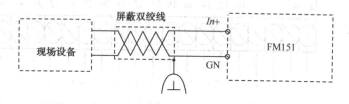

图 B.15 FM151 任一路输出信号的连接（n=0~7）